KB134046

GUN

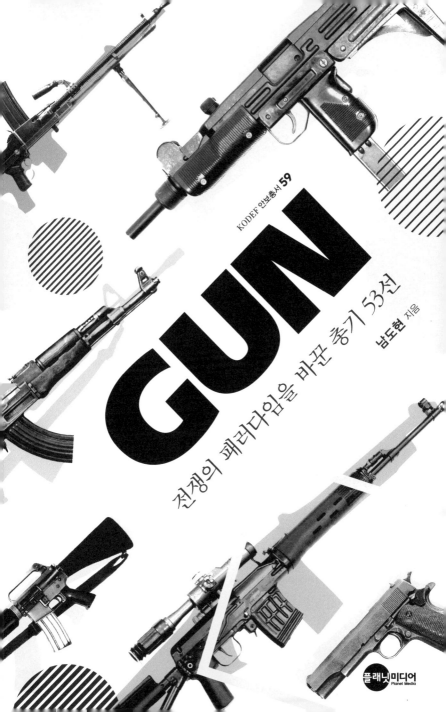

KODEF 안보총서 **59**

GUN

전쟁의 패러다임을 바꾼 총기 53선

남도현 지음

플래닛미디어
Planet Media

들어가는 말

애초에 무기는 생존을 위한 수렵 도구로 사용하려 만든 것이지만 역사를 살펴보면 다른 인간을 살상하는 도구로 더 많이 쓰였다. 이는 결국 인간이 쉬지 않고 싸움을 벌여왔다는 의미이기도 하다. 그렇다 보니 보다 편리하고 강력한 무기를 만드는 것이 역사의 수순이었다.

한편 인류사의 커다란 발명품 중 하나인 화약은 필연적으로 총의 등장을 불러왔다. 총은 칼·창·활처럼 이긴에 오랫동안 사용하던 수많은 전통적 무기를 대체했다. 그러한 변화가 오늘날의 IT혁명처럼 일거에 급속도로 일어난 것은 아니었지만, 어느덧 총은 가장 흔하고 보편적인 무기가 되었다. 또한 약간의 훈련을 거쳐 누구나 쉽고 편리하게 총을 사용할 수 있게 되면서 싸움의 모습은 크게 변모했다.

예전에는 이른바 '장군'이나 '기사' 등으로 불리며 무기를 잘 다루고 체력이 뛰어난 자가 전쟁터의 주인공으로 맹활약했지만 이제는 그렇지 않다. 한마디로 장비張飛나 여포呂布보다 총을 보유한 무명의 사병이 더 큰 위력을 발휘하는 시대가 된 것이다. 총보다 강력한 포가 먼저 등장했지만, 개인이 휴대할 수 있는 무기라는 점에서 본다면 총은 전쟁의 패러다임을 바꾼 커다란 변수임이 틀림없다.

그런데 무기 이외의 용도로도 많이 사용하는 칼과는 달리 살상력이 강한 총은 항상 옆에 두고 사용하기 어렵다. 칼은 부엌에서도 사용하는 생활필수품이지만, 총은 그렇지 않다. 사냥을 레저의 일환으로 즐기면서 총을 사용하는 경우도 있지만, 그것도 엄밀히 말하면 '살상 행위'다. 총의 원초적 목적은 유기체를 살상하여 제압하는 것이다.

하지만 그럼에도 불구하고 총을 좋아하는 이들이 많다. 취미나 운동 종목으로 사격을 즐기는 이들도 있고, 총을 기념물로 수집하는 수집가들도 있다. 분명한 것은 이러한 취미는 총을 살상 행위에 사용하는 것과 전혀 다른 행위라는 점이다. 총기의 보유와 사용이 법으로 엄격히 제한을 받는 우리나라에서는 총을 취미의 대상으로 삼기 어렵지만, 오래전부터 총이 하나의 문화로 자리 잡은 미국 같은 곳에서는 당당히 취미나 오락의 대상이다. 수시로 벌어지는 사고와 범죄로 말미암아 최근 미국 사회에서도 총기 규제에 대한 목소리가 커지고 있지만, 쉽게 변화가 이루어지지는 않을 것으로 보인다.

그런데 재미있는 점은 이처럼 총기 보유와 사용을 엄격히 규제하는 우리나라에 현재 총을 직접 사용해 본 사람들이 어느 나라보다 많다는 점이다. 한 해에 수십만의 청춘들이 병역 의무를 수행하며 총을 사용하기 때문이다. 반면 징병제가 아닌 일본이나 중국에서는 사격은커녕 총을 실제로 만져본 이들을 만나기가 극히 어려워서, 한국 남자들이 실제로 소총으로 사격훈련을 했다는 사실을 알면 부러워할 정도다.

이처럼 우리나라에서도 보통의 남자들에게 총은 낯선 물건이 아니다. 하지만 제식 소총이 대부분이어서 미국에서처럼 다양한 총기를 접할 수는 없다. 이런 환경이 건전하게 취미 생활의 대상으로 총을 즐기는 이들에게는 불편하겠지만, 총이 워낙 위험한 물건이고 범죄 행위에 사용될 가능성이 아무래도 크다 보니 이런 제한은 바람직하고 앞으로도 계속 같은 정책을 유지해야 한다고 생각한다.

그런데 최근에는 스포츠로 정착한 서바이벌 게임이 활성화되면서 실제 총과 똑같은 외관의 모형 총을 비롯한 다양한 유사 총기를 접할 수 있게 되었다. 더불어 온라인 게임 등을 통해 간접적으로 여러 종류의 총이 알음알음 국내에 소개되어, 국내에서 사용하지도 않지만 경우에 따라서는 상당한 마니아를 보유한 총기도 등장했다.

그렇지만 아직까지 총에 대한 정보를 아는 이들이 그리 많지 않은 것도 사실이다. 의무 때문에 총을 사용해본 이들이 많고 건전한 취미나 온라인 등을 통해 간접적으로 경험해본 이들도 점차 증가하는 추세지만, 관련 내용이나 자료를 쉽게 접하기는 어렵다. 그만큼 우리나라에서 총은 가깝고도 먼 대상이나.

이 책은 취미나 흥미의 대상으로 총에 관심이 있는 이들에게 조금이나마 도움이 되고자 하는 바람에서 출간한 것이다. 지금까지 지구상에 등장한 셀 수도 없을 만큼 많은 총을 알 수 있는 방법도 없고 설령 안다고 해도 일일이 소개할 수도 없는 노릇이다. 그래서 20세기에 등장하여 제1·2차 세계대전과 이후에 벌어진 여러 전쟁에서 인상적으로 사용된 총들, 온라인 게임 등을 통해 간접적으로 체험하고 선호도가 높은 총들 위주로 집필했다.

많이 알려진 총기가 대부분이지만, 경우에 따라서는 그다지 이름이 알려지지 않거나 실용화에 실패한 총도 필자의 주관에 따라 역사적 의의가 있다고 생각하면 소개했다. 한마디로 이 책은 초보자를 대상으로 하는 여러 총의 간략한 역사서라 할 수 있다.

기계적인 특성이나 원리에 대해서는 가장 기초적인 부분만 언급했는데, 너무 깊게 다루면 대중적인 입문서라는 취지에 걸맞지 않다고 판단했기 때문이다. 하지만 그보다 필자가 그런 능력을 가지고 있지도 못함을 솔직히 고백하는 바이다.

부족한 필자가 이 책을 쓰는 데 많은 도움을 받았다. 특히 본문의 오류를 잡아주고 삽화를 그려준 홍효민 씨에게는 더없이 고마움을 느낀다. 온·오프라인에서 많은 도움을 주신 명치과 의원의 안세용 원장님, NHN의 이윤현 팀장님, 조선일보 유용원 기자님, 항상 불비한 원고에 불평 한마디 하지 않고 글을 다듬어 주시는 플래닛미디어 김세영 사장님 이하 직원 분들께도 감사의 인사를 전한다. 하지만 무엇보다 사랑하는 가족과 친지, 지인들의 격려와 성원이 없었다면 글을 쓰기 힘들었을 것이다. 내가 아는 모든 이에게 다시 한 번 감사의 인사를 전한다.

차례

 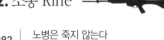

3. 기관단총 Submachine Gun

4. 자동소총 Automatic Rifle

5. 기관총 Machine Gun

01

PISTOL

권총

도대체 끝은 어디일까?
M1911

M1911A1 ⓒ①① M62 at en.wikipedia.org

과학기술의 발전은 그야말로 눈이 부실 지경이다. 특히 우리 삶과 밀접한 IT분야는 일일이 변화를 쫓기가 힘들 정도인데, 그렇다 보니 '얼리 어답터early adopter'라는 신조어까지 생겼다. 불과 10년 전에 이동통신과 결합한 손바닥만 한 컴퓨터로 언제 어디서나 필요한 정보를 실시간 검색할 수 있고 자신의 의견도 자유롭게 표현할 수 있을 것이라 확신한 이들은 많지 않았다.

IT산업만큼은 아니지만 새로운 기술을 빨리 실용화하는 분야 중 하나가 바로 무기인데, 그 이유는 단순명료하다. 남이 보유하지 못한 무기가 장차전에서 아군을 승리로 이끌 가능성이 크기 때문이다.

그런데 이런 역사의 흐름을 거스르는 무기가 있다. 이른바 콜트 45Colt .45로 더 많이 알려진 M1911 자동권총M1911 Automatic Pistol이다. 제식번호에서도 알 수 있듯이 탄생한 지 100년이 넘었는데, 놀랍게도 아직도 일선에서 애용하고 있다. M1911 권총은 1985년 M9 권총을 채택하기 전까지 미군의 공식 권총이었고, 국군도 지난 1988년 K5권총을 제식화하기 전까지 이를 사용했다. 그리고 현재도 상당량을 군경에서 사용 중이다.

새로운 스타일의 권총

군경용으로 오래 사용하던 권총은 서부 영화에서 많이 볼 수 있는 리볼버revolver였다. 리볼버는 조작이 간편하고 신뢰성이 좋아 현재 우리나라 일선 경찰들도 사용하고 있지만 단점 또한 많다. 리볼버의 특징이라 할 수 있는 회전식 원형 탄창의 경우, 대부분의 모델이 6발 정도의 탄환을 장전할 수 있어 장탄량이 적은 편이다. 더불어 탄환 재장전에 시간이 많이 걸린다는 점은 치열한 교전 중에 특히

미 해병대 특수요원들의 훈련 모습 (U.S Marine Corps)

불리한 요소로 작용했다. 이러한 단점을 보완하여 19세기 말 '자동 권총Automatic pistol'이 등장했다.

자동권총은 손잡이 부분에 탄창을 삽입하는 방식을 채택하여 탄약의 교환이 용이하며, 경우에 따라서는 대용량 탄창도 사용할 수 있다. 더불어 방아쇠를 당겨 탄환을 발사함과 동시에 가스 압력으로 노리쇠를 후퇴시켜 탄피를 배출하고 스프링의 반동으로 노리쇠가 원위치할 때 탄창에 적재된 탄환을 약실에 밀어 넣는 사격 메커니즘을 가지고 있다. 총기 구조가 리볼버에 비해 복잡한 반면 신속한 연사가 가능하다.

자동권총에는 방아쇠를 당길 때만 단발 사격이 이루어지는 반자동식과 연속적으로 탄환을 발사하는 완전자동식이 있는데, 완전자동식은 이후 기관단총의 탄생을 불러왔다. 이 때문에 독일에서는 기관단총을 '기관권총 Maschinenpistole'이라 표기할 정도다. 1893년 등장한 보르하르트Borchardt C-93을 최초의 자동권총으로 보는데, 이 모델은 루거^{Luger} 08의 원형이 되기도 했다. 뒤를 이어 등장한 마우저 ^{Mauser} C96 같은 모델이 상업적으로 대성공을 거두기도 했지만, 자동권총이 급격히 발전한 것은 20세기 들어서였다.

전설적 인물이 설계하다

자동권총에 대한 관심이 증대하자 수많은 총기 제작사가 개발에 뛰어들었다. 마침 1903년 미 육군이 새로 채택하여 사용할 권총을 공모하자, 이때 콜트^{Colt} 사는 흔히 '자동화기의 아버지'라고 불리는 존 브라우닝^{John Browning}이 설계한 M1900을 내놓았다.

쇼트리코일^{Short recoil} 방식의 이 모델은 슬라이드를 도입한 최초의 권총 중 하나다. 지금은 대다수 권총이 이 방식을 채택하고 있지만, 당시에 이는 혁신적인 구조였다. 그러나 처음 채택했던 .38 ACP탄 (0.38인치, 즉 9mm 구경 권총탄)의 위력이 그다지 만족스럽지 않다고 느낀 군 당국의 거부로 채택이 불발되었다. 그러자 콜트는 강력한 .45 ACP탄(0.45인치, 즉 11.43mm 구경 권총탄)을 사용할 수 있도록 구조를 개조하여 위력을 대폭 향상한 모델을 선보였는데, 이것이 바로 총기 역사의 전설이 된 M1911이다.

당국의 호평을 받고 공식 권총으로 선택된 M1911은 즉시 전군에 보급되기 시작했다. 이후 제1·2차 세계대전은 물론 6·25전쟁, 베트남 전쟁 등을 거치며 베레타^{Beretta} M9 권총을 채택하는 1985년까지 일선에서 맹활약했다. M2 중기관총보다 육군의 제식무기로서 활동한 기간은 짧지만, 9mm 탄을 사용하는 M9의 화력이 미흡하다고 여기는 해병대 특수전사령부 소속 부대, FBI 같은 경찰조직들은 아직도 M1911을 사용하고 있다. 더불어 M1911은 민간에도 대량 유포되었는데, 여러 회사에서 라이선스 생산하여 지금까지 약 200만 정을 생산한 것으로 알려졌다.

적들도 인정한 성능

M1911의 명성이 어떠했는지는 제2차 세계대전 당시 독일군이 이를 사용한 사례에서 알 수 있다. 지금도 세계적인 방위산업체인 노르웨이의 콩스베르그 그루펜Kongsberg Gruppen이 전쟁 전에 M1911을 라이선스 생산하고 있었다. 그런데 1940년 독일이 노르웨이를 점령한 후, 소량이기는 했지만 기존 제작시설을 이용하여 독일군 용도로 M1911을 생산하여 공급했던 것이다.

이때 특이하게도 독일 육군 병기국Waffenamt 주관하에 제작했다는 표식과 더불어 미국 콜트 사가 원특허권자라는 문구를 그대로 새겨 넣었다. 이는 전시에도 특허권을 보호하기 위해 일부러 그런 것이라기보다, 기존 제작설비를 바꿀 수가 없어서 벌어진 단순한 해프닝이었다. M1911에는 이처럼 재미있는 일화가 많이 따라다닌다.

비슷한 시기에 등장한 다른 무기들과 비교한다면 M1911의 위대함이 어떠한지 더욱 쉽게 이해할 수 있다. 이 권총이 태어난 직후 하늘을 날아다니며 공중전을 벌인 전투기들은 구닥다리 복엽기들이었다. 하지만 최신예 스텔스기가 등장한 지금도 M1911은 계속 사용되고 있다.

이처럼 M1911이 아직까지도 질긴 생명력을 이어가는 가장 큰 이유는 더 이상 개량이나 업그레이드가 필요하지 않을 만큼 완성도가 높기 때문이다. 권총이라는 무기는 그 용도가 극히 제한적이지만, 일정 수준 이상의 성능만 달성하면 충분히 사용할 만하다는 의

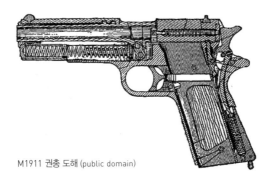

M1911 권총 도해 (public domain)

미이기도 하다. 여담으로 살상도구인 무기가 성능이 좋다는 것을 굳이 반길 만한 사항은 아니라 하겠다.

막을 내리지 않은 이야기

그런데 오랜 세월이 지나는 동안 기술도 크게 발전하여, M1911은 최고의 권총이라는 명성을 계속하여 유지하기 어려웠다. M1911이 뛰어난 권총이기는 하지만 단점도 지니고 있었는데, 우선 장탄 수가 7발(약실에 1발 장전 시 8발)로 적다는 점이 문제였다. 이는 M1911 고유의 단점이라기보다는 대구경탄을 사용하는 권총이 지닐 수밖에 없는 한계였다.

M1911은 손잡이를 꽉 쥐지 않으면 방아쇠를 당길 수 없도록 손잡이 뒷부분에 달려 있는 그립 세이프티Grip Safety나, 해머Hammer(공이치기)를 젖힌 후 임의로 작동하지 않도록 해 주는 레버 같은 여러 안전장치를 갖추었다. 그런데 해머를 젖혀 코킹Cocking하거나 슬라이드를 당긴 후 사격하는 싱글액션 메커니즘으로 말미암아 M1911은 유사 시 초탄을 빠르게 발사하기 어려웠다. 권총이 바로 눈앞의 목표물을

19

M1911 권총을 분해한 사진 (public domain)

향해 즉시 사용하는 무기라는 점을 고려하면 이는 큰 약점이었다. 이 때문에 조금 위험하지만 코킹한 상태로 안전장치를 거는 콕앤록 Cock and Lock 방식으로 권총을 휴대하는 경우가 많은데, AFPB와 같은 오발 방지장치가 없어서 외부 충격에 종종 오작동하고는 했다.

그리고 너무 강력하다는 점은 장점이자 단점이기도 하다. M1911은 경찰이 치안용으로 사용하기에는 살상력이 크다. 대구경탄을 사용하므로 반동이 크고, 이 때문에 무게가 여타 권총에 비해 무거운 편이어서 휴대와 조준이 힘들고 정확한 연사도 어렵다. 따라서 M1911을 능숙하게 사용하려면 사선에 연습이 많이 필요하다.

이처럼 장점 속에 숨어 있던 여러 단점으로 인하여 서서히 최고의 자리에서 물러나고 있지만, 탄생 이후 70여 년이 넘게 미군의 제식화기였고 아직도 일부에서 사용 중이라는 사실만으로도 M1911이 대단한 권총임을 알 수 있다. 앞으로도 오랫동안 곳곳에서 사용하지 않을까 추측한다. 과연 그 끝이 어디일지 궁금해지는 대목이다.

콜트 M1911 탄창 투시도   .45ACP탄 (FMJ) 실제 크기

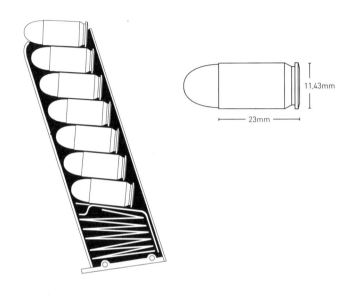

구경	11.43mm
탄약	11.43×23mm (.45 ACP)
급탄	7발들이 탈착식 탄창 + 약실에 추가 1발
작동방식	쇼트리코일
전장	210mm
중량	1,105g
총구속도	244m/s
유효사거리	62m

최고의 전리품으로 대접받던

Luger P08

루거 P08 (http://www.adamsguns.com)

전쟁 영화를 보면 교전 직후 점령지를 수색하여 전리품을 챙기는 장면이 종종 등장한다. 가끔 고가의 귀중품을 습득하기도 하지만 상대방의 무기를 회수·노획하는 경우가 대부분이다. 차후에 적이 무기를 재사용하는 것을 미연에 방지하고, 필요할 경우 아군이 활용하기 위해서다. 반면에 아군이 보유하거나 사용하기 곤란한 노획 무기는 즉시 파기하는 것이 원칙이다.

하지만 언제 죽을지 모르는 전쟁이라는 상황에서 도움이 되는 적의 무기나 장비라면 일단 보유하려는 경향이 많다. 모든 사병에게 지급하지는 않지만 휴대가 간편하고, 가지고 있다고 특별히 손해 볼 것 없는 권총이 대표적이다. 원래 노획한 무기는 부대가 관리하는 것이 원칙이지만 실전에 투입된 많은 병사를 일일이 통제하기는 힘든 법이다. 더구나 권총은 참전 기념물로 습득하려는 경우도 많다.

'뭐 군이 무기를 기념으로 가지려 할까?'라고 생각할지도 모르지만 전쟁이라는 시공간을 고려한다면 충분히 가능한 현상이다. 어쩌면 극한 상황에서 살아남기를 원하고 이를 기념하고자 하는 보통 사람들의 평범한 모습일 수도 있다. 2차대전 당시 유럽 전선에 투입된 미군 병사들이 전리품으로 갖고 싶어 했던 독일군 무기 중 으뜸은 단연 루거 P08^{Luger P08} 권총이었다.

특징적인 모습

P08이 최고의 전리품으로 대접받은 이유는 명확하지 않다. 생각보다 고장이나 오발이 자주 발생하여 독일군 내에서도 그리 평판이 좋지 않았던 점을 생각한다면, 노획해서 재사용하려는 목적은 아니었던 것 같다. 예를 들어 실화를 바탕으로 2001년 제작된 유명한

TV시리즈인 〈밴드 오브 브라더스Band of Brothers〉에서 P08을 노획하여 자랑하고 다닌 병사가 어이없게 오발로 목숨을 잃는 모습이 나오기도 했다.

그렇다면 P08의 인기 이유는 성능보다 상징적인 면에서 찾아야 할 것이다. 많은 자료에는 독일군 고급장교들만 착용했던 무기라서 그렇다고 설명한다. 다시 말해 이 권총을 노획했다는 것은 독일군 장교를 사살하거나 포로로 잡았다는 것과 동일한 의미여서 많은 미군 병사들이 가지고 싶어 했다는 것이다. 더불어 총을 잡았을 때의 그립감이 상당히 호평을 받았다.

우리와 달리 총기의 보유와 사용이 자유로운 미국인들에게 권총은 하나의 문화라 할 수도 있다. 따라서 미군 중에는 군대에 오기 전에 이미 여러 종류의 총을 잡아본 이들이 많았고, 이들은 새롭거나 쉽게 접하지 못하는 권총에 대한 호기심이 남달랐다. 모든 독일군 장교가 사용한 것은 아니지만 P08은 적어도 상징성과 외형 면에서 독일군을 대표할 만한 독특한 점이 있어 인기가 있었던 것이다.

미군도 사용하려던 권총

2차대전을 상징하는 권총으로 많이 알려졌지만 사실 P08의 역사는 그보다 더 오래되었다. 1898년 독일의 총기 제작사인 루트비히 뢰베 사Ludwig Loewe & Co. A.G.의 게오르크 루거Georg Luger가 만들었는데, 엄밀히 말해 기존의 권총을 개량했다고 보는 것이 타당하다. 1893년 후고 보르하르트Hugo Borchardt가 개발한 반자동 보르하르트 C-93권총은 구조가 너무 복잡하고 무거웠다.

이러한 단점을 보완하여 탄생한 권총이 바로 '토글 액션Toggle action'

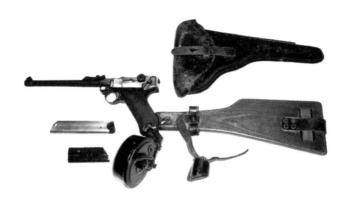

참호전용으로 개발된 대용량 탄창과 탈부착식 개머리판 ⓒⓕⓞ Kar98 at de.wikipedia.org

이라는 특수한 쇼트리코일 방식을 채택한 P80이다. 그런데 이 새로운 권총에 대해 처음 관심을 보인 곳은 독일이 아니었다. 1900년 스위스 육군이 7.65mm 파라블럼Parabellum탄을 사용하는 P1900 모델을 3,000정 구입했는데 이것이 최초의 납품 사례다. 비슷한 시기에 불가리아에도 민수용으로 1만 정을 판매했다.

재미있는 것은 미군용으로 쓰일 수도 있었다는 점이다. 1903년 미 육군 당국은 차기 권총 후보로 P1900과 9mm 파라블럼탄을 사용하는 P1902 모델을 각각 구매하여 테스트했다. 심사 끝에 자국산 콜트 권총을 채택하면서 P08의 미군 납품은 무산되었지만, 이후의 모습을 생각한다면 상당히 재미있는 역사의 아이러니가 아닌가.

참호전에 특화한 무기

이처럼 해외에서의 호평과 달리 정작 독일에서는 평가가 그다지 좋지 않아 시작은 상당히 어려웠다. 겨우 1904년에 이르러서 해군에

루거 P08의 주요 특징인 토글이 접힌 모습 ⓒⓕⓞ Rama at Wikimedia Commons

서 제식화했다. 해군용 모델은 105mm 총신을 가졌고, 1905년 독일의 식민지였던 동아프리카와 서남아프리카에서의 저항 진압에 사용하면서 처음으로 실전에 데뷔했다. 그렇지만 독일군의 핵심인 육군에서는 1908년에서야 채택했고, 이때 비로소 P08이라는 제식부호를 얻게 되었다.

대량생산되어 독일군에 납품된 P08은 제1차 세계대전 당시에 참호전에 적합한 무기로 알려지면서 갑자기 명성을 떨쳤다. 참호전이 일상화되자 보병들이 적진까지 들고 뛰어간 소총은 검이나 몽둥이 용도밖에 되지 않았다. 바로 그때 속사가 가능한 권총이 좁은 곳에서 적과 근접했을 때 사용하기 편리한 무기로 등장했다. 막연히 고급장교용 무기로 생각하던 P08을 이처럼 최전선의 사병들도 애용하게 된 것이다.

이때 P08용으로 32발을 탑재할 수 있는 트롬멜^{Trommel} 탄창이 등장했고, 이를 장착한 P08은 마치 기관단총처럼 사용되었다. 이후 최초로 전선에 투입된 기관단총인 MP18이 P08과 같은 9mm 탄을 사용한 점을 생각하면, 기관단총의 개발에 P08이 음으로 양으로 영향을 끼쳤다고도 볼 수 있다. 물론 P08이 기관단총처럼 자동 연사가 가능한 것은 아니었지만 사수의 능력에 따라 속사가 가능했고, 30발이 넘는 장탄량은 많은 이점을 제공했다.

P08은 복좌장치*가 후방으로 접히면서 탄피를 배출하고, 다시 제자리로 돌아와 탄환을 장전하는 방식으로 작동했다. 그런데 이러한 특징은 총기 내 이물질 유입을 불러와 툭하면 고장을 내는 원인이 되었고, 복잡한 내부 구조도 신뢰성을 저하하는 요인이 되었다. 더불어 1차대전 종전 후 체결한 베르사유 조약에 의해 9mm 탄의 사용이 금지된 후 7.65mm 탄용 P08이 일부 생산되었으나, 고가의 제작비로 말미암아 더 이상 양산하지 않았다.

성능보다 모양으로 얻은 유명세

이러한 문제점 등으로 독일군은 재무장하면서 새로 개발된 발터^{Walter} P38을 표준 권총으로 채택했다. 이처럼 P08은 도태할 운명이었지만 1939년 2차대전이 발발하고 전쟁이 거대해지면서 무기 수요가 기하급수적으로 늘어나자 P38의 부족한 수량을 보충하며 전쟁 말까지 사용되었다. 일부 자료에는 1945년까지 P08이 생산되었다고는 하는데, 2차대전 당시에 사용된 것은 대부분 1922년 이전 생

---

* 발사 후 노리쇠를 원위치시키는 장치.

루거 P08 투시도 (public domain)

산된 재고물량이다.

어느덧 구시대의 무기가 되어버린 P08이 최일선에서 활약하기는 어려웠다. 형식적으로 무장을 하는 고급장교, 해군 승조원, 공군조종사, 점령지를 관리하는 후위부대에서 주로 사용할 수밖에 없었다. 그렇다 보니 적에게 포위된 고급장교들이 마지막 순간 자살용도로 사용하는 무기로 여겨지면서, 연합군 병사들 사이에서는 P08이 본의 아니게 독일군의 권위를 상징하는 무기가 되어버렸다.

P08은 명중률이 높고 장탄 수가 많다는 장점이 있지만 툭하면 작동하지 않을 정도로 문제가 많아서 오래전에 사라질 운명이었다. 그렇지만 시대 상황이 더 오래 살아남을 수 있도록 만들었고, 그로 인해 성능에 비해 명성을 얻은 권총이 되었다. 종전 후에는 군경용으로서 가치를 완전히 상실하고 수집가들에게 골동품으로 인기가 많다. 어쩌면 이처럼 눈요깃감으로나마 볼 수 있을 만큼 인상적인 멋진 외형이 P08의 가장 큰 특징이 아닐까.

P08 탄창 투시도   9x19mm탄 (FMJ) 실제 크기

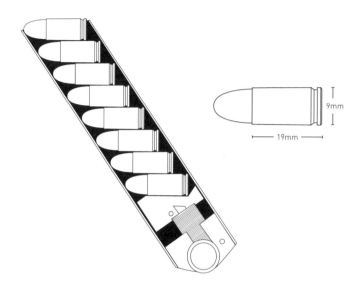

9mm

19mm

구경	7.65mm / 9mm
탄약	7.65×21mm 파라블럼 / 9×19mm 파라블럼
급탄	8발 장탄식 일반 탄창, 32발 탄창식 드럼 탄창
작동방식	토글액션, 쇼트리코일
전장	222mm
중량	871g
총구속도	350m/s
유효사거리	50m

새로운 역사를 만든 권총
Glock

무기의 전성기는 짧다. 그것은 어떤 무기를 오랫동안 사용한다는 것과는 조금 다른 의미다. 예를 들어 2010년 퇴역한 F-4D 팬텀 전투기들은 무려 40년 동안 우리 영공을 묵묵히 지켜왔다. 하지만 그것이 지난 40년 내내 F-4D가 최강이었다는 의미는 아니다. 팬텀은 등장 당시에는 최강의 전투기 소리를 들었지만 이후 이를 능가하는 전투기들이 속속 등장했다.

이처럼 관리만 잘하면 30~40년을 사용할 수 있지만 구형보다 강력한 최신예 무기는 항상 등장하기 마련이다. 이러한 구형과 신형 무기 사이의 성능 차이는 전쟁에서 승패를 좌우하는 커다란 요소다. 그런데 의외로 오래 사용되면서도 변함없이 최고의 위치를 계속 점할 수 있는 무기가 있는데, 바로 총이다. 예를 들어 M2 중기관총은 탄생한 지 100년 가까이 되었는데도 아직도 제작되어 사용 중이다.

그 외에 수십 년간 제작되어 사용되는 총이 부지기수다. 이것은 총은 애초에 잘 만들면 더 이상 개량이 필요 없을 만큼 단순한 무기라는 뜻이기도 하다. 특히 권총의 경우, 자동권총의 기본적인 시스템을 구현한 것으로 평가받는 45구경 M1911이 등장한 이후 더 이상 획기적인 발전이 불가능한 것으로 여겼을 정도다. 그런데 1980년대 역사를 바꾼 새로운 권총이 등장했다. 바로 글록Glock이다.

비전문가가 만든 권총

1980년, 오스트리아군은 2차대전 당시부터 사용한 발터 P38 권총 교체를 위한 신형 권총 도입 사업을 시작했다. 사실 P38도 오래전에 개발되었다 뿐이지 새로 생산하여 사용해도 결코 손색이 없는

.45 ACP탄을 사용하는 글록 30. 상당 부분을 플라스틱 재질로 만들었음을 알 수 있다.
(public domain)

훌륭한 권총이었다. 하지만 2차대전 당시 침략국의 이미지를 일소하기 위해, 당시 사용하던 P38을 일거에 대체하기로 하면서 사업을 추진했다. 그런데 오스트리아군만 놓고 본다면 시장 규모가 워낙 작아 당시 세계적으로 유수한 총기 제작사들은 기존에 사용하던 권총을 별도의 개량도 없이 후보작으로 제시했다.

이때 오스트리아 기업인 글록 사 Glock GmbH도 흥미를 느끼고 경쟁에 참여하기로 결심했다. 그런데 재미있는 것은 글록 사는 그때까지 한 번도 총기를 생산해 본 적이 없는 회사라는 것이었다. 가스통 글록 Gaston Glock이 자기 이름을 따서 1963년 설립한 회사는 소모성 군용물품을 생산하던 기업으로, 엄밀히 말해 총은 전혀 낯선 세계나

다름없었다. 하지만 그렇기 때문에 기존 사고의 틀에서 벗어나 총기를 제작할 수 있었다.

고분자 폴리머를 전공한 인물답게 가스통 글록이 플라스틱으로 권총을 만들 생각을 하면서 외관과 구조부터 기존의 권총과 차별이 되었다. 총기가 전혀 생소했던 글록 사는 백지상태에서 기존 전문가들뿐만 아니라 민간인들로부터도 자문을 얻어 개발에 나섰다. 다양한 주장과 새로운 이론을 적극 수용하여 불과 3개월 만에, 이후 '글록 17'로 명명하는 시제품을 만들어 내는 데 성공했다.

새로운 소재를 이용하다

물론 플라스틱 권총이라 해서 장난감 총처럼 모든 것을 플라스틱으로 만든 것이 아니라 사격과 직접 관련이 있는 총열, 슬라이드, 공이, 스프링 등은 강철로 제작하고 손잡이, 방아쇠, 탄창 같은 부수적인 부분만 플라스틱으로 만든 형태다. 하지만 그만큼 가볍고 제작이 편리했다. 쇠를 깎는 것보다 플라스틱을 이용하는 것이 훨씬 편하다는 것은 불문가지다.

글록은 엄밀히 말해 '최초로 실용화한 플라스틱 재질의 권총'이다. 1970년대에 독일의 헤클러 앤 코흐Heckler & Koch 사에서 바르샤바 조약군의 독일 점령 시에 민간에서 저항용으로 사용할 목적으로 VP70이라는 플라스틱 권총을 만들었는데, 실제로 사용되지 않고 전량 폐기되었다. 이 사실을 알고 있던 글록 사에서 당시 개발에 참여했던 이들을 초빙하여 도움을 받은 것으로 알려졌다.

글록은 고강도 플라스틱으로 부품을 일체화함과 동시에 해머와 해머스프링도 생략했을 만큼 최대한 단순하게 만들어 기계적 신뢰성을 높였다. 거기에다가 총열과 슬라이드에 고강도 코팅을 입혀 혹시나 플라스틱을 사용하여 내구성이 약할 것이라는 의구심을 불식했다. 글록 17은 이러한 참신한 특징들과 현대적인 생산기술 그리고 자국 업체라는 이점을 가지고 최종 후보에 올랐고, 테스트를 거쳐 제식화에 성공하면서 P80이라는 번호가 붙었다.

오래 걸리지 않은 시간

그런데 군경용으로 단지 2만 5,000정만 발주했을 만큼 오스트리아 국내 시장은 너무 작았다. 쉽게 말해 대외 수출을 하지 않고는 권총 사업이 성공할 수 없는 구조였다. 이에 글록 사는 세계 최대의 총기 소비국인 미국 시장을 겨냥하여 마케팅에 나섰다. 미군의 차세대 권총 사업인 XM9 경합에도 비공식적으로 참여했고 더불어 민간 시장의 문을 두드렸지만 관심을 끄는 데 실패했다.

미국인들은 혁신적인 플라스틱 재질에 대한 거부감이 컸고 생산업체에 대해 알려진 것도 없었기 때문이다. 더구나 그다지 세련되어 보이는 모습도 아니어서 수집용으로도 별로였다. 하지만 좋은 물건은 언젠가는 빛을 발하듯이 글록이 총기사의 혁명가로 등장하는 데 그리 많은 시간이 필요하지 않았다.

우선 무게가 기존 권총의 60~70퍼센트에 불과하여 휴대가 편리하기에 경찰이나 보안업체 요원들의 눈에 띄었다. 공이가 없는 스트라이커 방식이라 조작이 간편하면서도 뛰어난 안전장치로 말미암아 오발 가능성도 거의 없었다. 거기에다가 글록 17 기준으로 2열 박스형 탄창에 9×19mm 파라블럼탄을 17발이나 장전할 수 있었고, 대용량 탄창을 사용하면 거의 기관단총에 가까운 연사 능력

글록 18을 연사하는 모습 (public domain)

을 보였다. 실제로 글록 시리즈 중에는 방아쇠를 당기고만 있으면 연사가 가능한 완전자동 모델도 있는데 바로 글록 18이다.

대부분의 기관단총이 권총탄을 사용하므로, 권총이 완전자동이고 탄창의 용량이 크다면 사실 기관단총과 다를 바 없다. 외형은 거의 글록 17과 동일하지만 33발 탄창을 사용할 수 있고 분당 1,200발이라는 경이적인 발사 속도를 자랑하는 글록 18은 권총의 휴대성과 기관단총의 강력한 연사능력을 겸비했다.

완전자동권총은 여타 권총에 비해 살상력이 크기 때문에 민수용 판매를 엄격히 금지하고 있으며, 글록 18은 기관단총을 휴대하기 곤란한 비밀경찰이나 정보기관 등에서 한정적으로 사용한다. 비록 최초의 완전자동권총은 아니고 반동으로 인하여 정밀도가 떨어지기도 하지만, 글록 18은 가장 성공한 자동권총 모델로 유명하다.

자동권총 역사의 혁명

글록은 한마디로 '자동권총의 역사를 바꾼 총'이라 해도 과언이 아니다. 이전에 존재하던 그 어떤 권총도 흉내 낼 수 없을 만큼 많은 장탄량과 연사력 그리고 플라스틱 소재를 사용한 독창성은 권총 개발의 역사를 혁신적으로 바꾸었다. 역사도 일천하고 전시에 대량으로 사용되지 않았으면서 이 정도 명성을 얻었다는 사실만으로도, 글록이 어떠한 권총인지 충분히 유추할 수 있다. 이제 글록은 액션영화에서 당연한 소품으로 등장할 만큼 사람들이 가장 선호하는 권총이 되었다. 후발업체들이 플라스틱 권총을 만들고 있지만 글록의 명성을 쫓기에만 바쁠 뿐이다.

하지만 부작용도 함께 나타났다. 많은 강력범이 무고한 사람들을 해치는 데 글록을 사용하게 된 것이다. 2007년 버지니아 공대 Virginia Tech에서 벌어진 총기난사사건이나 2011년 극우 광신도에 의한 노르웨이 테러사건이 대표적인 사례다. 만일 이들이 장탄량이 적고 연사력이 떨어진 다른 권총을 사용했다면 비명 속에 숨을 거둔 사람의 수가 조금은 적었을지 모른다.

칼을 사용하여 사람을 벤다 하더라도 의사와 흉악범의 차이는 명백하다. 총 또한 마찬가지다. 총이 1차적으로 살상도구지만 국방이나 치안이라는 목적에 사용한다면 문제가 될 하등의 이유가 없다. 무서운 일이지만 총을 범죄나 그에 준하는 행위에 사용한다면, 그것은 순전히 사용하는 사람의 의지에 달린 문제다. 결국 총이 정의의 도구인지 아닌지는 그것을 사용하는 사람의 태도에 따른 것이다.

글록용 17발 9mm 탄창 투시도

9x19mm탄 (FMJ) 실제 크기

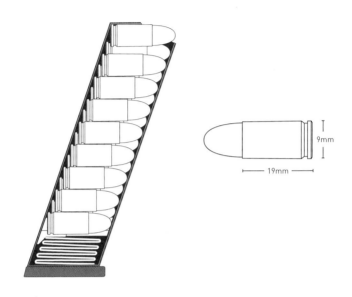

구경	9mm 파라블럼 (글록 17 · 18 · 19 · 26 · 34)
	10mm Auto (글록 20 · 29)
	.45 ACP (글록 21 · 30 · 36)
	.40 S&W (글록 22 · 23 · 24 · 27 · 35)
	.380 ACP (글록 25 · 28)
	.357 SIG (글록 31 · 32 · 33)
	.45 GAP (글록 37 · 38 · 39)
작동방식	쇼트리코일, 로크드브리치, 틸팅 배럴
총구속도	375m/s (글록 17 · 18)
유효사거리	50m (글록 17 · 18)

혁신의 집합체

Walther
P38

발터 P38 (http://www.adamsguns.com)

1차대전은 권총의 재탄생 시기라 해도 과언이 아니다. 역사가 오래된 화기이기는 했지만 권총은 전투용 무기로 적합하지 않았다. 사거리가 짧고 파괴력도 부족한 데다가 정확성도 좋지 않아 최전선에서는 무용지물인 경우가 많았기 때문이다. 하지만 1차대전 당시 장기간의 참호전이 계속되고 좁은 공간에서 피아가 엉켜 싸우는 일이 반복되자 권총은 훌륭한 전투용 무기가 되어버렸다.

주먹이 오갈 만큼 가까운 거리에서의 교전이다 보니 사거리나 정확도는 그리 문제가 되지 않았다. 작아서 휴대하기 좋고 연사력도 뛰어난 권총에 대용량 탄창을 결합할 수 있는 방법이 등장하자, 그야말로 권총에 날개를 달아 준 격이 되었다. 특히 32발의 트롬멜 탄창을 장착한 독일의 루거 P08의 위력은 기관단총 수준이었다.

이처럼 독일군 권총하면 제일 먼저 머리에 떠오를 만큼 루거 P08의 유명세는 대단했지만 정작 독일 군부는 그리 적합한 권총이 아니라고 결론을 내렸다. 흙이나 먼지 같은 이물질에 툭하면 고장이 발생하여 야전에서 사용하기 힘들었기 때문이다. 더불어 단가가 비싸고 제작시간도 길어 생산성도 나빴다. 이를 개선하여 1938년 권총 역사에 커다란 획을 장식한 새로운 권총이 등장했다. 바로 발터 P38 Walther P38이다.

새로운 권총의 조건

1935년 히틀러는 베르사유 조약을 부정하고 독일의 재군비를 전격 선언했다. 그리고 그동안 감시의 눈길을 피해 은밀히 연구하던 수많은 무기 개발 프로젝트를 누구의 눈치도 보지 않고 본격적으로 진행하게 되었다. 보유를 금지했던 전차와 전투기를 비롯한 최신예 무기들을 속속 도입했는 데 그 속도가 너무 빨라 주변국들이 놀랄 정도였 다. 동시에 군부에서 불 평 대상이었던 기존 무기 에 대한 개량이나 대체 사업도 함께 개시했다.

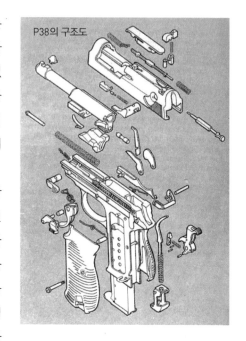

P38의 구조도

여기에는 권총도 포함 되어 있었다. 당연히 일 선에서는 툭하면 고장 나 는 P08보다 좋은 권총을 요구했고, 이런 사정을 이미 잘 알고 있던 정책 당국은 여러 총기 제작사 에 새로운 제식 권총 개발을 의뢰했다. 계획상으로는 기존의 P08을 모두 대체하는 어마어마한 규모여서 관련 업체들은 눈에 불을 켜고 달려들었다. 독일의 총기 명가인 발터Walther 사도 그러한 경쟁 업체 중 하나였다.

새로운 권총의 개발 콘셉트는 간단했다. 야전에서 문제없이 사 용할 수 있을 만큼 신뢰성이 좋고 제작비도 싸며 툭하면 발생하는 오발사고를 막을 안전성만 확보하면 되었다. 물론 성능의 개량이 이루어지면 금상첨화였지만 권총의 기본 성능을 획기적으로 증대 하는 것은 한계가 있었다. 왜냐하면 지금도 100년 전에 개발된 일 부 모델이 일선에서 사용할 정도로 권총은 목적이나 용도가 지극히 한정된 무기이기 때문이다.

발터 P38(독일 제식명 P1)을 분해한 모습 ⓒⓘⓞ Ralf Dillenburger at Wikimedia Commons

이미 개발했던 총

발터 사는 군용으로 사용할 수 있는 AP('군용 권총Armee Pistole'을 의미)를 이미 1936년에 개발한 상태였다. 약 55정의 초도 시험 물량이 제작된 AP 는 내장 해머식으로 총의 슬라이드 측면에 안전장치인 디코킹 레버를 부착했다.

레버를 잠그면 슬라이드 작동 유무와 상관 없이 해머가 코킹되지 않고 방아쇠는 계속 안전 상태를 유지하며, 레버를 해제하더라도 힘을 주어 방아쇠를 완전히 당길 경우에만 발사가 이루어졌다. 이를 시험해본 군은 상당히 호평했고 이에 고무받은 발터 사는 개량 모델을 1937년 내놓으면서 HP, 즉 '육군 권총Heeres Pistole'이라는 자신만만한 명칭을 부여했다.

HP는 독일군의 제식 탄환인 9mm 파라블럼탄을 사용했는데 몇몇 생산품은 실험적으로 .30루거 탄환을 사용하도록 제작했다. 정

1945년 5월 엘베 강에서 조우한 미군과 소련군의 기념사진. 미군 병사가 노획한 P38을 들고 있다.

식 채용 전부터 호평을 받은 HP는 약 3만 정이 생산되어 일부는 외국에 수출까지 되었다. 이처럼 제작사의 자신감이 가득 담긴 HP는 예상대로 독일군 당국의 시험에서 좋은 평가를 받아 군의 요구 사항에 맞추어 약간의 개량을 거친 후, P38이란 명칭을 부여받고 1938년 제식화되었다.

이렇게 개발된 발터 P38은 P08의 고질적인 단점을 완벽히 개선하여 북아프리카의 사막, 러시아의 동토처럼 가혹한 전선에서도 문제없이 작동했다. 더불어 디코킹 레버와 AFPB라는 2중의 안전장치 덕분에 고질적인 오발사고도 발생하지 않았다. 외부 충격으로 해머가 오작동되지 않도록 파이어 링 후미에 장착된 AFPB는 오발사고 가능성을 원천적으로 차단했다.

이처럼 발터 P38은 성능은 물론 안전성까지 보장된 최고의 권총으로 특히 최초의 더블액션 방식 군용 권총이기도 했다. 방아쇠를 당겼을 때 공이 또는 공이치기가 후퇴했다가 전진하여 격발하는 더블액션 방식은 이후 현대 자동권총의 개발에 많은 영향을 끼쳤다.

역사를 개척한 권총

더블액션은 약실 안에 탄이 들어있으면 곧바로 격발할 수 있는 장점이 있으나, 리볼버와 달리 내부구조가 복잡한 자동권총에는 적용하기 어려운 점이 많았다. 발터 사는 앞선 기술력을 바탕으로 이를 자동권총에 적용하는 데 성공했을 뿐만 아니라 기존 콜트 M1911 권총의 고질적인 문제점인 사격 시 총신이 위로 들리는 문제를 로킹 블록식 쇼트리코일 기술을 사용하여 최초로 극복했다.

발터 사는 이미 더블액션 관련 기술을 확보하고 1929년 제작한 PP 권총을 제작하여 경찰용으로 납품하기도 했다. 이 기술을 제작에 도입하면서 P38은 방아쇠만 당겨 속사가 가능하면서도 명중률이 좋은 최초의 더블액션식 군용 권총이 되었다. 한마디로 P38은 권총에 적용할 수 있는 혁신적인 모든 기술이 응집된 권총이라 할 만했다.

여담으로 P38 정도의 성능에 근접한 새로운 자동권총이 등장한 것은 1980년대 초 베레타[Beretta] M92SB 권총이 제식화하면서 부터다. 그 정도로 P38은 시대를 앞선 무기라 할 수 있다. 이러한 혁신적인 신뢰성과 안전성 덕분에 P38은 자동권총의 기본 틀을 제시한 M1911, 1980년대에 혜성처럼 등장하여 새로운 패러다임을 제시한 글록과 더불어 자동권총의 역사를 개척한 3대 권총으로 뚜렷하게 자리매김했다.

역사에 기록될 만한 권총

물론 P38에게도 단점이 없지는 않았다. 가장 고질적인 문제가 바로 생산성이었다. 워낙 정교하게 만들다 보니 많은 부품이 들어갔는데, P09가 45개의 부품으로 구성된 반면 P38은 52개의 부품으로 이루어져 생산과 조립에 더 많은 시산이 들었다. 그렇다 보니 전쟁이 격화되면서 독일군이 원하는 수량을 제때 공급하기 곤란했고, 결국 독일군은 도태시키려던 루거 P08을 계속하여 함께 사용할 수밖에 없었다.

그런데 재미있는 점은 P38의 가격이 P08의 절반밖에 되지 않았다는 사실이다. 더 많은 부품이 쓰이고 제작시간도 더 걸린다면 가격이 비쌀 것이라 생각하는데, P38은 그렇지 않았다. 이런 아이러니한 결과는 발터 사가 원자재나 부품 조달에 있어 최신 경영기법을 도입하여 그랬다기보다는 전쟁이라는 특수한 환경 때문일 가능성이 크다. 독일은 무기나 군수물품 제작에 포로나 유대인처럼 강제로 동원한 노동력을 이용했던 것이다.

이처럼 P38은 이론의 여지없이 걸작 권총이라는 평가를 받을 만큼 잘 만든 권총이다. 그렇다 보니 독일에서는 2차대전 후에 생산을 중단했던 P38을 군경용으로 사용하기 위해 1957년 P1이라는 새로운 제식부호를 부여하고 2000년까지 생산했다. 또한 P38은 여러 나라에 수출되거나 라이선스 생산되었는데, 총 제작 물량은 100만 정 이상으로 추정한다. 총기 역사에 있어서 거대한 한 획을 그은 권총 중 하나라 단언할 수 있다.

P38 탄창 투시도   9x19mm탄 (FMJ) 실제 크기

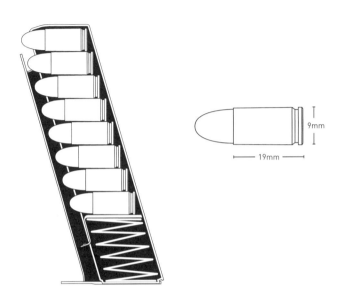

구경	9mm
탄약	9×19mm 파라블럼
급탄	8발들이 탄창
작동방식	쇼트리코일, 로크드브리치
전장	216mm
중량	800g
총구속도	365m/s
유효사거리	25m

AFPB

AFPB란 'automatic firing pin block'의 약자로 파이어링 핀(공이)을 자동으로 막아주는 장치다. 자동권총은 해머(공이치기)가 스프링의 힘에 의해 파이어링 핀을 때리면 즉시 탄환의 뇌관에 충격이 전달되어 탄이 발사된다. 따라서 설령 방아쇠를 당기지 않더라도 외부 충격으로 해머를 놓치면 탄이 발사되는 경우가 많다. 이러한 오발사고를 막기 위하여 발터 사는 AFPB를 고안했다. 파이어링 핀의 중간에 홈을 만들어, 방아쇠를 당기지 않으면 파이어링 핀 자체가 움직이지 못하도록 하여 오발을 막는 것이다.

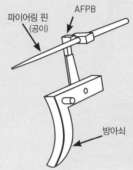

AFPB는 방아쇠를 당기지 않으면 파이어링 핀이 움직이지 않도록 막는다.

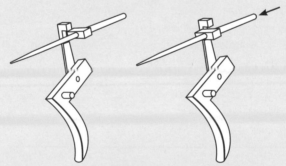

방아쇠를 당기면 AFPB가 밀려 올라가면서 파이어링 핀이 움직일 수 있게 된다.

AFPB의 원리를 간략화한 그림

쇼트리코일

자동권총은 탄환을 발사할 때 생기는 가스압력을 이용해 약실에서 탄피를 빼내고 다음 탄을 장전한다. 다만 탄자가 총신을 완전히 빠져나가기 전에 약실에서 탄피가 빠져나가면 탄자의 가속에 충분한 가스압력을 이용하지 못할 수 있다. 최악의 경우 탄피가 약실에서 빠져나오는 도중에 화약의 압력을 견디지 못하고 팽창하거나 찢어질 수도 있다.

따라서 탄이 발사된 직후 일정 거리를 총신과 슬라이드가 함께 후퇴하며 약실을 계속 폐쇄하고 있다가, 화약의 압력이 충분히 줄어들면 총신은 멈추고 슬라이드만 후퇴하여 약실에서 탄피를 빼내고 돌아오면서 다음 탄약을 약실에 밀어넣는다. 이 방식을 쇼트리코일이라 한다.

롱리코일과는 달리 쇼트리코일은 탄자가 총신에서 완전히 빠져나갈 때까지 충분히 총신을 후퇴시킬 수 없다는 문제가 있어서, 이를 보완하고자 브라우닝 틸팅 배럴식과 발터의 로킹 블록식으로 발전했다.

틸팅 배럴의 원리를 간략화한 그림

사격 전 모습

사격하면 총신과 슬라이드가 함께 후퇴한다.

총신이 멈추고 슬라이드가 후퇴할 때 총신이 위로 들린다.

이렇게 총신이 위로 들리면 탄자에 영향을 주어 명중률이 하락한다.

로킹 블록의 원리를 간략화한 그림

로킹 블록

사격 전 모습

사격하면 총신과 슬라이드가 함께 후퇴한다.

총신이 멈추고 슬라이드가 후퇴할 때 로킹 블록만 아래로 내려가고 총신은 흔들리지 않는다.

총신이 위로 들리지 않으므로 명중률이 높다.

이탈리아가 만든
세계적인 권총
Beretta 92

아직까지 미국은 초강대국으로서 위엄을 뽐내고 있다. 거대한 국토와 많은 인구를 보유한 나라도 많지만 세계를 좌지우지하는 엄청난 경제력이 미국이 패권국으로 군림하도록 뒷받침하고 있다. 거기에 더해 비교가 불가능한 무지막지한 군사력은 감히 힘을 앞세운 다른 국가의 도전을 용납하지 않는다. 한때 소련이 치열하게 경쟁을 벌였지만, 그것이 무리였음을 역사가 입증하고 있다.

패권국의 자부심이기도 한 군사력을 최강으로 유지하기 위해 미국은 최고의 무기와 장비를 개발하고 보유하는 데 노력을 아끼지 않는다. 그렇다 보니 군사 관련 산업은 현재 세계적인 경쟁력을 지닌 몇 안 되는 미국의 제조업 분야 중 하나다. 총부터 최첨단 전략 무기까지 미국의 무기는 세계를 지배하고 있다고 해도 과언이 아닐 정도지만 이런 미국도 모든 무기를 국산으로 도배할 수는 없다. 일반적으로 기술이 부족하다기보다는 해외에서 도입하는 것이 유리한 경우가 이에 해당한다.

그런데 총기는 수요도 많고 또한 미국산이 품질도 좋은 편이어서 미군 당국은 전통적으로 국산 총기를 사용하여 왔다. 특히 서부 개척 역사와 미국의 문화에서 알 수 있듯이 권총에 대한 자부심은 엄청나다. 하지만 미국이 이러한 불문율을 깨면서 선택한 외국산 권총이 있다. 바로 베레타 92[Beretta 92]다. 그것도 미국의 상징이었던 M1911 권총 대체 사업에서 당당히 선택받은 권총이었다.

미국의 자존심을 대체하다

M1911은 뛰어난 성능으로 오랫동안 미군의 제식 권총으로 쓰였다. 하지만 단점도 있었는데, 군용으로 사용하기에는 장탄 수가 적

었고 초탄 발사 시 해머를 코킹하거나 슬라이드를 당겨줘야 하므로 시간이 많이 걸렸다. 대구경탄을 사용하여 살상력은 좋지만 반동이 크고, 이 때문에 여타 권총에 비해 무거운 편이어서 휴대와 조준은 물론 정확한 연사가 힘들어 많은 훈련이 필요했다.

당연히 일선에서는 이런 단점을 개선한 더 좋은 권총을 요구했고 미군 당국은 1980년대 들어 새로운 제식 권총 사업을 시작했다. 세계 유수의 총기 제작사들이 거대한 미국 시장을 놓고 경쟁에 뛰어들었는데, 마지막 후보로 남은 것은 이탈리아의 피에트로 베레타 무기제조회사Fabbrica d'Armi Pietro Beretta S.p.A.(이하 베레타)가 출품한 베레타 M92SB-F(이하 베레타 92)와 독일 지그-자우어SIG-Sauer 사의 P226이었다.

한마디로 미국의 몰락이었다. 미군이 사용할 총기를 두고 외국 업체가 입찰 경쟁에 참여한 것이 새삼스러운 일은 아니다. 예를 들어 M1911 채용 당시에도 가장 강력한 경쟁자는 독일 루거 사의 P08이었다. 하지만 자국산에 대한 선호도가 크고 여기에 더해 생산업체의 압력이 크게 작용하므로 미국산이 경쟁에서 유리하다는 점도 부인할 수 없는 사실이다. 그런 점을 고려한다면 미국 업체들이 두말하지 못하게 만들 정도로 최종 경쟁작으로 선정된 베레타 92와 P226의 성능이 얼마나 뛰어난지 충분히 유추할 수 있다.

원래부터 지니고 있던 명성

막상막하의 경쟁 끝에 가격에서 유리했고 미국 내 라이선스 생산에서 좋은 조건을 제시한 베레타 92가 간발의 차이로 승자로 선정되었다. 베레타 92는 미국에서 M9이라는 별도의 제식번호가 붙고

미 해군의 훈련 모습. 미군은 M9라는 이름으로 베레타 92를 제식화했다. (public domain)

1985년부터 보급되었는데, M1911을 급속히 대체하면서 베레타의 명성을 세계에 떨쳤다. 하지만 1972년에 개발된 베레타 92는 미군이 채택하기 이전부터 이미 뛰어난 권총이라는 명성을 얻고 있던 상태였다.

원래 개발국 이탈리아 외에 베레타 92에 처음 관심을 보인 나라는 브라질이었다. 1975년 경쟁 끝에 브라질 군용 및 경찰용 제식 권총으로 채용했는데, 처음에는 완제품을 구매했지만 자국 내 총기 제작사인 포르자스 타우루스 사Forjas Taurus S.A.에서 PT-92라는 이름으로 라이선스 생산을 하여 칠레와 리비아에 수출까지 했다. 대만의 T75, 프랑스의 PAMAS-G1, 남아프리카공화국의 Vector Z88, 스페인의 Llama M82도 그러한 경우다.

사실 20세기 이후에 벌어진 전쟁사에서 이탈리아는 그다지 인상적인 활약을 펼치지는 못했고 더불어 이탈리아제 무기의 평가도 그리 좋지 못했다. 2차대전 당시 북아프리카 전선에서 연전연패하는 이탈리아군을 돕기 위해 원정을 갔던 에르빈 롬멜Erwin Rommel이 이탈리아군을 사열하고 나서 "이런 무기를 쥐어주고 싸우라는 무솔리니Mussolini의 결정에 머리카락이 곤두선다"라고 말했을 정도였다.

오래된 기술력

그런 점에서 볼 때 베레타 92는 상당히 예외적인 경우라고 할 수도 있을 것 같다. 하지만 이미 오래전부터 갈고 닦은 기술력이 있었기 때문에 명품 권총이 탄생한 것이다. 이를 개발한 베레타 사는 1526년에 설립되어 무려 500년 가까운 역사를 자랑하는 장수기업으로, 1918년에 초기 기관단총 중 하나인 M1918을 개발한 만큼 기술력도 뛰어났다.

1차대전 발발 당시에 이탈리아군은 글리센티Glisenti M1910을 제식 권총으로 사용하고 있었으나, M1910은 복잡한 구조 등으로 말미암아 생산성이 좋지 않았기에 공급이 원활하지 못했다. 이에 대량생산이 가능한 권총 개발을 의뢰받은 베레타 사는 블로우백Blowback 방식*을 사용한 베레타 M1915을 만들어 군에 대량 납품하면서 권총 개발 역사에 그 모습을 드러냈다. 이후 이를 기반으로 베레타 M1922, M1934 모델들을 연이어 개발했다.

특히 9mm 파라블럼탄을 사용하는 베레타 M1934는 2차대전 당시 사용된 모든 권총 중 몇 손가락 안에 꼽히는 성능을 인정받았다.

---

* 총기를 발사할 때 소비하는 화약 가스의 일부를 사용해, 압력으로 노리쇠를 밀어 다음 총알이 재장전되도록 하는 시스템. 이때 총기의 슬라이드가 후퇴·전진한다.

미국이 제식화한 M9 (public domain)

연합군도 이를 노획하여 애용했을 정도다. 이러한 기술력과 전통이 있었기에 베레타 92가 탄생할 수 있었던 것이다. 베레타 92는 같은 회사에서 이전에 만든 M1922의 오픈슬라이드 방식과 M1951의 로킹 블록 배럴Locking Block Barrel 기술을 적용하여 제작되었다.

수많은 파생형과 변신

미군이 베레타 92를 제식화한 이유는 초보자도 약간의 훈련을 거쳐 쉽게 사용할 수 있으며 장탄량이 M1911의 2배가량인 15발이나 되기 때문이었다. 특히 오픈슬라이드 방식은 장전과 탄피 배출을 부드럽게 처리하여 사격이 편리했다. 하지만 슬라이드 파손 사례가 종종 발생했는데, 탄약을 잘못 사용한 실수도 있었지만 슬라이드 자체에도 문제가 많았던 것으로 밝혀졌다. 이에 대대적인 개량을 거친 베레타 M92FS가 등장했다.

M-9 9mm 베레타 권총을 분해한 모습 (public domain)

더불어 베레타 사 권총의 특징이라 할 수 있는 단순한 구조와 적은 부품으로 말미암아 생산성이 뛰어났고 유지보수도 편리했다. 사용자의 다양한 요구에 맞추어 개량하기가 쉬워서 베레타 92는 특히 파생형이 다양한 권총으로도 유명하다. 최근인 2010년에도 디자인을 개량하고 레일을 추가한 베레타 92A1을 출시했다. 한마디로 끊임없는 변신과 개량을 통해서 생명력을 이어가고 있는 것이다.

베레타 92의 대표적인 단점은 9mm 권총탄을 사용하는 관계로 파괴력이 부족하다는 점이다. 특히 .45 ACP탄을 이용하는 M1911

을 오랫동안 사용해온 미군 특수부대 요원들 중에는 M9의 화력이 만족스럽지 않다며 사용을 기피하는 경우까지 있다. 하지만 이탈리아제면서도 당당히 미군의 정식 제식화기로 선정되었다는 그 자체만으로도 무기사에 하나의 기록을 남겼다고 할 수 있다.

M9 탄창 투시도

9x19mm탄 (FMJ) 실제 크기

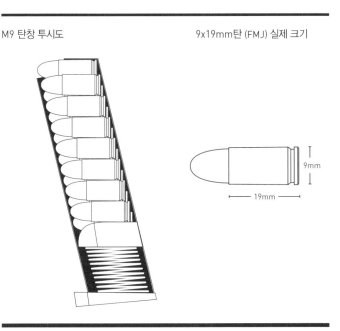

9mm

19mm

구경	9mm
탄약	9×19mm 파라블럼
급탄	15발 탄창 외
작동방식	쇼트리코일
전장	217mm
중량	975g
총구속도	381m/s
유효사거리	50m

가장 큰 전쟁에서의 주인공

TT 자동권총

1941년 6월 22일 소련을 침공하여 사상 최대의 전쟁을 시작했을 때, 놀랍게도 독일은 충분한 준비가 되어 있지 않은 상황이었다. 히틀러는 문짝만 걷어차면 '소련이라는 썩어빠진 집'은 그대로 허물어질 것이라 호언장담했다. 이처럼 편협한 인종주의에 매몰된 히틀러는 소련을 상당히 우습게 생각하고 전쟁을 시작했다.

적어도 개전 후 석 달 동안은 히틀러의 이야기가 맞아 들어가는 듯했다. 독일의 관제 언론이 소련의 열등함을 대대적으로 선전한데다가 개전 초에 연승이 계속되자, 이에 도취된 사병들도 소련군을 낮추어 보는 경향이 커졌다. 특히 1차대전의 기억을 지니고 있던 많은 이들은 소련이 보유한 장비가 상당히 전근대적인 것이라 짐짓 폄하하고 있었다. 그러나 이는 커다란 오산이었다.

소련의 대응이 격렬해지고 독일의 준비 부족이 드러나자 전선은 서서히 정체되었다. 독일군을 충격에 빠뜨린 T-34 전차처럼 당시 소련의 무기는 독일 못지않았다. 특히 혹한에 소련제 무기는 더 큰 위력을 발휘했고, 이 때문에 일선의 독일군 사병들은 소련제 무기를 노획하여 사용하는 것을 주저하지 않았다. 권총도 그러했는데, 발터 P38의 공급량이 부족하여 퇴출이 예정된 루거 P08을 계속 사용할 수밖에 없었던 독일군에게 소련의 TT 자동권총^{TT Pistol}은 상당한 인기를 끌었다.

선구자들을 베껴 탄생한 권총

'토카레프^{Tokarev}'라고도 부르는 TT는 2차대전에 사용된 권총들 중 독일의 발터 P38과 더불어 제작된 지 얼마 되지 않았던 최신 권총이었다. 1930년 개발되어 소련군이 1933년부터 본격적으로 제식화했는데, 당시에 미군의 제식 권총이자 모방 대상으로 삼았던 M1911에 비한다면 상당히 시간이 흐른 후에 개발된 권총이었다.

물론 나중에 만들어졌다고 무조건 성능이 뛰어나다는 것을 의미하지는 않지만, 그 이전까지 소련군이 사용하던 권총은 히틀러가 소련을 얕잡아 볼 만큼 구식 모델이었다. 1895년 러시아군이 제식 권총으로 채택한 나강Nagant M1895 리볼버 권총을 계속 사용했던 것이다. 1차대전을 거치며 군용 권총의 추세가 자동권총으로 바뀌는 과정에서도 러시아—소련군은 무려 30년 넘게 리볼버 권총을 계속 사용하여 왔다. 하지만 이후로도 계속 사용하기에는 성능이 많이 부족했다.

이에 따라 혁명의 혼돈기가 끝난 1920년대 후반 들어 소련은 이를 대체할 새로운 군용 권총 개발에 나섰다. 엄밀히 말해 1차대전 당시 자동권총을 대량 사용한 서구 열강에 비한다면 소련의 시도는 늦은 감이 있었다. 시작이 늦다는 의미는 자동권총에 대한 노하우가 그만큼 부족했다는 의미와 같아, 소련은 당시 명성이 자자했던 여러 종류의 자동권총을 개발에 참조할 수밖에 없었다.

쏘기하고 볼고사 한 것

툴라Tula 조병창의 수석 엔지니어 페도르 토카레프Fedor Tokarev는 벨기에 파브리크 나쇼날 드 헤르스탈Fabrique Nationale de Herstal 사(이하 FN)의 M1903과 미국 콜트 사의 M1911을 벤치마킹하여 1930년 시제품을 내놓는 데 성공했다. 외형은 FN M1903과 유사하지만 쇼트리코일 방식을 채용했기 때문에 내부적으로는 콜트 M1911에 가까웠다. 7.62×25mm 토카레프탄을 사용했는데, 이는 독일 C96 권총

TT-33 권총을 들고 지휘하는 소련군 장교

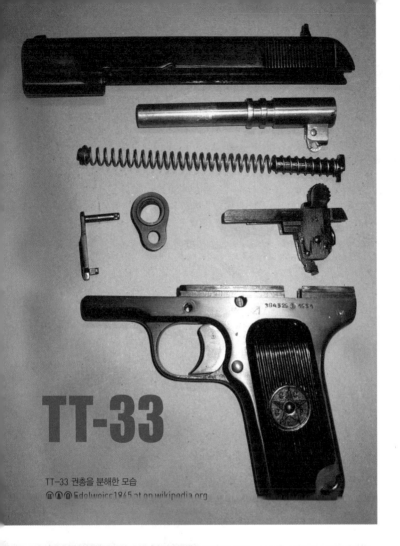

TT-33

TT-33 권총을 분해한 모습
ⓒ ① ⓞ Edelweiss1945 at en.wikipedia.org

의 마우저탄을 참고하여 개발한 것이다.

이를 실험한 소련군 당국은 성능에 만족하여 이를 제식화하기로 결정하고, 툴라 토카레프^{Tula Tokarev}의 이름을 따 'TT-30 권총'이라 명명했다. 1933년 이를 대량생산에 적합하도록 개량한 것이 'TT-33 권총'인데, 대부분의 TT 권총은 이 모델을 뜻한다. 그런데 말이 개량이지 실제로는 개악改惡이라는 표현이 어울렸다. 구조를 단순화하여 생산성을 높이고 혹독한 겨울에도 얼어붙지 않고 즉시 사격이 가능하도록 안전장치를 없앴기 때문이다.

모든 총기는 유사시에 오발 가능성이 있으므로 안전장치는 좋은 총이 갖출 당연한 요소 중 하나다. 하지만 소련은 다른 이점을 누리기 위해 이를 과감히 제거하는 무모함을 보여주었다. 어쩌면 인명을 경시한 소련 체제의 특성이 여실히 드러나는 증거라 할 수 있다. 덕분에 잔고장이 없어 악천후나 악조건에서도 수월하게 사용할 수 있었으나 툭하면 발생하는 총기사고를 막기는 어려웠다.

차선의 선택

역설적이지만 사실 이 점이 바로 독일군이 노획하여 애용한 이유이기도 했다. 혹독한 러시아의 겨울철에 아무 때나 발사할 수 있다는 것보다 더 중요한 점은 없었는데, 그런 점에서 소련제 무기들은 타의 추종을 불허했다. 당연히 그러한 무기를 원했지만 자국에서 구할 수 없던 일선의 독일군은 그 동안 미개하다고 깔보았던 소련제 무기를 노획하여 사용하는 데 주저하지 않았고, 그중에는 TT 권총도 당연히 포함되었다.

러시아의 혹한에 진절머리가 난 독일군에게 안전장치가 없어 툭하면 발생하는 오발사고는 그다지 중요한 문제도 아니었던 것이다. 하지만 일부 수출 모델과 외국에서 라이선스 생산한 일부 모델은 안전장치를 장착했다. 이로 보아 안전장치를 제거한 TT 권총을 양산한 것은 어쩌면 부족한 기술력으로 인한 어쩔 수 없는 선택이었을 수도 있다.

이렇게 주력 권총의 위치를 차지하게 된 TT는 독소전 발발 직전까지 약 60만 정이 생산되어 장교와 부사관들에게 지급되었고 전쟁 중에도 생산을 멈추지 않았다. 하지만 전쟁 중에 일선에서 원하는 총은 권총보다 소총이었으므로 소련군은 TT 권총의 생산에 집중하기 곤란했다. 이 때문에 마치 독일의 루거 P08처럼 폐기하기로 예정하고 있었던 나강 M1895 권총을 2차대전 중에도 많이 사용했다.

가장 거대한 전쟁의 주인공

TT 권총은 8발 탄창을 사용하여 총 9발을 장탄할 수 있었는데, 총구속도가 상당히 빠른 편에 속하여 관통력이 좋았고 싱글액션 방식이라 속사도 쉬운 편이었다. 전후에는 바르샤바 조약기구를 비롯한 많은 친소 국가에서 대량 보급하거나 라이선스 생산했다. 중국에서 만들어 주력 권총으로 사용한 모델을 54식이라 하고 북한도 68식이라는 이름으로 카피 생산하여 제식 권총으로 장비하고 있는데, 일명 '떼떼 권총'이라 부른다.

소련에서는 1951년 제식화한 마카로프Makarov에 제식 권총의 자리를 물려주고 1954년에 생산을 종료했음에도, 세계 여러 곳에서 다양한 이름으로 생산이 이루어져 정확한 생산량은 집계가 되지 않고 있다. 공산권이 지적재산권 보호에 대한 개념이 부족하기 때문에 정식 라이선스를 받아 생산한 물량보다 무단 복제한 물량이 더 많은 것으로 추정하고 있을 뿐이다.

TT는 개발 당시 참고했던 콜트 M1911이나 경쟁 상대였던 발터 P38에 비한다면 개발국에서 활약한 기간이 상당히 짧았다. 이는 조속히 후속 모델로 대체해야 했을 만큼 단점이 많았다는 뜻이기도 하다. 전쟁처럼 무기의 능력을 여실히 살펴볼 수 있는 시공간도 없다. 따라서 2차대전이라는 거대한 전쟁에서 당당한 주역으로 활약했던 TT는 나름대로 제 역할을 다해준 권총이라 할 수 있다.

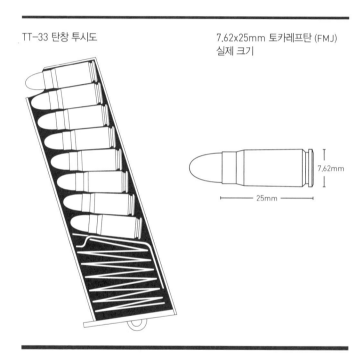

TT-33 탄창 투시도

7.62x25mm 토카레프탄 (FMJ)
실제 크기

7.62mm

25mm

구경	7.62mm
탄약	7.62×25mm 토카레프탄
급탄	8발들이 탈착식 탄창 + 약실에 추가 1발
작동방식	싱글액션, 쇼트리코일 방식
전장	196mm
중량	840g
총구속도	420m/s
유효사거리	50m

Desert
Eagle

데저트 이글 **50AE** ©①② Bobbfwed at en.wikipedia.org

인기는 스스로 선전을 하여 인위적으로 만들 수도 있지만 다수로부터 인정을 받아서 얻게 되는 것이 일반적이고 또 그것이 자연스러운 현상이다. 대외 판매를 목적으로 하는 상품의 경우도 마찬가지로, 특히 누구나 가지고 싶어 할 만큼 인기가 많은 상품은 흔히 '명품'이라고 불린다. 하지만 엄밀히 말하자면 대부분의 경우 '명품'은 터무니없는 고가 상품의 그럴 듯한 이름일 뿐이다.

사람들은 종종 인기가 많다는 것을 품질이 최고라는 것과 동일시하는 경향이 많다. 물론 품질이 좋으니까 인기가 있는 것이겠지만 반드시 그렇다고 일반화하기에는 문제가 많다. 오히려 한 번 형성된 인기와 명성 덕분에 품질이나 성능 이상으로 제품을 과대평가하는 경우도 흔하게 볼 수 있다. 예를 들어 유명 디자이너의 값비싼 의상이라고 해서 품질이 제일 좋은 옷이라고 단언할 수는 없는 것이다.

무기의 경우도 마찬가지인데, 일반 공산품에 비하여 조금 특이한 점이 있다. 이를 직접 사용하는 소수보다 단지 취미생활로 감상하고 분석하는 다수에 의해 인기와 명성을 얻는 경우가 많다는 점이다. 따라서 대중의 인기가 많은 무기가 반드시 성능이 좋고 실사용자로부터 호의적인 평가를 받지는 않는다. 게임 마니아들 사이에서 특별히 인기가 많은 '데저트 이글Desert Eagle 권총'이 이에 해당하는 가장 대표적인 사례라 할 수 있다.

가장 강력한 자동권총

데저트 이글을 이스라엘제라고 생각하는 이들이 많지만, 실제로는 미국 매그넘 리서치 사Magnum Research Inc.(이하 MRI)에서 개발하고 직접 만든 권총으로, 이스라엘의 IMI(현 IWI)는 하청 생산했을 뿐이다. 최신 권총은 아니지만, 1979년 개발되었으니 여타 유명 권총과 비교하면 그다지 구형도 아니다. 데저트 이글의 가장 큰 특징은 강력한 매그넘Magnum탄을 사용한다는 점인데, 사실 이 때문에 유명세를 떨치게 되었다.

매그넘탄은 화력을 강화하기 위해 탄피 길이를 늘려 화약을 많이 넣은 탄환을 말한다. 따라서 종류가 워낙 다양한데 그중 357매그넘탄, 44매그넘탄 등이 대표적이다. 매그넘탄은 강력한 반동을 흡수하기 쉬운 리볼버에서 사용하는 것이 일반적인데 특이하게도 자동권총인 데저트 이글이 이를 사용했다. 덕분에 데저트 이글은 '세상에서 가장 강력한 자동권총'이라는 명성을 얻었다.

MRI가 데저트 이글을 개발한 이유도 바로 이 때문이다. 경찰이나 특수요원들이 대인 저지를 위해 리볼버에서 사용하던 강력한 매그넘탄을 자동권총에서 사용할 수 있다면, 보다 편리하고 파괴력도 강한 새로운 권총을 만들 수 있을 것으로 본 것이다. MRI는 발사시 생기는 엄청난 충격을 흡수하기 위하여 자동권총에서는 드문 가스압 작동방식을 채택했는데 이는 주로 고성능 자동소총에서 사용한다.

외면받은 권총

이처럼 야심만만한 목적을 가지고 탄생한 데저트 이글은 개발 직후부터 다양하게 개량되어 357매그넘탄, 41매그넘탄, 41액션익스프레스AE탄, 440코본Cor-Bon탄, 44매그넘탄, 50AE탄을 사용할 수 있는 여러 형식이 있다. 이 중 50AE탄을 사용하는 데저트 이글은

크롬 도금을 한 데저트 이글 Mk XIX ⓒⓘⓞⓝ DeepThunder at en.wikipedia.org

강한 화력을 지닌 총이 뛰어나다고 생각하는 많은 이들로부터 '최강의 자동권총'으로 불리며 찬사를 받았다.

하지만 바로 이런 다양한 종류가 데저트 이글이 생각만큼 뛰어난 권총이 아니라는 반증이기도 하다. 자동권총을 제작하는 이의 입장에서는 당연히 최대 수요처인 군이나 경찰을 염두에 둘 수밖에 없으며, 역사상 뛰어난 평가를 받은 여러 권총도 이들 집단이 대량 사용하면서 명성을 얻은 것이다. 하지만 데저트 이글은 그러하지 못했고 결국 판로 개척을 위해 다양한 변형을 만들어 시장에 선보여야 했다.

글록의 경우는 수요자들의 다양한 요구에 따라 여러 세부 모델

이 탄생했지만, 데저트 이글은 정작 겉으로 드러난 스펙과 인기에
비해 잘 팔리지 않아서 모델을 다양화한 것이다. 이는 '최강의 자동
권총'이라는 타이틀과 별개로 권총으로서 그다지 좋은 평가를 받지
못했다는 의미다. 무엇보다도 최대 수요처인 군경이 사용을 외면했
다는 사실이 모든 것을 압축해서 설명해 준다.

강력함만 추구하다

가장 큰 이유는 너무 강력함만 추구하다 보니 권총이 갖추어야 할
기본에 충실하지 못했다는 점이다. 가스피스톤에다 회전노리쇠를
장착하여 크기와 무게가 커질 수밖에 없었는데 이는 권총에는 너무
나 큰 단점이었다. 최고의 권총 중 하나로 명성이 자자한 M1911의
치명적인 약점 중 하나가 무거운 무게였는데, 데저트 이글은 세부

데저트 이글 MK Ⅶ 분해한 모습 (public domain)

모델별로 약간의 차이가 있지만 M1911보다 무게가 2배가 더 나가는 2킬로그램이다.

자동소총이 3~4킬로그램이라는 점을 생각한다면 이것은 편리한 휴대를 원칙으로 하는 권총에 있어 치명적인 약점이라 할 수 있다. 거기에다가 탄창에 적재할 수 있는 7~9발은 여타 최신 자동권총에 비한다면 적은 량이라 할 수 있다. 물론 리볼버보다 탄창을 빨리 갈아 낄 수는 있지만 이 정도 장탄량이면 무게도 많이 나가고 구조도 복잡한 자동권총을 군이 사용할 필요가 없었다.

더불어 복잡한 구조로 말미암아 툭하면 작동 불량이 발생했다. 일부에서는 총기 관리가 부실하면 발생하는 현상이라고도 하지만, 다른 권총에 비해 더 많은 시간을 정비에 투자해야 한다는 것은 야전이나 실전에서 사용하기 적합하지 않다는 뜻이다. 이렇게 된 가장 큰 이유는 자동권총에 적합하지 않은 매그넘탄을 사용하기 때문이다. 화약을 많이 담은 매그넘탄은 발사 시 오염물이 많이 발생할 수밖에 없다.

엉뚱하게 얻은 명성

거기에다가 사격 시 발생하는 커다란 반동도 좋은 권총이 되기에 적합하지 않았다. 데저트 이글은 화력이 워낙 강력하여 '자세를 바로 잡지 못하면 발사 시 손목이 부러진다'는 유언비어도 있는데, 그것은 한편으로 그만큼 반동이 심하여 연사 시 자세를 바로 잡기 힘들다는 뜻이기도 하다. 앞서 언급한 무거운 무게도 반동을 줄이기 위해 어쩔 수 없이 선택한 고육책이다.

사실 화력이 강하면 좋기는 하지만 군이 보통의 권총에 요구하는 것 이상의 화력까지는 필요 없다. 따라서 권총으로 갖추어야 할 대부분의 조건은 충족하지 못하고 단지 화력만 강하다는 것은 좋은 권총이 될 만한 요건은 아니다. 때문에 데저트 이글은 교전용으로 사용하기에 불편하여, 사냥이나 강력한 화력에 매력을 느껴 사격을 취미로 삼는 이들을 상대로 한 민수용만 제작·판매하고 있는 실정이다.

그럼에도 불구하고 데저트 이글이 최근 들어 최고의 권총으로 명성을 얻게 된 것은 바로 게임 때문이다. 사실 .50AE JHP탄이 오히려 5.56mm 소총탄보다 더 강력하다. 하지만 사격 시의 반동을 느끼지도 못하고 평소에 총기를 관리할 필요도 없는 컴퓨터 게임에서는 단지 강력함만 강조하며 데저트 이글을 무소불위의 권총으로 묘사했다. 따라서 데저트 이글은 대중으로부터 인기가 많지만 정작 실제 사용자들은 만족시키기 어려운 권총이 되었다. 거품 속 인기 위에서만 빛나는 가장 대표적인 무기라 할 만하다.

데저트 이글 357매그넘 탄창 투시도   357매그넘탄 실제 크기

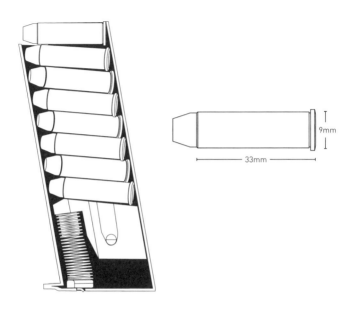

탄약	357매그넘 외
급탄	9발들이 탈착식 탄창 + 약실에 추가 1발 (357매그넘)
작동방식	가스작동식, 회전노리쇠 방식
전장	273mm (6inch barrel Mk XIX 형)
중량	1,999g (Mk XIX 형)
유효사거리	50m

너무나 비싼 권총

SIG-Sauer
P226

스트림라이트를 장착한 P226 ⓒⓕⓞ Zenmastervex at en.wikipedia.org

1984년 미군이 무려 70여 년 넘게 사용하여 온 M1911A1을 교체할 차세대 제식 권총 사업을 시작했을 때 마지막까지 경합을 벌인 최종 후보작들은 놀랍게도 미국제 권총이 아니었다. 전통의 총기 강국인 미국이, 그것도 자국군이 사용할 총기 사업에서 얼굴을 내밀지 못하는 초유의 사태가 벌어진 것이다. 그것은 한편으로 외국제 경쟁작들이 뛰어나 애국심에만 호소할 수 없었다는 의미이기도 했다.

마지막까지 치열하게 경쟁을 벌인 최종 후보작은 스위스의 SIG와 독일의 자우어앤드손J.P. Sauer&Sohn의 합작회사인 지그−자우어 SIG-Sauer의 P226과 이탈리아 베레타 사의 M92F였다. 스위스나 독일은 전통적인 기계 공업의 강국이니 말할 나위가 없었지만, 무기에 관해 그다지 명함을 내밀지 못하는 이탈리아제 권총이 끝까지 경쟁을 벌이게 된 것은 어쩌면 이변이었다.

각종 실험 결과 P226은 각종 오염물질이 가득한 환경에서도 탁월한 성능을 보여주었고 튼튼하게 제작되어 많은 이들의 호평을 받았다. 하지만 정작 최종 승자는 M92F가 되었다. P226보다 성능이 앞선다고 보기는 힘든데도 M92F가 승자가 된 가장 결정적인 요인은 바로 P226의 비싼 가격이었다.

승패를 결정한 요소

군에서 사용할 무기는 무엇보다도 성능이 좋아야 한다. 특히 20세기 이후 양으로 질적 격차를 극복하기 힘든 시대에 와서 무기의 성능은 승리를 담보하는 당연 요소다. 예를 들어 2012년 현재 미국의 스텔스 전투기 F−22는 지구상에 있는 거의 모든 종류의 전투기를 압도적으로 제압할 수 있는 능력이 있다. 그런데 무기의 세계에서

질이 좋다는 것은 가격이 비싸다는 것과 거의 동일시되는 명제라 할 수 있다.

무기는 오로지 소모해 버리기만 하는 재화다. 그래서 항상 전면 전 상태의 군비를 유지하며 국민의 혈세를 사용할 수도 없다. 바로 이 점이 모든 무기를 최고가의 고성능으로만 갖출 수 없다는 딜레마다. 따라서 성능이 승패를 결정할 만큼 차이가 나지 않는다면 상대적으로 저렴한 무기를 도입하는 것이 인지상정이라 할 수 있다.

특히 권총처럼 전세에 커다란 영향을 끼칠 수 없는 무기라면 도입 가격은 채택을 고려하는 입장에서 상당히 중요한 요소라 할 수 있다. 결국 M92F는 미국 제식부호인 M9이라는 이름으로 채택되었고 P226은 간발의 차로 가장 커다란 납품 시장을 놓치고 말았다. 여담으로 미군 당국이 가격을 좀 더 낮추면 채택하겠다고 했는데 지그-자우어가 거부하여 무산되었다는 이야기도 있다. 즉 성능에서는 P226이 더 경쟁력이 있었던 것이다.

원래부터 지니고 있던 명성

P226이 고가인 이유는 지그-자우어의 신속하지 못한 경영 방식 때문이다. 사실 구조나 부품 등을 고려할 때 가격을 낮출 여지는 많았고, 미군용 제식 권총처럼 커다란 신규 시장을 개척하면 단가 인하도 고려해야 했다. 그런데 지그-자우어는 생산성이 그다지 효율적이지 못한 데다가 의사결정도 느려서 순발력을 요구하는 국제 입찰에 적절히 대응하지 못했다.

이처럼 아쉬움 속에 고배를 마신 P226은 이전부터 좋은 권총으로 명성이 자자한 P220을 기반으로 제작된 권총이다. 엄밀히 말하

P226의 장탄량을 알 수 있는 모습 ⓒⓘⓞ Lex0083 at en.wikipedia.org

자면 성능을 개량했다고 보는 것이 맞는데, 그런 점에서 따진다면 P226은 최종형이 아니라 P228, P229로 거듭 진화한 지그-자우어 시리즈의 중간역이라 할 수 있다. 최초 모델이 워낙 잘 만들어져서 이후 등장한 후속 시리즈들도 최고의 명성을 얻고 있는 것이다.

1975년 제작된 P220은 스위스 군경용으로 처음 납품되었고 이후 일본과 덴마크에 수출하면서 서서히 명성을 알렸다. 자동권총 대부분이 사용하는 쇼트리코일 방식으로 작동하므로 기계적으로 특별히 새로운 것은 없지만, 물이나 흙탕물 안에 잠긴 후에도 작동할 수 있을 만큼 신뢰성이 좋고 내구성이 뛰어났다. 덕분에 민간 시장에서도 호평을 받아 기본인 9mm 파라블럼탄을 사용하는 모델 외에 다양한 형태로 제작되어 팔려 나갔다.

.40 S&W 탄환용 지그-자우어 P226 권총 ⓒⒻⓄ BankingBum at en.wikipedia.org

차이를 알아보기 힘들만큼 외관상 P220과 유사한 P226은 이러한 전작의 장점을 그대로 물려받았다. 가장 큰 차이는 복열 탄창으로, 9mm 파라블럼탄을 기준으로 P220은 9+1발을 장탄할 수 있었는 데 반해 P220은 장탄량이 15+1발로 대폭 늘어났다. 반면 일부 부품을 플라스틱 등의 신소재를 사용한 덕분에 대체 대상이었던 M1911A1에 비해서 무게는 가벼웠지만 반동이 적고 정확도도 좋았다.

특수 목적에 최적화한 권총

P226의 특징 중 하나는 '디코킹 레버'다. 탄약을 약실에 넣어둔 상태에서 오발을 막으려 디코킹을 하는데, 해머를 손으로 잡고 방아쇠를 당긴 후 방아쇠 걸쇠에서 풀린 해머를 조심스럽게 원위치로 되돌려야 한다. 이때 실수로 해머를 놓치면 탄환이 발사될 수 있다. 디코킹 레버는 이를 안전하게 수행해주는 장치다. 총기를 피복 안이나 권총집에 수납할 경우 해머가 걸려서 신속히 뽑는 데 방해가 되기도 하는데, 디코킹을 하면 이런 단점이 없어 사복 경찰이나 경호원들에게 특히 인기가 많다.

더불어 P226의 강력한 내구성은 미군 당국이 M92F를 제식 권총으로 채용했으면서도 계속 뒤를 돌아보게 만든 이유가 되었다. 일선에서 M92F에 대한 대표적인 불평이 외부 충격에 쉽게 파손되는 내구성이었는데, 특히 도입 초기의 고질적인 슬라이드 파손 문제는 골머리를 앓게 만들었다. 그래서 악조건에서 활약하는 네이비실Navy SEAL이나 영국의 SAS를 비롯한 여러 특수부대에서는 P226을 제식 권총으로 채택했다. 앞서 언급한 것처럼 가격도 비싸고 이처럼 특정 부대에서 주로 애용하다 보니 P226은 특수부대나 비밀요원이 사용하는 고가의 장비처럼 인식되었다.

권총계의 롤렉스

이후 등장한 후속 모델들도 P226처럼 특수목적용으로 선호되었다. 1989년 제작된 P228은 P226의 컴팩트 모델이라 할 수 있는데, 크기와 무게가 좀 더 작아졌지만 성능과 장탄량이 동일하여 미군에서도 M11이라는 번호를 부여하고 제식 권총으로 채용했다. 이러한 명성에 힘입어 미국의 여러 기관과 영국·독일을 비롯한 여러 나라의 군경에서 사용되고 있다.

P228은 탄 종류에 따라 다양한 세부 모델이 제작되었던 이전의 시리즈와 달리 9mm 파라블럼탄을 사용하는 모델만 만들어졌다. 그렇게 된 가장 큰 이유는 미군의 제식 권총이 파라블럼탄을 제식 탄환으로 사용한 것과 관련이 많다. 하지만 이전 작품들이 워낙 민간에서 인기가 좋고 다양한 모델로 판매를 요구하여 .357 SIG와 .40 S&W 탄환을 쓸 수 있는 P229가 출시되면서 P228은 2005년 단종되었다.

P226과 그 후속 시리즈들은 좋은 성능과 그에 못지않은 비싼 가격 때문에 흔히 '권총계의 롤렉스Rolex'라고 불렸다. 얼핏 생각하면 이른바 명품이라 불리는 패션 소품과 같은 느낌이지만 사실 무기에서 명작은 고성능·고가보다 AK−47처럼 많이 사용하는 것을 의미한다. 하지만 결국 살상의 도구로 사용된다는 점을 생각한다면 무기에게 '명품'이나 '롤렉스' 같은 명칭은 어울리지 않는다. P226이라 해서 예외는 아니다.

9x19mm탄 (FMJ) 실제 크기

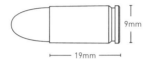

구경   9mm 외
탄약   9×19mm 파라블럼탄 외
급탄   15발들이 탈착식 탄창 + 약실에 추가 1발
작동방식   쇼트리코일
전장   196mm
중량   964g

02
RIFLE

소총

M1903 Springfield

M1903 스프링필드 ⓒ①⓪ Curiosandrelics at en.wikipedia.org

최근 총기에 의한 범죄·사고가 너무 흔하게 발생하여 미국 내에서도 규제에 관한 목소리가 커지는 추세다. 하지만 정치적으로도 막강한 영향력을 행사하는 미국총기협회NRA의 위상에서도 알 수 있듯이 미국은 총기가 하나의 문화로 깊이 정착한 나라다. 취미로 총기를 수집하는 이들도 있고, 호신용으로는 과하다고 생각되는 고성능의 화기도 약간의 절차만 밟으면 쉽게 구입할 수 있다.

군경을 제외하고도 이처럼 민간 수요가 많기에 미국은 세계 총기의 경연장이 되었다. 당연히 미국의 총기 제작업자들은 상업적인 이유 때문에라도 좋은 품질의 총을 계속 개발했고 그것은 군용 총기라 해서 예외가 아니었다. 적어도 20세기에 벌어진 전쟁에서 미국에서 만든 총기들은 나름대로 뛰어난 활약을 보여 왔다.

그중에서도 20세기 초에 등장한 M1903 스프링필드M1903 Springfield 소총은 대규모 미군이 본격적으로 참전을 시작한 20세기의 거대한 전쟁에서 오랫동안 활약한 기념비적인 소총이다. 1차대전에서는 전선의 주역이었고 1957년까지 무려 50년이 넘게 공식 제식화기로 사용되었다. 그리고 현재도 일부 군함에 탑재되어 기뢰 제거용 등으로 사용되고 있을 만큼 끈질긴 생명력을 자랑하고 있다.

우물 안 개구리

1898년, 그동안 다진 국력을 발판으로 대외 팽창을 기도한 미국은 앞마당인 카리브Carib 해 일대에서 오랜 세월 영향력을 행사하던 스페인과 전쟁을 벌였다. 여기서 미국은 승리를 거두고 쿠바, 필리핀, 푸에르토리코, 괌에 대한 지배권을 장악하며 본격적으로 제국주의 침탈 경쟁에 나섰다. 그런데 비록 전쟁에서는 쉽게 이겼지만 미군

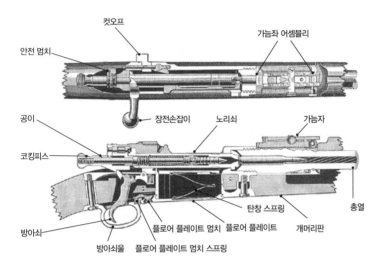

안전 멈치
컷오프
가늠좌 어셈블리
공이
장전손잡이
노리쇠
가늠자
코킹피스
탄창 스프링
총열
방아쇠
플로어 플레이트 멈치
플로어 플레이트
개머리판
방아쇠울
플로어 플레이트 멈치 스프링

M1903 스프링필드 소총의 기관부 투시도 (public domain)

은 스페인군이 사용하던 소총에 상당히 곤혹을 치렀다.

스페인군은 흔히 '스페인식 마우저Spanish Mauser'라 불린 '마우저 93' 소총을 사용했다. 무연화약無煙火藥*의 7×57mm 탄을 사용한 독일 제 볼트액션 소총은 당시 미군이 사용하던 스프링필드 M1889 트랩도어Trapdoor 소총이나 M1896 크라그−예르겐센Krag-Jørgensen 소총을 완벽히 압도했다. 우물 안 개구리처럼 안주하던 미국은 그들이 대외 팽창을 지속하려면 이 정도 소총으로 부족함이 많다는 점을 여실히 깨달았다.

미국은 당시 가장 성능이 앞선 독일 마우저 사의 최신예 소총들을 참조하여 스프링필드 조병창Springfield Armory이 개발에 나섰다. 초

---

* 솜화약과 나이트로글리세린의 화합물로 만든 화약. 폭발할 때 연기가 나지 않으며, 다른 화약보다 폭발력이 훨씬 강하다. 탄환, 로켓 따위의 발사나 추진에 쓴다.

2차대전 당시 M1903 스프링필드를 사용하는 저격수 (U.S. National Archives and Records Administration)

기 모델인 M1901 소총을 곧바로 선보였으나 일부 기능이 만족스러운 수준이 되지 못하여 개량에 들어가게 되었다. 그렇게 탄생한 신형 30구경 소총은 대단한 호평을 받아 미군 당국에서 M1903이라는 제식번호를 부여했는데, 이후부터 흔히 이를 '스프링필드 소총'으로 불렀다.

새로 만든 소총과 탄약

사실 스프링필드 소총은 넓게는 스프링필드 조병창에서 만든 모든 종류의 소총을 의미한다. 1795년 제작된 부싯돌 점화방식의 '머스킷musket'이 스프링필드 조병창에서 만든 최초의 소총이었다. 이후에도 여러 종류의 다양한 소총이 제작되었는데 그중에서도 M1903이 최고로 명성을 얻으면서 흔히 '스프링필드 소총' 하면 이를 의미하게 되었다. 그만큼 M1903은 미국의 총기 역사에 획기적인 이정표를 장식한 소총이었다.

원래 미군의 표준 소총탄은 .30-03탄이었는데 파괴력이 약한 것이 문제점으로 떠오르면서 이후 '스프링필드탄'이라 불리는 .30-06탄이 개발되어 새로 제식 채용되었다. M1903도 처음부터 새로운 소총탄 규격에 맞추어 만들어졌다. 한마디로 새로운 총과 이에 걸맞는 총탄을 함께 개발한 것이다. Gew98처럼 5발을 삽탄할 수 있는 클립형 탄창을 사용했는데, 제식번호를 부여받고 1903년부터 본격 양산에 들어가 2년 동안 8만 정이 생산되었다.

1차대전 참전 전까지 미 육군의 병력이 불과 22만에 불과했다는 점을 생각한다면 결코 적은 수량이 아니었다. 따라서 최일선의 전투병력은 모두 M1903을 지급받았다고 보아도 무방했다. 기존에 육군이 사용하던 크레그 소총은 물론 해군이나 해병대가 사용하던 M1895 리Lee 소총과 M1885 레밍턴-리Remington-Lee 소총도 빠르게 M1903으로 대체되었다.

유럽으로 달려간 미군의 버팀목

1917년 미국은 그동안의 중립을 깨고 1차대전에 참전하면서 종전 때까지 무려 약 400만의 대군을 동원했다. 한창때는 100만의 미군이 동시에 전선에서 독일과 치열하게 전투를 벌였다. 이때 이들에

스프링필드 소총은 현재도 의장대 등 일부 부대에서 사용 중이다. (U.S. Army)

게 든든한 버팀목이 되어 준 것이 바로 M1903 소총이다. 영국군의 리—엔필드Lee-Enfield나 독일의 Gew98에 비하여 결코 손색이 없는 수준으로, 이 기간 동안 무려 약 80만 정이나 생산되었다. 한마디로 대량생산에도 적합한 소총이었다.

M1903은 노리쇠가 **뻑뻑한** 편이어서 연사가 불편하다는 단점도 있었지만 정확도가 상당히 높고 안정성도 뛰어났다. 이러한 장점을 살려 미군은 스코프를 장착한 M1903을 저격용 소총으로 대량 사용했다. 처음에는 독일군 저격수들에 맞대응하기 위해서였는데 생각보다 효과가 뛰어났다. 이것은 이후 M1903이 장수한 이유가 되었다.

M1903은 미군의 대규모 해외 원정과 더불어 그 명성을 유감없이 떨쳤다. 참전 1년 만에 전쟁이 끝나자 제작 물량은 대폭 감소했지만 짧은 기간 동안에 생산된 물량이 워낙 많아 전쟁 이후에는 훈련용·의장용으로 광범위하게 사용했고, 이후로도 장기간 미군의 주력 소총 자리를 차지할 것이라 군부는 판단했다. 2차대전 발

발 당시 독일·영국·소련의 주력 소총이 1차대전 때부터 사용하던 것이라는 점을 고려한다면 충분히 가능한 전망이었다.

죽지 않는 노병

그러나 더 좋은 무기에 대한 열망에 휩싸인 군부는 M1903에 만족할 수 없었다. 특히 볼트액션 방식이라는 태생적 한계로 말미암은 느린 발사속도가 M1903의 약점이었는데, 1930년대 제식화한 사상 최초의 반자동소총인 M1 개런드M1 Garand는 이러한 고민을 단숨에 해결해 주었다. 크기는 M1903과 비슷했지만 분당 3배나 많은 총탄을 적에게 퍼부을 수 있는 소총이 등장한 것이다.

당연히 M1이 미군의 새로운 제식 소총이 되었고 M1903은 정상의 자리에서 내려와야 했다. 그런데 그러한 전환기에 발발한 2차 대전은 M1903이 곧바로 무대에서 퇴장하지 못하도록 만들었다. 미군이 유럽과 태평양의 전쟁에 동시에 뛰어들자 이들에게 공급할 M1의 물량이 절대 부족했기 때문이다. 생산공장을 풀가동하며 생산에 들어갔지만 역부족이었다. 결국 이 부족분을 M1903이 대신했고 생산도 계속 이루어졌다.

특히 예전부터 저격용으로 좋다는 평판을 들어왔고, M1903A4처럼 별도로 특화한 저격용 모델이 전선에 지급되기도 했다. 그러한 이유 때문에 6·25전쟁 이후까지 생산이 이루어지고 베트남 전쟁 때까지도 일선에서 사용되었다. 한마디로 20세기 미군이 참전한 모든 전쟁에서 고르게 사용된 대표적 무기라 해도 과언이 아니다. 지금도 미군 의장대용으로 사용 중인 것을 보면 M1903은 '노병은 죽지 않는다'라는 말의 표본 같다.

.30–06탄 (FMJ) 실제 크기

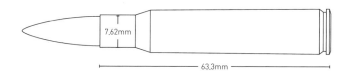

7.62mm

63.3mm

스프링필드 M1903 클립

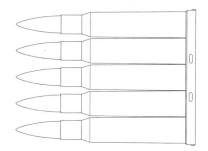

구경	7.62mm
탄약	7.62×63mm (.30–06 스프링필드탄)
급탄	5발 클립
작동방식	볼트액션
전장	1,115mm
중량	3.9kg
발사속도	분당 15발
총구속도	853m/s
유효사거리	600m

단순하기에 강력했다
Mosin-Nagant

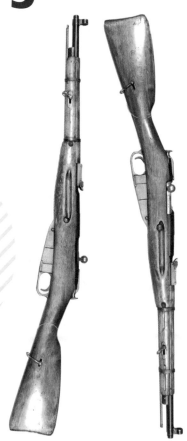

모신-나강 M1938 카빈 (public domain)

긴 총검이 인상적인 1차대전 당시 러시아군의 모신-나강 소총 (public domain)

1941년 6월 22일 소련을 기습 침공한 독일군은 그야말로 파죽지세였다. 불과 석 달 동안 민스크^{Minsk}, 스몰렌스크^{Smolensk}, 키예프^{Kiev} 등에서 놀라운 대승을 거두며 무려 300만에 가까운 소련군을 순식간에 붕괴시켜 버렸다. 인류가 벌인 전쟁사상 보기 드문 승전의 기록이었다. 독일군 선두부대는 모스크바를 향해 질주했고 소련의 최후는 멀지 않아 보였다.

그런데 10월이 되자 공기가 순식간에 차가워지고 눈이 내리기 시작했다. 러시아에서는 겨울이 빨리 찾아온다는 것을 알았지만 독일군은 이를 크게 걱정하지 않았다. 독일 기상대가 그해 겨울은 그리 춥지 않을 것이라는 예보를 내놓았기 때문이다. 하지만 사실 1941년 유럽을 휩쓴 추위는 40년만의 혹한이었다. 모든 것이 얼어붙었고 신나게 앞으로만 달려가던 독일군도 더 이상 나아갈 수 없었다.

상상을 초월할 정도의 혹한은 사람도 움츠러들게 만들었지만 그보다 더 큰 문제는 무기가 작동하지 않는다는 것이었다. 총이나 대포 같은 화기도 툭하면 작동을 멈추었다. 그런데 이틈을 타서 반격에 나선 소련군은 쉬지 않고 사격을 가해 왔다. 그들의 무기는 바로 모신-나강Mosin-Nagant 소총이었다. 그동안 구닥다리라고 폄하하던 소련군의 소총이 모든 것이 얼어붙은 혹한에도 문제없이 불을 뿜어 대자 독일군은 당황했다.

오래되었지만 좋은 소총

모신-나강은 19세기 말 러시아 제국 시절에 제작된 소총이다. 2차 대전 당시 독일군 보병이 주력 화기로 사용하던 Kar98k와 비슷한 시기에 탄생한 것이다. 물론 처음 제작된 당시의 소총을 그대로 사용하는 것이 아니고, 시간이 흐르는 동안 많은 변형과 발전이 있어 왔다. M2 중기관총이나 M1911 권총의 예에서도 알 수 있듯이 총기는 단지 오래전에 탄생했다고 구식으로 치부할 수 없다.

모신-나강은 독일군의 Kar98k에 비해 무게도 많이 나가고 길이도 더 길어 외관은 투박해 보였다. 1차대전에서의 교전 경험과 독소전 초반의 승리 덕분에 일선의 독일군은 소련군이나 소련군의 무기를 은연중 폄하했다. 더구나 슬라브Slav족이 열등한 인종이라고 세뇌당하다시피 한 보통의 독일군 병사들은 소련군이 좋은 무기를 사용한다는 자체를 인정하려 들지 않았다.

그런데 그것은 엄밀히 말해 착각에 불과했다. 지금까지 독일군이 거둔 승리는 무기보다는 작전의 탁월함과 소련군 지휘부의 무능이 함께 어우러진 결과였다. 독일군의 생각과 달리 소련군이 보유하고

있던 무기, 그중에서도 최전선 병사들이 직접 사용하는 무기의 품질
은 상당히 우수했다. 모신-나강 소총도 그러한 무기 중 하나였다.

패전에서 얻은 경험

1877년 러시아와 오스만Osman 제국은 또 다시 전쟁을 벌였다. 꾸준
히 동방으로 진출하려던 러시아와 동방의 터줏대감이던 오스만 제
국은 1770년대에 처음 충돌한 후 100년 동안 싸움을 벌였는데, 이
것이 여섯 번째였다. 대체로 러시아가 승리했지만 이번에는 최신식
윈체스터 소총Winchester rifle으로 무장한 오스만군의 공격에 러시아의
피해가 컸다. 전후 러시아는 이에 맞설 수 있는 강력한 소총을 개발
하기로 결정했다.

러시아군의 세르게이 모신Sergei Mosin 대위는 벨기에 출신의 총기
엔지니어인 레옹 나강Léon Nagant의 도움을 받아 새로운 소총 제작에
나섰다. 그들은 30구경 탄을 탄창이나 클립을 이용하여 장탄하는
방식으로 연사력을 높이려 했다. 이렇게 제작한 소총을 곧바로 군
당국에 보내 실험에 들어갔는데, 상당한 호평을 받아서 즉시 제식
화가 결정되었다. 이렇게 탄생한 최초의 모델이 M1891이다.

외관은 당시까지 러시아군이 사용하던 베르단Berdan 소총과 상당
히 유사했지만 성능은 비교가 되지 않을 정도로 좋았다. 볼트액션
방식이어서 단발로 쏘아야 했지만 5발을 장탄할 수 있어 숙련된 사
수는 빠르게 연사할 수도 있었다. 7.62×54mm 탄을 사용하여 유
효사거리가 750미터로 길었고 파괴력도 양호했다. 비록 기다란 총
신 때문에 휴대가 불편했지만, 총검을 장착했을 때는 마치 창과 같
아 백병전에 상당히 효과적이었다.

모신-나강 M1891 단축형 ⓒ①◎ George Shuklin at en.wikipedia.org

가장 큰 전쟁을 승리로 이끌다

1899년 중국에서 발생한 의화단운동義和團運動을 진압하려 8개국 연합군이 결성되었을 때 러시아는 M1891을 처음으로 실전에 사용했고, 이후 1905년 발발한 러일전쟁 당시에 많은 수의 모신-나강 소총을 투입했다. 이처럼 탄생과 동시에 실전을 거친 모신-나강 소총은 조준기, 노리쇠, 방아쇠 등에 개량이 이루어졌고 곧이어 발발한 1차대전과 적백내전을 거치면서 일선 장병들의 기본 화기로 애용되었다.

그러다 보니 여타 소총과 비교하여 많은 종류의 파생형이 등장했다. 특히 1907년에 등장한 기병대용 M1907 카빈은 총신이 28.9센티미터나 짧아졌다. 하지만 초기에는 의미 있는 활약을 보이지 못했다. 사실 소련군조차도 모신-나강의 장점을 제대로 모르고 있었다. 모신-나강은 간단한 구조 덕분에 신뢰성이 좋아 악조건에서도 쉽게 사용이 가능했다. 따라서 앞서 언급한 것처럼 혹한의 날씨에도 무난히 작동했다.

한마디로 모신-나강은 러시아 환경에 가장 잘 맞는 소총이었다. 2차대전 당시에 소련군 보병의 기본무장이었던 M1891/30은 전쟁

전인 1930년부터 1945년까지 생산되었는데, 현존하는 대부분의 모신−나강은 바로 이 모델이다. 전후에 총기사의 명품인 AK−47이 기존 소총과 기관단총을 일거에 대체하며 기본화기로 채택되면서 일선에서 퇴장했지만 누가 뭐래도 모신−나강은 가장 큰 전쟁을 승리로 이끈 소총이었다.

단순함의 미학

모신−나강은 사거리가 길고 파괴력이 좋다 보니 저격용으로도 좋았다. 대규모 기동전에서는 이런 효과를 볼 수 없었지만 전선이 교착되거나 엄폐물이 많은 시가전 등에서 저격수의 역할은 컸다. 흔히 '원샷 원킬One shot, One kill'이라는 말로 설명할 만큼 저격용 총은 정확도와 파괴력이 생명인 무기다. 2차대전 당시에 소련군은 전쟁사에 길이 남을 수많은 저격수를 배출했는데, 이들 대부분이 애용한 총이 바로 모신−나강 소총이었다.

2001년 개봉한 영화 〈에너미 앳 더 게이트Enemy at the Gates〉는 스탈린그라드 전투를 배경으로 소련군과 독일군 저격병의 숨 막히는 대결을 묘사했다. 이 영화 주인공의 모델인 실존 인물 바실리 자이체프Vasily Zaytsev가 사용한 무기가 바로 모

조준경이 장착된 모신−나강을 들고 있는 전설적인 저격수 자이체프 (public domain)

신-나강 소총이다. 그는 공식적으로 242명을 저격했다고 하는데, 이때 사용한 탄환은 불과 243발이었다고 전한다.

모신-나강 소총은 특수목적용 일부 모델이 1965년까지 제작되었을 만큼 장기간 생산되었는데 총 3,700만 정이 만들어진 것으로 추산한다. 오랫동안 사용하다 보니 2000년 이후에 발발한 이라크 전쟁에서도 등장했다. 모신-나강은 가혹한 조건에서 무리 없이 작동하는 만큼 어쩌면 단순함의 미학이 가장 빛난 소총이라 할 수 있다. 하지만 6·25전쟁 당시 북한군이 보유한 주력 화기이기도 해서 그다지 눈길을 주고 싶은 소총이 아닌 것도 사실이다.

7.62x54mmR 탄 (FMJ) 실제 크기

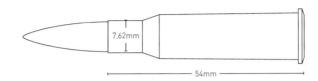

7.62mm

54mm

모신–나강 클립

구경	7.62mm
탄약	7.62×54mm R
급탄	5발들이 클립/탄창
작동방식	볼트액션
전장	1318mm
중량	4.05kg
발사속도	분당 15발
총구속도	808m/s
유효사거리	550m

많이 담을 수 있어 좋았던

Lee-Enfield

20세기 초까지 영국은 초강대국이었다. 본토의 몇 십 배가 넘는 엄청난 크기의 식민지와 멀리 떨어져 있어도 본국에 충성을 다하는 영연방 국가들이 전 세계 곳곳에 자리 잡고 있었다. 이들을 하나로 묶어준 것은 세계 최고·최대를 자랑하는 해운 교통망이었다. 이를 통해 영국은 오대양을 앞마당처럼 휘젓고 다니면서 엄청난 인력과 자원을 끊임없이 실어 날랐다.

더불어 강력한 해군이 이들을 보호해 주었다. 1588년 스페인의 무적함대를 격파한 후 영국 해군은 400년간 세계 최강의 자리에서 내려오지 않았다. 20세기 초까지 2위, 3위 해군국의 수상함 전력을 합한 것보다 더욱 강력한 해군을 보유하는 이른바 '2개국 함대 정책'을 유지한 덕분이다. 한마디로 해군은 초강대국 영국의 상징과도 같았다. 하지만 육군은 그렇지 않았다. 전통적 육군 강국인 독일이나 프랑스에 비한다면 상대적으로 약소한 편이었는데, 예산을 배정할 때도 해군에 우선순위를 둘 수밖에 없는 섬나라의 태생적 한계 때문이었다. 그럼에도 영국은 최초로 전차를 만든 나라답게 훌륭한 지상군용 무기도 생산하고 사용했다. 그중에는 일선 보병들이 오랫동안 애용했던 리-엔필드Lee-Enfield 소총도 있다.

한 시대를 풍미한 볼트액션 방식

제1·2차 세계대전, 6·25전쟁, 베트남 전쟁, 중동전쟁처럼 굵직한 전쟁들이 끊임없이 벌어진 20세기는 새로운 무기의 경연장이라 단언해도 무리가 아닌 시절이었다. 그 이전 세기에는 존재하지 않았던 비행기만 하더라도 어설픈 복엽기에서 시작하여 스텔스기까지 발전했고, 마치 물탱크 같았던 둔중한 모양의 전차는 날개 달린 코

리-엔필드는 사수에 따라 반자동소총 못지않은 연사능력을 발휘할 수 있었다.

끼리처럼 날렵하고 강력하게 변했다. 그런데 의외로 병사들이 사용하는 총은 그렇게 많은 변화가 없었다.

　오늘날 군대는 예외 없이 고성능 돌격소총으로 무장하고 있지만 사실 이것도 60여 년 전 처음 탄생한 이후 더 이상의 획기적인 성능 변화가 이루어지지 않은 구식 무기다. 돌격소총 등장 이전의 제식 소총은 일일이 노리쇠를 후퇴전진하며 단발로 사격하는 볼트액션 소총이었다. 그런데 지금도 인구에 회자되는 유명 볼트액션 소총 대부분이 19세기 말에 탄생한 물건들이다. 그만큼 총의 발전은 더뎠다.

　볼트액션 소총은 연사력이 뒤진다는 결정적인 단점이 있어 2차 대전을 정점으로 서서히 일선에서 물러났지만, 정확도가 뛰어나고 화력이 강력한 장점으로 말미암아 특수목적용으로는 오랫동안 계속 사용되었다. 대표적으로 제1·2차 세계대전에 맹활약한 독일의 Kar98k, 소련의 모신-나강, 미국의 M1903 스프링필드 등이 있다.

비슷한 시기에 주로 영국군과 영연방군이 사용한 리-엔필드도 그러한 반열에 올려놓을 수 있는 소총이다.

여러 아이디어를 결합하다

총의 이름에서 알 수 있듯이 제임스 P. 리James P. Lee라는 사람이 총의 탄생과 관련이 많다. 엄밀히 말하자면 리-엔필드는 그의 일방적인 작품이 아니었고, 개발 초기부터 여러 좋은 아이디어가 결합하면서 명품으로 거듭난 소총이다. 스코틀랜드에서 태어나서 캐나다로 이주한 후 다시 미국으로 이민한 총기 발명가 리는 독일 마우저 사의 볼트액션 소총에 상당히 감명을 받아 이를 참조하여 연사가 빠른 새로운 소총 개발에 나섰다.

그 결과 리어로킹 볼트rear-locking bolt 급탄식의 새로운 소총을 개발했지만 미군으로부터 관심을 끌지 못했다. 하지만 바로 그때 기존에 사용 중인 마티니-헨리Martini-Henry 단발식 소총을 대체할 새로운 제식무기를 찾던 영국이 관심을 보였다. 영국으로 건너간 리는 1888년 현지 총기 기술자인 윌리엄 E. 메트포드William E. Metford가 설계한 총신에 자신의 급탄 시스템을 결합한 리-메트포드Lee-Metford 소총을 만들었다.

그런데 공교롭게도 바로 그해 독일이 무연화약탄을 사용하는 Gew88을 개발하면서 순식간에 리-메트포드는 구시대의 소총이 되어 버렸다. 무연화약은 포연砲煙이 적게 발생하므로 조준이 쉽고 적게 발견될 위험을 감소시켰다. 또한 재가 적게 남아 총을 안정적으로 사용할 수 있었고 화력도 강력했다. 부랴부랴 흑색화약탄을 사용하는 리-메트포드를 무연화약탄을 사용할 수 있도록 개량했지만 총신이 급속히 마모하는 문제점이 나타났다.

거듭 개량을 거쳐 탄생하다

하지만 근본적으로 리—메트포드의 메커니즘이 좋다고 평가하던 영국군 당국은 부분 개량이 아닌 대대적인 개조에 나섰다. 이를 주관한 곳이 엔필드 조병창Enfield Armory이었는데, 1895년 이곳에서 총신을 비롯한 여러 부분의 개조를 거쳐 새로운 소총이 탄생했다. 이를 매거진 리—엔필드Magazine Lee-Enfield, 줄여서 보통 MLE라고 하는데 1907년까지 생산되어 1926년까지 일선에서 사용되었다.

리—엔필드는 1899년 보어전쟁에서 최초로 실전에 투입되어, 일선에서 상당한 호평을 받았다. 특히 기존 소총들 대부분이 5발 정도를 삽탄할 수 있었던 것에 비해, 탄창을 사용할 경우 2배 수준인 10발의 총탄을 적재할 수 있다는 점은 상당한 장점이었다. 클립은

6·25전쟁 당시 삽탄하는 모습 (public domain)

물론 탄창도 사용할 수 있어 범용성이 높았고 단발로 장전할 수도 있었다. 볼트액션 방식임에도 숙련된 사수가 15초에 10발을 사격할 수 있을 만큼 발사속도도 좋았다.

500미터 유효사거리는 충분했고 .303 브리티시탄(7.7×56mm)의 파괴력도 훌륭했다. 하지만 너무 길어 사용하기 불편하다는 단점이 제기되었다. 이러한 단점을 개량하여 1907년부터 생산된 모델은 쇼트 매거진 리-엔필드Short Magazine Lee-Enfield, 또는 SMLE라 한다. 흔히 '리-엔필드'라 부를 때는 SMLE를 의미하는데, 이 모델은 영국군과 영연방군의 주력 소총으로 대량 보급되었다. 특히 SMLE는 가장 연사속도가 빠른 볼트액션식 소총이라는 평판을 들었다. 볼트액션 소총은 기계적인 차이가 아주 크지 않다면 사수의 능력에 따라 연사속도에 차이를 보인다. 하지만 1914년 당시 사용되던 여러 종류의 볼트액션 소총을 대상으로 한 영국군의 실험에서 SMLE는 가장 뛰어난 연사력을 기록했다. 리어로킹 볼트처럼 새롭게 적용한 기술 덕분에 리-엔필드의 연사력은 이처럼 자타가 공인할 만큼 뛰어났다.

많이 담을 수 있어 좋은 소총

1차대전이 발발했을 때 영국은 독일이나 프랑스에 비해 육군이 강력하지는 못했지만 상당히 선전했다. 그러한 이면에는 독일군의 자랑이었던 Gew98과 맞먹는 리-엔필드가 있었다. 리-엔필드 소총은 2차대전 때에도 믿음직한 역할을 담당했다. 일부 자료에는 예산 배분 문제로 신형 소총을 개발할 수 없던 영국이 2차대전 당시에 어쩔 수 없이 울며 겨자 먹기로 사용한 구식 소총이라 표현하지만 그것은 틀린 말이다.

2차대전 당시에도 수적으로 리-엔필드 같은 볼트액션 소총이 대부분 국가의 주력 화기였다. 전격전의 신화를 창조한 독일군이 사용하던 Kar98k이나 소련군의 모신-나강도 리-엔필드와 비슷한 시기에 탄생한 소총들이다. 이후 리-엔필드는 6·25전쟁에서도 영연방군의 주력 화기로 명성을 떨쳤다.

리-엔필드는 여러 총기의 기본 플랫폼 역할도 담당했다. 대표적인 것이 기존 브렌 경기관총이나 루이스 경기관총을 대체하기 위해 1941년 뉴질랜드에서 개발한 찰턴Charlton 자동소총과 특수부대용으로 1943년 개발된 소음消音 소총인 드라일De Lisle 카빈 소총이다. 비록 소량만 생산되었지만 이런 새로운 소총의 기반이 되었다는 것은 그만큼 리-엔필드에 대한 신뢰가 컸다는 뜻이다.

이후 리-엔필드는 7.62×51mm 나토탄을 사용할 수 있는 개량형, 저격용도인 L59A1 등으로 변신을 거듭하며 지금까지도 생명력을 이어가, 약 1,700만 정이 생산된 것으로 알려졌다. 구닥다리 냄새가 물씬 풍기는 볼트액션식 리-엔필드가 많이 사용된 이유는 사막·습지·혹한 등에서도 무난히 작동한 안정성은 물론 많은 장탄량과 속사력 때문이다. 한마디로 많이 담을 수 있어 좋은 소총이다.

.303 브리티시탄 (FMJ) 실제 크기

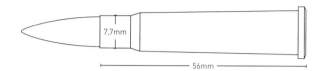

SMLE 클립

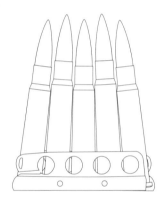

구경	7.7mm
탄약	7.7×56mm (.303 브리티시탄)
급탄	5발 클립/10발 탄창
작동방식	볼트액션
전장	1,100mm (MLE)
중량	4kg
발사속도	분당 20~30발
총구속도	744m/s
유효사거리	503m

전쟁을 승리로 이끈 명총
M1 Garand

M1 개런드 (public domain)

태평양과 유럽에서 동시에 전쟁을 치르면서 연합군의 군수공장 노릇까지 했던 미국은 사상 최대의 전쟁인 2차대전을 승리로 이끈 일등공신이었다. 그런데 전쟁 말기에 등장한 핵폭탄 같은 필살기나 B-17·B-29 장거리 중重폭격기처럼 뛰어난 무기도 있었지만 미국이 만들고 보유했던 모든 무기가 상대를 압도했던 것은 아니다. 특히 지상전투에 사용된 많은 무기는 독일에 비해 질적으로 열세인 경우가 많았다.

예를 들어 미군이 주력으로 사용한 M4 전차는 독일의 티거Tiger 전차와 4대 1의 우세가 전제되지 않는 한 교전을 삼가라는 지침까지 하달했을 정도였다. 이것은 다른 말로 표현하자면 질적인 열세를 양으로 만회하겠다는 뜻이었고, 실제로도 그러했다. 이처럼 적어도 1대 1로 비교했을 때 독일군 무기보다 질적으로 우세했던 것은 그리 많지 않았다.

하지만 예외도 있었으니, 그중 하나가 보병들이 보유하고 있던 소총이었다. 미군의 전술 운용사상이 다목적기관총을 중심으로 하는 독일군과 다르므로 직접적인 소부대간 전력 비교는 힘들지만 적어도 병사 개개인이 보유한 주력 소총은 미군의 절대 우세였다. 왜냐하면 독일군의 주력 소총이 볼트액션식 Kar98k인 반면 미군은 역사상 최고의 반자동소총으로 평가받는 M1 개런드M1 Garand로 무장하고 있었기 때문이다.

우여곡절 끝에 양산하다

1920년대 들어 미군 당국은 기존의 제식 소총인 M1903 스프링필드를 대체하기 위한 사업을 실시했다. 당초 미군 당국은 차기 제식

2차대전 당시 M1으로 훈련 중인 미 육군 보병의 모습. 1942년, 켄터키 주 포트 녹스. (public domain)

소총으로 자동소총을 염두에 두고 있었지만, 비용 문제 등으로 반자동소총으로 개발 방향을 선회했다. 이에 여러 총기 제작사가 치열한 경합을 벌인 끝에, 1928년 캐나다 태생의 총기 엔지니어인 존 개런드John Garand가 제안한 T1을 채택했다.

하지만 1931년 당시 미 육군참모총장 더글러스 맥아더Douglas MacArthur는 기존 제식탄인 30구경(7.62mm) 스프링필드탄을 사용할 수 없다는 이유로 T1의 도입을 거부했다. 사실 스프링필드탄은 화력이 강하지만 반동이 커서 반자동소총에 적합하지 않았다. 따라서

T1은 새로이 개발된 .276구경(7mm) 탄을 사용했는데, 문제는 기존에 생산되어 비축된 스프링필드탄이 너무 많아 별도의 총탄을 사용하는 것이 군 당국 입장에서 효율적이지 않았다는 점이다.

일부 자료에서는 맥아더의 아집 정도로 언급하기도 하지만 이는 상당히 중요한 문제였다. 군대나 군비의 운영을 거시적으로 생각해야 하는 정책 입안자 입장에서는 제식무기나 탄을 한 종류로 통일하는 것이 바람직했다. 결국 우여곡절 끝에 1933년 스프링필드탄을 사용할 수 있도록 개량한 T3가 탄생, M1이라는 이름으로 제식화되어 1936년부터 양산에 들어갔다.

하지만 초도물량의 인도는 1939년 9월에나 이루어졌는데, 당시 미군의 상황을 고려하여 기존 M1903을 장기간에 걸쳐 순차적으로 교체할 예정이었다. 그런데 1941년 12월 일본의 진주만 공격으로 미국이 2차대전에 참전하게 되면서 상황이 급변했다. 미국의 경제는 즉각 전시체제로 들어갔고, 전력 증강에 발맞추어 대량생산한 M1 개런드도 전군에 급속도로 보급했다.

선결 조건

실전에 사용되는 주력 소총을 자동화할수록 좋다는 것은 상식이지만 이런 당연한 상식을 실행하는 것은 쉽지 않다. 단지 총을 자동화하면 반동 등으로 말미암아 총이 크고 무거워져서 자유자재로 사용하기 어렵게 된다. 때문에 권총탄을 사용하여 파괴력이 약한 기관단총이 등장한 것이다. 이처럼 소총을 무리 없이 사용할 만큼 자동화한다는 것은 어려운 문제였다.

더불어 중요한 것은 경제적인 문제다. 전시처럼 위급한 상황이라

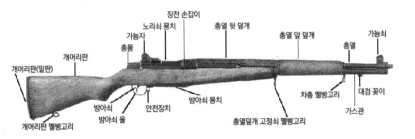

M1 개런드 주요 부분 (public domain)

면 돈은 최우선 고려사항이 아니겠지만 평시에 군의 유지와 운용에 관한 문제는 상당히 중요하다. 자동화된 소총일수록 제작비가 비싼 것은 당연하므로 모든 병사에게 고가의 소총을 일괄적으로 지급하는 것은 쉽지 않다. 기존에 도입된 소총이 많을수록 더 그러하다.

따라서 Gew43, StG44, SVT-40처럼 좋은 자동화된 소총이 있었음에도, 수백만 대군을 동원하여 사상 최대의 지상전을 펼친 독일과 소련의 주력 소총은 볼트액션 방식이었다. 물론 화력지원을 기관총이 담당하는 전술을 사용하여 소총에 대한 의존도가 이전 전쟁보다 줄어들기는 했지만 그것은 최선이 아니라 여러 문제를 고려한 차선의 방책이었다. 기관총과 자동화된 소총을 함께 보유한 부대가 더 강할 것이 당연하기 때문이다.

2차대전에서 연합군의 승리에 결정적인 역할을 한 미군은 당시 주력 전투부대를 반자동소총으로 무장한 유일한 군대였다. M1 개런드는 볼트액션 방식의 소총에 비해 압도적인 우위를 자랑했다. 물론 이런 군대를 원하지 않은 나라는 없었다. 다만 여건이 되지 않았을 뿐이고, 그것은 반대로 생각하면 그렇게 전쟁을 수행할 수 있는 미국의 국력이 그만큼 대단했다는 뜻이다.

M1 개런드 소총에 8발들이 클립을 삽탄하는 모습 (public domain)

거인의 퇴장

M1 개런드는 기존 소총의 장점을 그대로 보유하여 파괴력과 정확도가 뛰어났다. 그러면서도 볼트액션 소총과 비교할 수 없을 만큼 뛰어난 연사력은 실전에서 화력의 우위를 확보하여 주었다. 특히 대부분의 기존 소총들보다 많은 8발의 장탄량은 뛰어난 장점이었다. 따라서 별도의 화력지원이 없는 단순한 소부대간의 교전에서 미군이 밀린 적은 없었다.

이처럼 M1 개런드는 거대한 2차대전을 승리로 이끈 공신이었고 이후 발발한 6·25전쟁에서도 유엔군의 주력 소총으로 사용되었지만 사실 단점 또한 많았다. 우선 반자동소총이다 보니 반동을 제어하기 위해 어쩔 수 없이 크기가 크고 무거웠다. 특히 6·25전쟁 당시에 체격이 작은 국군은 M1 개런드를 상당히 버거워 했다. 또한 노리쇠 작동과 장전이 상당히 불편하여 손가락 부상을 당하는 경우도 많았다.

2차대전 후 등장한 더 뛰어난 소총들은 M1 개런드를 급속히 구시대의 유물로 전락시켜 버렸다. 불과 5년 후 발발한 6·25전쟁에서 공산군이 다양한 반자동소총을 사용하면서 M1 개런드로는 우위를 점하기 힘들었다. 하지만 그보다 AK-47 같은 돌격소총의 대량 보급은 더 이상 반자동소총이 전선의 주역이 아니도록 만들어버렸다. 결국 M1 개런드는 1957년 M14에 기본 제식화기 임무를 넘겨주고 물러났다.

짧은 전성기

2차대전이라는 사상 최대의 전쟁을 승리로 이끌고 이후 6·25전쟁을 비롯한 여러 국지전에서 뛰어난 전과를 보였음에도 M1 개런드의 생애는 짧은 축에 속한다. 그 이유는 2차대전 종전을 기점으로 총의 전반적인 사상이 볼트액션에서 급속히 자동소총으로 옮겨갔기 때문이다. 사실 반자동소총은 M1 개런드를 제외하면 그다지 인상적으로 활약한 것이 드물었다.

그나마 더 빨리 생을 마감한 M14 전투소총에 비한다면 장수했다고 할 수 있겠고, 같은 반자동소총이었지만 불과 2년 만에 정상에서 내려온 소련의 SKS에 비하면 대단히 시대를 잘 만난 경우였다고 볼 수도 있다. 요즘 말로 따진다면 틈새시장을 제대로 개척한 대표적인 경우에 해당한다고 볼 수도 있다. 사실 이런 경우를 본다면 무기도 시대를 제대로 타고 나야 명품으로써 대접을 받는 것은 매한가지라 할 수 있겠다.

여담으로 현재 사용 가능한 상태의 M1 개런드를 제일 많이 보유한 나라가 바로 우리나라다. 6·25전쟁 때 미군이 공여한 많은 수량의 M1 개런드를 예비군용으로 보관했기 때문인데, 사실 이제는 도태해야 할 상태다. 그런데 M1 개런드에 대한 미국인의 관심이 대단하여, 이를 수출하여 민간용으로 판매를 추진하고 있는 것으로 알려졌다. 재미있는 역사의 아이러니가 아닌가 생각한다.

.30—06탄 (FMJ) 실제 크기

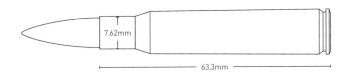

M1 개런드 클립

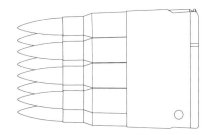

구경	7.62mm
탄약	7.62×63mm (.30—06 스프링필드탄) / 7.62×51mm 나토탄 (.308 윈체스터)
급탄	8발 클립
작동방식	가스작동식, 회전노리쇠
전장	1,100mm
중량	4.2kg
발사속도	분당 50발
총구속도	865m/s
유효사거리	500m

양 세계대전에서 활약한

Kar98k

Kar98k (public domain)

Gew98과 총검 (public domain)

2차대전을 배경으로 제작된 영화를 보면 전투 장면에서 예외 없이 등장하는 독일군 보병 무기가 있다. 어느덧 다목적기관총의 대명사가 되어버린 MG 42 기관총과 날렵한 MP40 기관단총이다. 무자비하게 연사하는 모습이 인상적이어서인지 모르겠지만 이들 화기로 사격하는 모습이 자주 클로즈업된다. 그렇다 보니 막연히 당시의 독일군이 이런 장비로 무장하고 있던 것으로 착각하는 경우가 많다.

하지만 실제로는 그렇지 않았다. 전쟁 내내 독일군이 가장 많이 사용한 총은 따로 있었다. 사실 영화를 자세히 보면 바로 이 소총이 소품으로 가장 많이 등장하지만 위에 언급한 MG 42나 MP40에 비한다면 정작 그렇게 많이 강조되지는 않는다. 그 이유를 한마디로 표현하자면 인상적이지 않기 때문이다. 성능이 나빠서 그런 것이 아니라 뭔가 긴박한 장면을 연출하는 데 부족하기 때문이다.

이 소총은 연사기능이 없는 볼트액션 소총이다. 일일이 손으로 노리쇠를 잡아당겨 총알을 한 발씩 장전하여 사격하는 형태이므로 격렬한 전투 장면을 표현하기는 조금 부족하다. 하지만 아무리 실전처럼 묘사해도 영화와 실전은 다르다. 이처럼 영화와 달리 실제로 전쟁 내내 일선에서 가장 많이 그리고 가장 맹렬하게 활약한 소총이 바로 Kar98k다. 한마디로 2차대전 때 독일군을 진정으로 대표하는 소총이다.

부족한 성능

볼트액션 소총은 요즘과 같이 돌격소총이 보편화한 시점에서 볼 때 구식무기임에 틀림없다. 대부분 가시권 안에서 벌어지는 보병부대 간 총격전의 특성을 고려할 때, 볼트액션 소총만을 장비한 부대와 연발이 가능한 돌격소총을 장비한 부대 간 대결 결과는 굳이 추론할 필요도 없기 때문이다.

하지만 오늘날 흔하게 사용하는 대부분의 돌격소총은 2차대전 말에 등장한 StG44를 아버지로 하고 있기 때문에 역사가 일천하다. 2차대전 당시 보병이 주로 사용하던 소총은 대부분 볼트액션 방식으로 그것은 독일군뿐만 아니라 거의 모든 나라에 해당하는 사항이다. 미군이 반자동소총인 M1을 주력 소총으로 사용했지만 이는 예외적인 경우라 할 수 있다. 연사력 부족을 해결하려 권총탄을 쓰는 기관단총을 일부 사용했으나, 사거리가 짧고 파괴력이 작아 근접전이 아니면 능력을 발휘하기 힘들었다.

그래서 독일군은 분대별로 기관총을 보급하여 이를 주 화력으로 삼고 보병들의 소총은 보조 화력으로 삼는 전술을 채택하여 연사력과 파괴력 부족을 해결했다. 여기에 접근전이나 돌격에 들어가면 기관단총을 휴대한 병력이 선봉에 서는 형태를 가미했다. 일선 보병의 무장과 소모품이 이리저리 나뉘는 단점이 있었지만 당시 여건으로는 어쩔 수 없던 차선의 선택이었고 이를 바탕으로 2차대전 초기의 대승을 이끌었다.

2차대전 당시 폴란드 바르샤바를 점령한 후 시가행진을 하는 독일군. Kar98k가 주력 제식화기였음을 알 수 있다. (U.S. National Archives and Records Administration)

오랜 역사를 가진 소총

사실 무기를 선택하는 데 경제적인 요소를 완전히 배제할 수는 없다. 수백만의 군대를 가장 좋은 최신식 무기만으로 무장할 수는 없다. 따라서 성능 대비 가격이 적당한 무기를 적재적소에 배분하는 것이 필요한데, Kar98k는 거기에 해당하는 매우 좋은 소총이었다. Kar98k는 독일이 1935년 재군비를 선언하면서 제식화한 주력 소총으로, 흔히 마우저^{Mauser}탄이라 불리는 7.92×57mm 탄을 사용했다.

구조가 단순하여 생산이 용이했고, 잔고장이 적어 야전에서 신뢰성이 높았지만, 무게가 3.9킬로그램이나 나가서 휴대하기 편리하지는 않았다. 반면 최대사거리는 2,700미터, 유효사거리가 400~500미터 수준으로, 조준경을 장착하여 저격용 소총으로 사용

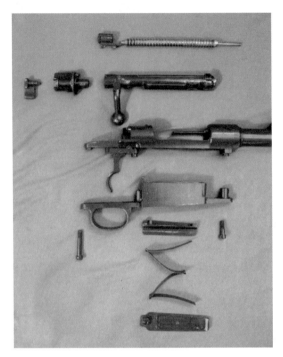

Kar98k를 분해한 모습. ⓒⓕⓞ Mauseraction at en.wikipedia.org

했을 만큼 정확도가 매우 높고 화력이 강력했다. 연사속도가 늦고 사격시 반동이 크다는 볼트액션 소총 고유의 단점만 제외한다면 지금도 명기로 꼽을 만큼 훌륭한 소총이다.

그런데 1935년 제식화한 시점에서 Kar98k는 이미 탄생한 지 40여 년 가까이 된 구형 소총이었다. 유명한 독일의 총기 제작자인 파울 마우저Paul Mauser가 1895년 만들어 1898년 독일 육군이 제식화한 Gew98 소총은 1차대전에서 독일군의 주력 소총으로 명성을 떨쳤다. 이를 기병대용으로 개량한 것이 Kar98b, 여기서 다시 길이를 조금 단축하고 성능이 증가하도록 개량한 것이 바로 Kar98k이다.

거대한 전쟁의 주역

결론적으로 당대 최강의 군사강국인 독일이 1차대전과 2차대전에서 같은 소총을 주력 소총으로 사용했다는 의미다. 규모에서 차이가 있듯이 1차대전 당시 주력 소총이던 Gew98가 약 500만 정 생산된 반면 2차대전의 주인공인 Kar98k는 약 1,500만 정이 생산되었다. 다시 말해 Gew98 시리즈의 진정한 활약 무대는 2차대전이었다. 앞에서 독일군을 상징하는 무기로 언급한 MP40의 생산량이 100만 정이었다는 점을 보면 그 규모를 짐작할 수 있다.

품질 좋은 무기에 대한 자부심이 대단했던 독일이 40여 년 간 같은 소총을 보병의 주력 소총으로 사용했던 것만 보더라도 Kar98k의 신뢰성이 어떠했는지 미루어 짐작할 수 있다. 그런데 이는 독일에만 해당하는 사실이 아니다. 소련의 모신-나강, 영국의 리-엔필드, 미국의 M1903 스프링필드 소총은 모두 1차대전부터 사용하던 소총이었다.

불과 20여 년 차이지만 무기만을 놓고 볼 때 양 세계대전은 엄청난 변화가 있었다. 전차의 경우 효율성에 대해 의구심만 증폭시켰던 1차대전과 달리 2차대전에서는 전쟁 초기부터 전선의 주역이었다. 한마디로 전혀 새로운 무기체계, 또는 동일 무기라도 급이 전혀 다른 무기를 가지고 전쟁을 했던 것이다. 그렇지만 가장 많이 사용하는 기본적인 보병용 화기의 변화가 심하지 않았다는 점은 흥미로운 부분이다.

묵묵한 전선의 사역마

이것은 20세기 전반기에 볼트액션 방식 소총이 최고의 진화를 보였다는 의미이기도 하다. 2차대전에서 볼트액션 소총은 더 이상 개량이 필요하지 않을 만큼 발전했고 그 한계를 드러내면서 생을 마감했다. 특히 2차대전 말기에 등장한 돌격소총은 볼트액션 소총과 기관단총을 일거에 대체해 버리고 경우에 따라서는 기관총 역할까지 담당했을 만큼 보병화기의 개념을 바꾸어버렸다.

2차대전 당시에 가장 많이 생산해서 사용했지만 독일군의 전술 운용방식에서 언급했듯이 볼트액션 소총은 전선에서 주인공 역할을 담당하기에는 부족한 점이 많았다. 그것은 독일만의 문제도 아니었다. 이후 벌어진 6·25전쟁을 정점으로 해서 볼트액션식 소총은 더 이상 전선의 주역이 될 수 없었다. 따라서 Kar98k가 수적으로 다수였음에도 불구하고 영화 속에서는 마치 엑스트라처럼 대접받을 수밖에 없는 것이 현실이기도 하다.

비록 지금은 시대에 뒤진 구시대의 유물이 되었고, 다른 무기에 비해 볼품없어 보이기도 하며, 기관총처럼 그렇게 드러나 보이는 인상적인 역할도 펼친 것도 아니었지만, 20세기의 반 이상을 최고의 소총으로 자리 잡고 실전에서도 가장 많이 사용된 Kar98k는 그래서 재미있는 존재라 할 수 있다. 마치 전쟁에서 활약한 수많은 무명용사보다 장군들이 더 많이 알려진 것과 비슷한 모습이다.

7.92x57mm탄 (FMJ) 실제 크기

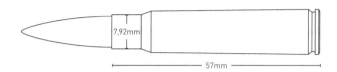

7.92mm

57mm

Kar98k 클립

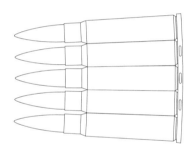

구경	7.92mm
탄약	7.92×57mm (마우저)
급탄	5발 클립
작동방식	볼트액션
전장	1,110mm
중량	3.7kg
발사속도	분당 15발
총구속도	760m/s
유효사거리	500m

역사를 바꾼 그저 그런 소총

Carcano

키르카노 M91 (public domain)

이탈리아는 고대 로마 제국의 후예라 자칭했고 거대한 20세기의 전쟁들에도 얼굴을 들이밀었지만 그다지 강한 인상을 주지 못한 나라다. 분명히 제1·2차 세계대전 주요 참전국이었지만, 전쟁사에 남긴 그들의 기록을 보면 "패배, 패배 그리고 패배"라는 말이 실감 날 정도로 한심한 전과만 남겼다. 구석구석 살펴보면 용감히 싸워 승리한 기록도 일부 있지만 로마 제국의 후예로 자부하기에는 낯간지러울 정도다.

이탈리아는 1차대전 승전국이었지만 연합국 승리에 그다지 기여한 바가 없다며 전후 논공행상 과정에서 찬밥 신세가 되었다. 2차대전에서는 그야말로 경이적인 패배의 연속이어서 함께 작전을 펼친 독일군의 롬멜 같은 이는 대놓고 무시했을 정도다. 이처럼 한심한 기록만 남기게 된 데는 이탈리아제 무기의 품질이 떨어진 것도 한몫을 했다. 그래도 열강이라는 자부심이 있어 국산 무기로 무장했지만, 사실 이탈리아제 무기의 성능은 좋지 않았다.

포병·기갑·항공관련 장비는 물론 보병용 소총도 주변국과 비교한다면 성능이 부족했다. 제1·2차 세계대전 당시에 이탈리아군은 이른바 '카르카노Carcano'로 불리던 소총을 제식무기로 사용했는데, 한마디로 표현하자면 '그저 그랬다'. 하지만 1963년, 카르카노는 케네디Kennedy 미 대통령 암살에 사용되면서 일약 역사를 바꾼 소총으로 유명세를 타게 되었다.

새로운 통일국가가 요구한 소총

역사적으로 20세기 전반은 볼트액션 소총이 대세를 이루던 시기다. 물론 기관총, 기관단총, 반자동소총처럼 다양한 종류의 화기가 등장하여 나름 맹활약을 펼쳤지만, 2차대전 때까지 병사들이 가장 많이 사용하던 총은 볼트액션 방식의 소총이었다. 그리고 대부분은 19세기 말이나 20세기 초에 제식화했다는 공통점을 지니고 있다. 카르카노도 이러한 시대상을 반영한 소총이었다.

이탈리아 왕국은 로마 제국 붕괴 이후 1,400여 년 만에 이탈리아 반도에 등장한 통일국가였다. 통일을 이룩한 1870년, 스위스의 베테를리^{Vetterli} M1869 소총을 기반으로 베테를리−비탈리^{Vetterli-Vitali} M1870을 제작하여 통일 이탈리아군을 최초로 무장시켰다. 그런데 M1870은 무게가 4.6킬로그램에 10.35×47mm 탄을 사용하여 휴대와 사용이 불편했다.

일선에서 새로운 소총을 요구하는 목소리가 계속되자 1890년 토리노 조병창 소속의 총기 엔지니어 살바토레 카르카노^{Salvatore Carcano}가 새로운 볼트액션식 소총을 만들었다. 이것이 바로 카르카노 M91인데, 6.5×52mm 탄을 사용하여 무게가 대폭 감소했다. 카르카노의 가장 큰 특징은 긴 전장에도 불구하고 무게가 가볍다는 점으로, 총탄을 적재하지 않으면 3킬로그램도 되지 않았다.

승전국이 되어 망각한 단점

이후 등장하는 모든 카르카노 모델은 M91을 기반으로 하고 있으며, 1945년까지 생산이 이루어졌다. 그리고 1895년 제1차 에티오피아 전쟁을 시작으로 2차대전이 끝난 1945년까지 이탈리아가 관여한 모든 전쟁에서 사용되었다. 총 300만 정 정도가 생산되었는데, 장기간에 걸쳐 만들고 개량하면서 큰 전쟁에서 사용된 점을 고려한다면 그리 많은 수량으로 보기는 힘들다.

카르카노 M91로 무장한 2차대전 당시의 이탈리아군 (public domain)

그런데 어쩌면 1차대전에서 이탈리아가 승전국이 되어서 그다지 평판이 좋지 않았던 카르카노가 장수하게 된 것인지도 모른다. 다시 말하면 이탈리아는 전투에서 많은 패배를 맛보았지만 승전국의 지위를 획득하자 총기로 인하여 겪은 불편함을 망각하게 되었고, 이 때문에 새로운 소총의 개발을 게을리했다. 덕분에 카르카노 소총은 이탈리아군의 표준 제식화기로 오랫동안 활약했다.

반면 이탈리아 외에는 카르카노를 제식화한 나라가 없었는데, 이 것은 어쩌면 이탈리아제 무기의 한계를 보여주는 지표라 하겠다. 일부 자료에는 2차대전 당시에 독일, 핀란드, 중국, 일본, 알바니아 등에서 사용한 것으로 나와 있지만, 일부러 제식화하여 사용한 것이 아니어서 의미 있는 물량으로 보기는 힘들다.

카르카노 소총에 사용하는 탄환. (왼쪽부터) 7.92mm 마우저, 6.5mm, 7.35mm 탄. (public domain)

부족한 기술력으로 인한 한계

카르카노 소총의 가장 큰 문제는 사격이 불편하고 화력이 약하다는 점이었다. 카르카노는 뻑뻑한 노리쇠로 원성이 자자했다. 노리쇠가 후퇴전진이 되지 않아 긴박한 상황에서 사격을 할 수 없는 일이 비일비재했다. 절삭가공 능력을 비롯한 이탈리아의 전반적인 기계공업 수준이 낮아서 발생한 문제였다. 볼트액션 소총의 연사력은 사수의 능력이 좌우하지만 총 자체, 특히 노리쇠가 사용하기 불편할 정도라면 사수의 능력은 그 다음의 문제라 할 수 있다. 노리쇠 문제는 1938년 M38이 등장하면서 겨우 해결할 수 있었다.

더불어 화력 부족도 심각한 고민거리였다. M91은 구경이 6.5mm인 탄을 사용하여 총 전체의 무게가 감소한 반면 살상 능력이 부족했다. 더불어 탄두의 끝 모양이 둥글고 무뎌 위력도 약했다. 동일한 시기에 대부분 국가들은 구경 7mm 이상의 탄을 사용했다.

M38 중 일부는 탄두가 뾰족한 7.35mm 탄을 사용할 수 있도록 개량되었지만 화력이 부족한 것은 매한가지였다. 장약의 연소 압력이 기존의 6.5mm 탄과 같았기 때문이다. 발사 압력은 동일한데 탄두가 커지다 보니 당연히 발사속도가 낮아지고 사거리도 단축된 것이다. 결국 이탈리아는 탄두의 앞쪽 끝 부분을 알루미늄으로 제작하여 탄환의 중량을 6.5mm 탄과 동일하게 개량하는 것으로 이 문제를 해결했다.

미스터리로 남은 부분

그럼에도 불구하고 M38의 생산량은 적었고 2차대전 내내 M91 모델이나 기존의 6.5mm 탄을 사용할 수 있는 M38 모델이 대량으로 사용되었다. 카르카노는 여타 주력 소총에 비해 가벼워서 휴대가 용이하고 조준이 편리한 장점도 있었지만 앞서 언급한 것처럼 여러 단점으로 말미암아 평판이 좋지 않았다. 특히 고질적인 노리쇠의 문제점을 해결했음에도 여타 소총에 비한다면 여전히 사용하기 불편하다는 평가를 받았다.

케네디 저격사건에서 가장 미스터리한 부분도 바로 여기에 있다. 당시 저격범 리 하비 오즈월드Lee Harvey Oswald는 6.5mm 구경의 M38

오즈월드가 케네디 저격에 사용한 카르카노 (public domain)

을 사용했는데, 2초 동안 3발을 발사한 것으로 조사되었다. 비록 노리쇠를 개선한 M38이라도 움직이는 표적물을 정확히 조준하여 연속 타격하는 것은 거의 불가능하다. 따라서 제2의 저격범, 음모론 같은 주장이 아직도 회자되고 있다.

어쨌든 이 사건으로 패전의 대명사로 꼽히던 이탈리아군이 사용한 그저 그런 2류 소총이던 카르카노는 일약 유명세를 얻었다. 사실 좋은 성능의 스코프사이트^{Scope sight}(조준경)를 장착한 볼트액션 소총은 충분히 저격용으로 사용할 수 있다. 유효사거리 내에서 뛰어난 사수가 사용하면 살상에는 아무 무리가 없다. 어쩌면 카르카노는 유명하지 않은 총이 막연히 약할 것이라는 선입관을 깨버린 증거라 할 수 있다.

6.5x52mm탄 (FMJ) 실제 크기

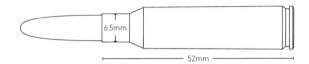

카르카노 클립

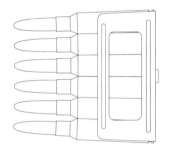

구경	6.5mm 외
탄약	6.5×52mm 외
급탄	6발 클립
작동방식	볼트액션
전장	1,015mm
중량	3.4kg
발사속도	분당 10발
총구속도	755m/s
유효사거리	600m

조금 부족했지만
사용하기 좋았던
M1 Carbine

M1 카빈 (public domain)

미군이 기존에 사용하던 M1903 스프링필드 소총을 대체하기 위해 1936년 제식화한 것이 M1 개런드 소총이었다. 미군 당국은 세계 최초로 반자동소총을 주력으로 채택했고, 이는 이후 2차대전에서 미군이 승리하는 데 커다란 원동력이 되었다. 지금 기준으로 반자동소총은 구시대의 유물 정도로 취급받지만 적어도 2차대전 당시에는 이에 필적할 만한 소총이 많지 않았다.

그렇다고 모두가 M1 개런드에 만족했던 것은 아니다. 군인이라고 반드시 총을 들고 직접 싸우는 것이 아니었는데, 군수 등 지원병과 뿐만 아니라 전투병과라도 포병·기갑병은 총을 들고 직접 교전을 벌이는 일이 드물었다. 하지만 이들도 만일을 대비하여 총을 보유해야 했는데, 무겁고 기다란 M1 개런드는 불편했다.

하지만 권총은 너무 사거리가 짧고 화력이 약하여 적당하지 않았다. 기관단총 또한 마찬가지였는데 특히 2차대전 초기에 미군이 사용하던 톰슨 기관단총은 비싼 데다가 무겁기까지 했다. 결국 휴대하기 편리하고 웬만큼 화력도 좋으며 가격도 그다지 비싸지 않은 소총이 필요했다. 이런 요구에 따라 군 당국은 새로운 경량 소총 개발에 나섰고 그 결과 M1 카빈M1 Carbine 소총이 탄생했다.

기병대가 사용하던 총에서 유래

원래 '카빈'은 말을 타고 싸우는 기병대가 사용하기 편하도록 총신을 짧게 만든 총을 의미한다. 인간이 말을 사용한 것은 약 1만 년 전부터로 말보다 빠른 수단을 확보한 것이 불과 200년 밖에 되지 않았다. 따라서 전쟁이나 군사 용도로 말을 사용한 역사도 상당히 길어서 일부 국가는 2차대전에서도 기병대를 전투병과로 운용했

M1 카빈은 해병대의 든든한 동반자였다. 사진은 미 제5해병사단 28연대 병사들이 이오지마(Iwo Jima)의 스리바치(擂鉢) 산에 성조기를 꽂는 모습. 1945년 2월 23일. (public domain)

다. 그렇다 보니 기병대에 적합한 무기가 별도로 제작되었고 총도 마찬가지였다.

하지만 기병의 퇴조와 더불어 카빈도 점차 자취를 감추게 되는데, 미군 당국은 새롭게 개발된 소총이 마치 예전의 카빈과 기능이 비슷하다고 보아 이름을 'M1 카빈'으로 명명했다. 원래 대부분의 카빈은 보병이 사용하는 기존 소총의 총열을 단축한 형태였는데 그렇다 보니 M1 개런드를 단축시킨 것으로 오해하는 경우가 많다. 하지만 반자동소총이라는 점을 제외한다면 이 둘은 전혀 다른 별개의 소총이다.

여담으로 미군의 제식번호는 상당히 중구난방인 경향이 있다. 1이라는 것은 말 그대로 해당 제식부호를 최초로 부여하는 의미가 있는데, 비슷한 시기에 제작된 반자동소총을 모두 'M1'으로 명명한 이유는 확실하지 않다. 아마도 M1 개런드는 보병용으로, M1 카빈은 지원부대용으로 구분하다 보니 그런 것인지 모른다. 이후 등장한 M1 카빈의 후속 모델은 M2·M3·M4 카빈이라 칭하고 있다.

탄으로 귀결된 해법

새로운 소총에 대한 일선의 요구가 계속되자 군 당국은 유효사거리가 200~300미터 정도인 가볍고 다루기 쉬운 자동화 소총 개발에 나섰다. 결론적으로 총탄이 문제였다. 휴대하기 편리하게 크기를 기존 소총보다 작게 하면서도 기관단총보다 더 강한 능력을 발휘하기 위해서는 그에 맞는 새로운 탄이 필요했던 것이다.

이에 윈체스터Winchester 사가 탄약 개발에 나섰는데 1906년에 시험 삼아 만들었던 .32WSL 탄을 바탕으로 했다. 반자동이나 자동

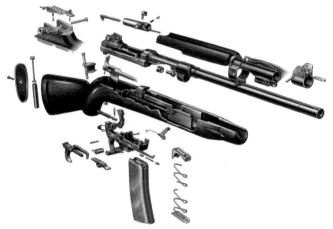

M1 카빈 투시도 (public domain)

총기는 가스의 일부분을 노리쇠를 후퇴시키는 데 사용하는데 WSL 은 이에 적합하게 개발된 탄이었다. 윈체스터 사의 엔지니어 에드 윈 퍽슬리Edwin Pugsley는 이를 조금 축소한 .30WSL을 1938년에 제작 했고 이것이 바로 30구경 카빈탄.30 Carbine이다.

자동소총용 탄은 대부분 기존 소총탄을 단축한 형태지만 M1 카 빈의 경우는 권총탄의 크기를 늘린 형태에 가까웠다. 그 이유는 원 래 .32WSL이 톰슨이나 M3처럼 기존에 사용 중이던 기관단총의 화 력을 증대시키기 위해서 만든 것이기 때문이다. 이 때문에 적을 일 격에 쓰러뜨리지 못하는 경우가 종종 벌어진다고 일선에서 불평할 만큼 화력에서는 문제점을 노출했다.

해병대와 궁합이 맞다

그런데 이 새로운 탄은 녹이 쉽게 슬지 않는 장점이 있어서 바다나 해안가에서 싸우는 해병대에게 적합했다. 육중한 군장을 둘러매고 상륙작전을 펼치고 밀림 속에서 교전을 하는 해병대에게 휴대하기 간편한 M1 카빈은 그야말로 금상첨화였다. 그렇다 보니 M1 카빈은 제작 단계부터 해병대의 입김이 많이 작용했다.

M1 카빈의 이전 모델이 윈체스터 M2(이후 1944년 개발된 M2 카빈과 별개임) 소총이었는데 1940년에 실시된 미 해병대의 자동소총 사업에 참여했다가 모래투성이의 환경에서 고장이 잘 나는 결함이 드러나 채택을 거부당한 상태였다. 경쟁에서 탈락한 윈체스터는 틸팅 볼트tilting bolt 대신 M1 개런드에 적용된 회전노리쇠 방식으로 구조를 변경하고 때마침 개발한 .30WSL 탄을 사용할 수 있도록 M2를 개량했다.

이렇게 탄생한 개량형은 새로운 보조 소총을 원하던 육군을 만족시켰고 1941년 10월 'M1 카빈'이란 정식 제식명을 받게 된다. 그리고 이듬해 미국이 2차대전에 참전하면서 대량생산에 들어가 1942년 중반 유럽 원정군에게 지급이 완료되었다. 하지만 보조 병기로써 최초 소요를 제기한 육군보다 주력 소총으로 채택한 해병대에서 더 많은 활약을 선보였다. 일단 가벼워 일선의 선호도가 높았고 교환이 편리한 대용량 탄창이 상당히 매력적이었다.

맹활약과 급속한 도태

M1 카빈은 작고 가볍기 때문에 밀림이나 시가전에서 상당히 유용했고, 특히 권총탄을 사용하는 기관단총에 비교한다면 파괴력이 월등했다. 이후 등장한 M2 카빈은 완전 자동으로 새로운 제식 소총의 대안이 될 만했다. 그렇다 보니 M2 카빈(M3 카빈 포함)의 성격

에 대해서는 지금도 의견이 분분하다.

기관단총과 달리 M2 카빈은 기존 소총탄보다 장약량이 줄어든 탄환을 사용하기 때문에 돌격소총의 범주에 넣는 것이 옳다는 주장이 있는 반면, 파괴력이 부족하고 원래 탄생 목적이 방어용이었기 때문에 카빈이라는 의견도 있다. 하지만 제작사나 책자 등에서 군이 세세히 분류를 했다 하더라도 정작 이를 들고 다니며 싸우는 병사들에게는 그러한 분류가 전혀 중요하지 않았다.

탄약의 차이로 말미암아 살상력은 다르지만 기본 제식화기인 소총은 병사가 임의로 선택하는 것이 아니라 군에서 일방적으로 공급하는 것이므로, 돌격소총이니 카빈이니 하는 구분은 전혀 불필요했다. 가장 중요한 사실은 이를 사용하는 이들로부터 상당한 호평을 받았다는 점이다. 이 때문에 M1 카빈과 그 파생형 소총들은 2차대전은 물론 이후 발발한 6·25전쟁에서도 인상적인 활약을 펼쳤다.

그러나 이를 기점으로 M1 카빈은 일선에서 급속히 도태했다. 총신이 짧다 보니 사거리가 짧고 명중률도 떨어졌으며, 거기에다가 화력이 부족하다는 점은 극복하기 어려운 난제였다. 더구나 별도의 전용탄을 사용한다는 점도 군축 시기에 가서 많은 문제점을 노출했다. 이러한 가운데 돌격소총이 제식 소총의 대세가 되자 M1 카빈은 더 이상 일선에서 사용하기에 부족한 화기가 되어버렸다.

베트남 전쟁 당시에 신뢰할 만한 기관단총이 없었던 미군 특수전 병력이 M16을 도입하기 전까지 M1 카빈을 요긴하게 사용했지만, 1970년대 들어서는 성능이 부족한 소총이 되었다. M1은 수많은 물량이 외국에 공여되었는데 그중에서도 6·25전쟁 동안 100만 정이 넘게 공여받은 우리나라는 현재 M1 카빈의 최대 보유국이다.

7.62x33mm탄 (FMJ) 실제 크기

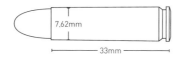

7.62mm

33mm

M1 카빈 15발 탄창

M1 카빈 30발 탄창

구경	7.62mm
탄약	7.62×33mm (.30 카빈)
급탄	15/30발 탄창
작동방식	가스작동식, 회전노리쇠
전장	904mm
중량	2.36kg
발사속도	분당 50발
총구속도	600m/s
유효사거리	200m

일제의 침략 도구
99식 소총

99식 소총 (http://www.adamsguns.com)

일본은 비서구 국가 중 유일하게 제국주의 대열에 합류한 나라다. 메이지 유신明治維新 이후 급속도로 발전한 국력을 발판으로 19세기 말부터 적극적인 대외 팽창에 나섰다. 이때 가장 선두에 선 일본 군부는 서구 열강으로부터 앞선 군사기술을 도입하는 데 노력을 아끼지 않았고, 능력이 되면 각종 무기를 국산화하는 데도 열성적이었다. 그렇다 보니 2차대전 전에 상당수의 자국산 무기로 무장할 수 있었다.

그들은 1895년 타이완臺灣을 식민지로 만드는 데 성공한 것을 시작으로 한국과 만주滿洲까지 영향력을 확대했고, 1937년에는 중국 대륙을 침략했다. 전반적으로 당시 일본산 무기의 성능은 그다지 좋은 평가를 받지 못했지만 중국을 상대로 전쟁을 벌이기에는 충분한 편이었다. 사실 20세기 초반에 소화기 정도의 무기라도 스스로 만들 수 있던 나라는 그리 많지 않았다.

일본군은 곳곳을 유린하며 중국군을 격파했는데 언제부터인가 고전을 겪는 일이 많아졌다. 외국에서 도입한 중국군 소총은 은폐물을 돌파하여 숨어 있는 일본군을 공격할 수 있던 반면 일본군 소총은 그렇지 못한 경우가 많았다. 원인을 연구한 일본군은 파괴력이 부족하기 때문임을 알고 새로운 제식 소총 개발에 나섰다. 이렇게 탄생하여 2차대전 종전까지 아시아·태평양 곳곳에서 침략자 일본군이 사용한 소총이 바로 99식九九式 소총이다.

화력 부족을 절감한 일본

중일전쟁 때까지 일본군이 사용하던 주력 소총은 1905년 제작된 볼트액션 방식의 38식 보병총이었다. 전반적으로 당시 활약한 여타

영화 속에 소품으로 등장한 99식 소총

소총에 비교한다면 그다지 흠잡을 만한 품질은 아니었지만 6.5×50mm 탄을 사용하는 관계로 파괴력은 조금 부족했다. 유효사거리 내에서는 대인살상용으로 충분하지만 전투는 반드시 노출된 곳에서만 벌어지는 것은 아니기 때문에 결정적일 때 타격을 입히지 못하는 경우가 생기고는 했다.

1차대전 전 등장한 소총 중 이탈리아의 카르카노 정도를 제외한다면 대부분은 구경이 7mm가 넘는 탄환을 사용했다. 단지 몇 밀리미터 차이지만 파괴력은 천양지차였다. 일본과 싸우던 중국은 여러 나라에서 무기를 도입하거나 카피 생산하여 사용했는데, 아이러니하게도 독일이 주요 공급국이었다. 중국은 7.92mm 구경의 마우저 탄을 사용하는 독일제 Gew98, Kar98k 같은 총을 대량으로 카피 생산하여 사용했다.

추축국이 결성되며 중국에 대한 독일의 지원은 사라졌지만 한때는 무기뿐만 아니라 바이마르 공화국에서 실질적인 군부의 수장이던 한스 폰 제크트Hans von Seeckt 같은 인물이 퇴임 후 군사 고문으로 파견되었을 정도로, 중국과 독일은 군사적으로 긴밀한 관계를 형성했다. 비록 복제품이지만 독일제와 일본제 총의 대결에서 38식은 절대 열세였다. 중국군은 종종 담 뒤에 숨은 일본군을 사살할 수 있었지만 일본군은 그러하지 못했다.

우여곡절 끝에 탄생한 소총

하지만 일본이 중국을 몰아붙이고 있었으므로, 일본 군부는 약점이 있다는 사실을 자존심 문제라 생각하여 군이 공론화하지는 않았다. 바로 그러던 중 1938년 소련군과 일본 관동군 사이에서 벌어진 노몬한Nomonhan 사건*은 일본에게 커다란 충격을 가져왔다. 전차 같은 중장비도 아닌 차량을 타고 공격하여 들어오는 소련군을 38식 보병총으로 저지할 수 없었던 것이다.

그동안 38식 보병총의 실전 확인 결과를 토대로 최소한의 대물 공격 능력이 필요하다는 점을 절감한 일본 군부는 즉각 개선에 착수했다. 가늠쇠와 가늠자를 개량하여 명중률을 높이고 휴대의 편리성을 도모해야 한다는 등의 대책이 나왔지만, 핵심은 92식 중기관총과 함께 개발된 7.7×58mm 탄을 사용하는 것이었다. 그런데 문제는 새로운 7.7mm 구경의 탄이 파괴력은 좋았지만 격발 시 반동이 매우 강하다는 점이었다.

그렇다면 총의 크기를 크게 해야 했는데 사실 38식 보병총도 일본인 체형에는 커다란 편이어서 이는 상당히 곤란한 문제였다. 결국 화약을 줄여 반동을 줄인 별도의 탄환을 적용하기로 하면서 일

---

* 몽골과 만주 국경지대에서 일어난 일본군과 소련군의 대규모 무력충돌사건. 1939년 5월 11일 노몬한 부근에서 만주국(滿洲國) 경비대와 외몽골군이 교전한 것이 발단으로, 외몽골과의 상호원조조약에 따라 출병한 소련군과 일본 관동군이 격전을 벌이게 되었다. 결과는 일본군의 참패로 끝났다.

종전 후 일본군 무장 해체 당시 반납되는 99식 소총

사천리로 개발이 이루어졌다. 더불어 프레스 공법을 사용하여 대량 생산이 가능하게 되었고 단가도 절감할 수 있었다. 이러한 우여곡절 끝에 1939년에 99식 소총이 탄생했다.

좋은 성능, 경직된 사고

99식은 최초에는 38식과 크기가 같았는데, 1941년부터 대량 제작에 들어간 모델은 무게와 길이를 축소했다. 이를 '단소총短小銃'이라 하는데 일반적으로 99식 소총은 이를 의미한다. 전쟁 말기에 물자 부족으로 품질이 저하되어서 그랬을 뿐이지 제대로 만든 99식은 성능상 2차대전 당시에 맹활약한 볼트액션 소총인 M1903, 리-엔필드, 모신-나강, Kar98k에 비해 뒤지지 않는다는 평가를 받았다.

99식 소총은 대구경으로 화력을 향상시켰음에도 크기를 16센티미터나 줄여 휴대성을 높인 보기 드문 소총이었다. 내친 김에 개발자들은 미국의 M1이나 소련군의 SVT−40처럼 반자동사격이 가능하도록 연구했다. 그런데 2차대전 내내 경직된 사고방식을 보여준 일본군은 이런 소식을 접하고는 "반자동화를 요구하는 자는 근성이 부족하며, 이로 인하여 탄환 소비가 많아지면 보급에 문제가 많다"는 엉뚱한 평가를 내리며 개발을 막았다.

1941년 말에 일본이 진주만을 기습 공격하며 전쟁의 크기가 비약적으로 확대했다. 그렇다 보니 무기에 대한 수요도 크게 늘어났고 이를 제때 공급하기도 벅차게 되었다. 이로써 원래 99식 소총의 제식화와 더불어 38식 보병총을 완전히 교체하려던 계획은 폐기되었고 이것은 일선에서 엄청난 난맥상을 불러왔다. 두 소총을 모두 생산하고 다른 종류의 탄약을 계속 보급하다 보니 지원이 날이 갈수록 어려워진 것이다.

우리 현대사에 남긴 흔적

99식 소총은 약 250만 정이 생산된 것으로 알려졌는데, 패전으로 말미암아 자세한 생산량은 제대로 파악이 되지 않기 때문에 단지 추정에 불과하다. 이는 38식 보병총에 이어 2위 생산량으로 짧은 생산기간을 고려한다면 상당한 양이다. 흔히 99식은 조악한 품질로 인식되지만 사실 그것은 잘못된 생각이다. 불순물이 가득 찬 총열 때문에 총이 폭발해버리는 일은 전쟁 말기에 물자부족으로 총을 제대로 만들 수가 없어 벌어진 상황이었다.

어쨌든 일제의 침략 도구로 사용되어 당연히 우리에게 그리 반갑지 만은 않지만 99식 소총은 우리 현대사와 떼어놓고 생각할 수 없는 총이기도 하다. 99식 소총은 모두 9개의 조병창에서 생산되었는데 그중 한 곳이 인천의 부평에 있었다. 흔히 '부평 조병창'이라 불리던 곳인데 현재도 미군 부대가 주둔하고 있는 군사기지다. 전쟁 말기에 99식 소총을 비롯한 총포를 만들기 위해 전국에서 수탈한 그릇이나 수저가 이곳으로 모여들었다.

99식 소총은 해방 후 우리 군이 최초로 보유한 화기이기도 했다. 미군정은 일본군을 해체시키고 노획한 99식 소총을 미군이 사용하는 .30-06 스프링필드탄을 사용할 수 있도록 개조하여 국군의 전신인 국방경비대에 보급했다. 이후 1948년 국군이 창설되고 M1과 M1 카빈을 공급하면서 99식 소총은 상당수가 퇴역했는데, 6·25전쟁이 발발하자 녹을 닦아 다시 사용하게 되었다. 역설적이지만 우리를 수탈했던 도구가 침략자를 막는 데 사용된 것이었다.

7.7x58mm탄 (FMJ) 실제 크기

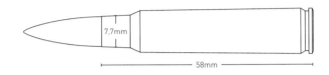

7.7mm

58mm

아리사카 99식 클립

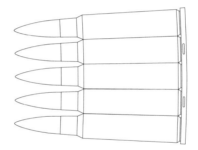

단소총

구경	7.7mm
탄약	7.7×58mm 아리사카
급탄	5발 클립
작동방식	볼트액션
전장	1,120mm
중량	3.7kg
발사속도	분당 15발
총구속도	730m/s
유효사거리	550m

SKS

SKS (public domain)

각고의 노력으로 1등의 자리에 오르려는 이유는 1등이 모든 것을 독식하는 세태 때문이다. 그렇기에 1등의 자리는 엄청난 도전과 응전의 과정을 거쳐 수시로 바뀌는 것이 당연한 인간사다. 하지만 경우에 따라 압도적인 차이로 최고의 위치를 계속 점하는 경우도 있다. 2등 이하가 감히 상대가 되지 않을 만큼 1등이 강력하다면 그것은 숫자상으로 단지 1등과 2등의 차이가 아니다.

예를 들어 2012년 런던 올림픽 때까지 우사인 볼트Usain Bolt는 다른 선수들이 넘을 수 없는 거대한 벽이었다. 그런데 여타 선수의 실력이 뒤져서 그가 최고의 자리를 오랫동안 차지한 것은 아니다. 오히려 다른 시대에 등장했다면 한 시대를 풍미할 수 있는 많은 이들이 볼트 때문에 최고의 자리에 오르지 못했다. 이처럼 넘기 힘든 강력한 1인자로 인하여 2인자로만 생애를 마치는 경우도 많다.

총에도 흔히 '시대를 잘 못타고 태어났다'고 표현하는 이런 유사한 예가 있는데, 시모노프 반자동소총Samozaryadnyj Karabin sistemy Simonova, 일명 SKS는 성능이 뛰어남에도 불구하고 동시대에 등장한 더 뛰어난 소총으로 인하여 빛을 보지 못한 대표작이라 할 수 있다.

침략자를 놀라게 만든 기술력

1941년 6월 22일 소련을 침공한 독일은 최초 6개월 동안 상상을 초월하는 대승을 연거푸 거두었다. 그렇다 보니 지휘부뿐만 아니라 일선 사병들도 소련군의 무능을 비웃곤 했다. 소련군이 독일군보다 수는 많아도 보유한 무기가 구닥다리여서 감히 독일군을 맞상대할 수 없다고 여겼다. 그런데 전쟁이 길어지고 전선이 서서히 정체되자 독일은 이것이 엄청난 착각임을 깨닫게 되었다.

중국 해군 의장대가 사용 중인 56식 소총 (public domain)

소련 무기의 성능이 상상외로 뛰어났던 것이다. 특히 소련군의 반자동소총은 독일군 병사들에게 충격이었다. 한 발씩 장전하고 격발하는 볼트액션식 소총 Kar98k로 무장한 독일군에게 반자동으로 연사가 가능한 소련군의 SVT-40은 부러움의 대상이었다. 물론 소련군도 대부분 볼트액션식 소총으로 무장했지만, 일부라도 반자동소총을 가진 쪽과 그렇지 않은 쪽의 교전에서 누가 유리한지는 굳이 말할 필요가 없다.

당연히 노획한 SVT-40은 일선 독일군 병사들이 가장 선호하는 무기가 되어 버렸다. 이처럼 전쟁이 예상과 달리 전개되면서 일선에서 반자동소총에 대한 요구가 증대하자 독일은 1943년 G43 반자동소총을 개발하여 제식화하기 시작했다. 사실 독일은 재무장을 시작했을 때 G35 같은 반자동소총을 이미 개발한 경험을 가지고 있었지만 그렇게 필요성을 느끼지 못하여 채택하지 않은 상태였다.

새로운 반자동소총 개발

이처럼 독일이 급하게 반자동소총을 만들 만큼 소련군의 SVT-40이 끼친 영향은 컸다. 하지만 반자동소총의 대명사라 할 수 있는 미국의 M1 개런드와 달리 SVT-40은 그다지 성공한 반자동소총이 아니었다. 정작 소련군 일선에서는 명중률이 낮고 유지 보수가 힘들다며 모신-나강을 선호하는 경향이 컸다. 따라서 SVT-40은 종전과 동시에 소련군 제식화기 명단에서 내려오게 되었다.

하지만 앞으로 더 이상 볼트액션식 소총이 전선의 주역이 될 수 없음은 확실했다. M1에서 충분히 알 수 있듯이 보다 편리한 소총이 장차전의 대세였고 당연히 소련도 내부적으로 그다지 좋은 평가를 받지 못한 SVT-40을 대신할 새로운 반자동소총이 필요했다. 마침 SVT-40을 개발했던 세르게이 시모노프Sergei Simonov는 1943년부터 기존 소총의 단점을 개선한 새로운 반자동소총을 개발하고 있었다.

SVT-40의 고질적인 문제는 사격 시 반동이 심하고 고장이 잘 난다는 것이었는데, 사실 이는 총보다 총탄 때문에 벌어진 일이었다. 상대적으로 가벼운 SVT-40은 모신-나강에서 사용한 것과 동일한 7.62×54mm 탄을 그대로 사용했는데 반자동으로 연속 사격을 할 경우 종종 무리가 왔던 것이다. 바로 이때 소련이 한창 개발 중이던 새로운 경기관총용 탄환 7.62×39mm 탄이 대안으로 떠올랐다.

10발의 탄환이 장착된 클립을 삽탄하는 모습 (public domain)

최고의 자리에 오르다

시모노프는 이를 이용하여 1945년 SKS 반자동소총을 만들었다. 총신 상부의 실린더에 가스를 보내 노리쇠를 후퇴시키는 가스작동식으로, 화약이 감소된 탄을 사용하다 보니 파괴력은 조금 줄었지만 문제되는 수준은 아니었고 유효사거리도 동일했다. 여기에 대용량 탄창을 사용할 수 있으면서도 10발 클립도 사용할 수 있어 범용성을 높였다. 절삭가공 방식으로 생산하여 대량생산에는 불리한 반면 내구성은 좋았다.

시제품은 군 당국으로부터 신뢰성과 내구성이 최고라는 대호평을 받았고, 1946년부터 제식화기로 대량 보급되기 시작했다. 더불어 동구권에 급속히 공여되었으며 여러 나라에서 카피 생산을 했다. 특히 중국은 '56식 소총'이라 명명하여 주력 소총으로 채택했다. 전 세계에서 생산한 수량을 약 1,500만 정으로 추정하는데 2차 대전 당시에 사용된 SVT-40의 생산량이 160만 정이었던 점을 생각한다면 SKS의 인기를 짐작할 수 있다.

자료마다 상이하지만 상당수의 SKS가 6·25전쟁 당시에 공산군에 공급되었던 것으로 알려진다. 하지만 당시 국군도 M1을 사용했으므로 교전 시에 특별히 전력 우위를 점유했다고 보기는 힘들 것 같다. 북한도 '63식 소총'이라는 이름으로 복제하여 오랫동안 사용한 SKS의 주요 사용자였다. 이처럼 SKS는 6·25전쟁이나 베트남 전쟁처럼 여러 지역 분쟁에서 반드시 등장하는 대표적인 소총이었다.

급속한 몰락

그런데 이처럼 뛰어난 소총이 불과 2년 만에 소련군 제식무기에서 내려오는 수모를 겪었다. 결정적인 결함이 뒤늦게 발견되어 그런 것이 아니라 시쳇말로 '함께 태어나지 말았어야 할' 대상이 바로 옆에 있었던 것이다. 총기 역사를 바꾼 AK-47이 바로 그 주인공이다. 사실 1944년 독일군이 전선에 등장시킨 StG44는 앞으로 보병용 소총이 어떻게 바뀌어야 하는지를 알려준 시금석이었지만 SKS는 새로운 트렌드를 따르지 않았던 것이다.

같은 시대에 AK-47이 있었다는 것은 SKS에게 한마디로 불행이었다. 흠잡을 데 없이 좋은 총이었지만 반자동소총이 돌격소총과

SKS를 분해한 모습

함께할 수는 없는 노릇이었다. 가장 대표적인 사례가 1979년에 벌어진 중월전쟁이다. 대약진운동과 문화대혁명을 거치면서 현대화에 실패한 중공군은 병력의 우위만 믿고 베트남을 침공했다. 하지만 SKS로 무장한 중공군은 AK-47로 대응하고 나선 베트남군에게 엄청난 수모를 겪었다.

같은 총탄이라도 어떤 총에서 사용하는가에 따라 승패가 갈릴 수 있음을 보여준 증거였다. 소련군이 채택한 지 불과 2년밖에 되지도 않았던 SKS를 과감히 도태시킨 것도 이런 성능 차이 때문이었다. 또한 이는 SKS의 일선 보급량이 많지 않아 가능한 일이기도 했다. 만일 2차대전 때에 태어났다면, 아니면 AK-47이 10년만 늦게 태어났다면 한 시대를 충분히 풍미했을 만하지만 그렇지 못하고 사라진 소총이 바로 SKS다.

7.62x39mm탄 M43 (FMJ) 실제 크기

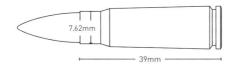

SKS 클립

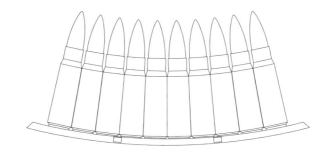

구경	7.62mm
탄약	7.62×39mm M43
급탄	10발 클립
작동방식	쇼트스트로크 가스피스톤, 틸팅 볼트
전장	1,117mm
중량	3.85kg
발사속도	분당 40발
총구속도	735m/s
유효사거리	500m

대총大銃 이라 불릴 만한

M1918
Tankgewehr

대전차소총

M1918 탕크게베어 ⓒ①⊙ Rama at en.wikipedia.org

학문적으로 아직도 확실하게 정립되지 않은 것 중 하나가 '총銃'과 '포砲'의 구분이다. 구경의 크기, 탄의 폭발 유무, 탄도의 궤적, 관측자와 사격자가 동일한지의 여부, 휴대성 등등 여러 가지 방법으로 총과 포를 구별하지만 꼭 예외가 있어 일괄적으로 정의하기가 힘들기 때문이다. 예를 들어 구경만 놓고 보았을 때 포라고 해도 결코 무리가 없는 106mm 로켓 발사관을 '무반동총'이라 하는 것이 대표적인 사례다.

그래서 조금 어이가 없는 정의지만 깊게 생각하지 말고 대개의 사람들이 총이라 하는 것을 총으로, 포라고 부르는 것을 포로 보면 된다. 위에서 언급한 무반동총도 그것을 가장 많이 사용하는 군대에서 총이라고 정의하니 굳이 따질 필요도 없다. 왜냐하면 그렇게 정의해서 불편하거나 사용하는 데 문제만 없으면 되기 때문이다. 하지만 그럼에도 불구하고 머릿속에는 총은 '작은 것', 포는 '큰 것'이라고 관념적으로 각인되어 있다.

그 때문이라고 할 수는 없지만 흔히 보병들이 휴대하는 총을 소총小銃, 포병들이 다루는 포를 대포大砲라 부른다. 특히 권총이나 팀으로 운용하는 기관총을 제외한 모든 총을 '소총'이라 통칭한다. 그런데 소총 중에는 사용 목적이나 위력으로 본다면 마치 포의 역할을 담당하는 괴물들도 존재한다. 대물저격총이 바로 그 주인공이다. 그중에서 마우저 M1918 탕크게베어Mauser M1918 Tankgewehr는 이러한 괴물들의 아버지 격이다.

지상전의 왕자

1916년 9월 15일, 프랑스 솜Somme 지역에 구축된 전선에서 전방을

노획한 탱크게베어를 구경하는 영국군 전차병

경계 중이던 독일군은 그들 앞으로 다가오는 물체를 보고 경악했다. 둔중한 기계음을 내며 등장한 거대한 상자 모양의 물체는 '무인지대No Man's Land'를 넘어 서서히 독일군 진지로 다가오면서 총을 난사하기 시작했다. 그동안 참호전에서 가장 효과적이었던 방어무기인 기관총을 이 괴물을 향해 난사했지만 총알이 튕겨나가기만 할 뿐이었다. 이후 지상전의 왕자로 등극하게 되는 '전차Tank'의 데뷔 장면이었다.

1914년 1차대전이 발발한 후 얼마 지나지 않아 전선이 고착되자 인명 손실이 기하급수적으로 늘어났다. 전선을 돌파하는 방법은 이전 세대와 비교하여 그다지 달라진 것이 없는데 사용하는 무기는 격이 달랐기 때문에 벌어진 현상이었다. 특히 기관총은 돌격하여 들어오는 보병들을 신속히 제압한 최고의 병기였다. 이처럼 전선 돌파가 부진하고 인명 손실이 늘어나자 영국은 이를 타개할 방법을 찾는 데 착수했다. 적의 공격을 너끈히 방어하고 적진까지 들어가 공격을 가할 수 있는 새로운 스타일의 무기가 필요했다.

이렇게 해서 전차가 탄생하여 즉시 전장에 투입되었다. 비록 여러 사유로 소기의 목적을 달성하지 못했지만 독일군에게 엄청난 충격을 안겨주었고, 이후 전차는 개량을 거듭하면서 지상전의 왕자 자리를 차지하게 되었다. 고착화된 전선 돌파를 위해 탄생한 전차는 당시까지 존재하던 소화기들의 공격을 너끈히 막아낼 수 있었다. 지금 기준으로 따진다면 전차는 고사하고 장갑차 수준에도 미치지 못하는 빈약한 장갑이었지만 당시에는 그것만으로도 충분했다. 중화기를 사용하면 전차를 충분히 격파할 수 있었지만 이동 표적에 대해서는 명중률이 뛰어난 편이 아니었다. 더구나 대구경의 중화기일수록 후방에 배치되어 있어 최전선에 등장한 전차를 즉시 요격하기 어려웠다.

일선에서 요구한 새로운 무기

당시 보병들을 무차별 학살하는 데 가장 뛰어났던 기관총은 전차

엄청난 반동 때문에 사수들이 자유롭게 사용하기는 어려웠다. (public domain)

앞에서 무용지물이었다. 한마디로 전차의 공격을 제일 먼저 받게 되는 보병들에게 이를 막을 수 있는 수단이 전무하다는 점이 가장 큰 문제였다. 그런데 역사는 도전과 응전의 과정이라는 아널드 토인비Arnold Toynbee의 말처럼 전차의 등장은 당연히 전차를 파괴하는 무기체계의 발달을 함께 가져오게 되었다.

독일은 일선 보병이 충분히 휴대할 수 있으면서 전차의 장갑을 관통할 정도의 화력을 지닌 무기의 개발에 착수했다. 노획한 전차를 분석한 독일군 당국은 장갑이 균일하지 않으며 일부 취약 부분이 있다는 점을 발견했다. 따라서 그동안 주로 사용하던 납탄두 대신 관통력이 증대한 철갑탄을 사용하여 취약 부분을 노려서 공격한다면 소화기로도 전차의 장갑을 관통할 수 있음을 알게 되었다.

하지만 이론과 달리 이런 전차 공격전술은 일선에서 실행하기 상당히 어려웠다. 아무리 담력이 큰 병사라도 달려가는 전차 가까이에 접근하기 어려웠고, 취약 부분을 골라 정확히 사격을 가하는 것도 힘들었다. 더구나 이런 독일의 대응 전술을 즉시 파악한 영국군이 취약 부분에 장갑을 증가하자 시급히 제작된 7.92mm 철갑탄으로도 장갑을 뚫기는 불가능했다.

새로운 대전차 공격방법의 등장은 전차의 방어력을 당연히 증대시키게 되었다. 하지만 전차의 방어력이 증대할수록 새로운 전차 공격방법이나 무기의 발달도 더불어 이루어졌다. 연합군이 전차의 장갑을 늘리자 독일군은 총의 크기를 키우는 지극히 단순한 방법으로 대응했는데, 급박한 당시 상황을 고려한다면 당연한 대처법일 수도 있었다.

노획한 탕크게베어를 들어 보이는 뉴질랜드군 병사들. 1918년 8월. (public domain)

오로지 한 가지 목적으로 탄생한 총

이때 등장한 것이 총기의 명가 마우저^{Mauser} 사에서 1918년에 선을 보인 탕크게베어^{Tankgewehr} 대물소총이다. 흔히 'T-Gewehr'라는 이름으로 많이 불렸는데, 대구경의 13.2×92mm 탄을 사용하고 무게가 무려 17.3킬로그램이어서 소총으로 통칭하기에는 애매모호했다.

볼트액션 방식에다가 단발만 장전했는데 발사 시 충격을 완화하여 사수를 보호하는 장치도 없는 극히 단순한 구조였다. 때문에 쇄골이나 견갑골 부상을 당하는 사수가 흔하게 발생했다. 한마디로 사수의 안전에 대한 고려가 전혀 없이 구경과 파괴력만 키워 오로지 연합군 전차를 때려잡는 용도로만 시급하게 만든 놈이었다. 사실 지금도 12mm가 넘는 대구경 탄은 폭발력이 커서 개인 화기에서 다루기에는 힘들다. 이것은 그만큼 독일군이 전차에 대해 느낀 공포와 충격이 극심했다는 뜻이기도 하다.

이처럼 조악한 측면도 있었지만 그 효과는 컸다. 100미터에서는 20밀리미터, 300미터에서는 15밀리미터 정도의 장갑을 관통할 수 있어 최전선에서 적 전차에 대한 요격이 충분히 가능하게 된 것이었다. 이 때문에 T−Gewehr는 총 1만 5,800정이 생산되어 1차대전 당시 가장 널리 쓰인 대전차무기로 기록되었다. 반면 연합군 전차들은 T−Gewehr의 공포로부터 자유롭지 못했다.

지금은 보병용 대전차무기가 휴대용 로켓이나 미사일인 경우가 대부분이고 전차의 장갑도 엄청나게 강화되었지만 아직도 일부 대물저격용 소총도 사용 중에 있다. 따라서 보병들이 휴대할 수 있는 대전차무기의 기원이 되었던 T−Gewehr은 무기사에 기념비적인 물건임에 틀림없다. 그런데 이런 종류의 대물저격총을 대포라 할 수는 없고 그렇다고 소총이라 부르기도 낯간지럽다. 차라리 대총大銃이라고 하면 어떨지 모르겠다.

13.2mm TuF탄 (FMJ) 실제 크기

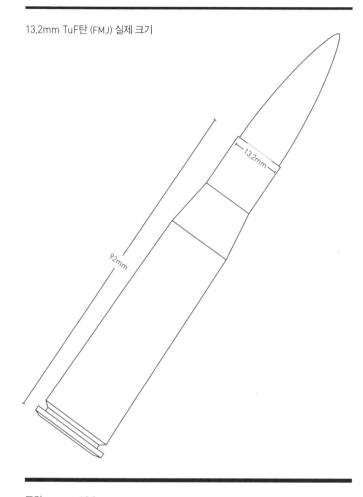

구경	13.2mm
탄약	13.2×92mm (13.2mm TuF)
작동방식	볼트액션
전장	1,691mm
중량	17.3kg
유효사거리	500m

우연히 탄생한 최강의 소총

M82 대물저격총

원래 총의 목적은 인마살상이지만 경우에 따라서는 대물 파괴용으로도 사용한다. 전투가 벌어지면 대부분 건물이나 나무처럼 엄폐물이나 은폐물을 이용하여 몸을 숨기지만 종종 강력한 총은 이를 관통하여 숨어있는 상대를 공격할 수 있다. 이렇게 보호막을 무력화할 수 있는 총을 보유한 측과 그렇지 못한 상대와의 싸움은 이미 결론이 난 상태라 해도 과언이 아니다.

그런데 장갑차 같은 장비의 등장은 웬만한 소화기를 무용지물로 만들어 버렸다. 두터운 장갑을 관통할 만큼 총의 화력을 강하게 만드는 것은 간단한 문제가 아니다. 파괴력이 클수록 사격 시 반동이 커지고, 그러한 충격을 흡수하려면 총도 커야 하기 때문이다. 하지만 총은 보통의 사병이 휴대하여 충분히 사용할 수 있도록 크기와 성능이 제한을 받으므로 무조건 크게 만들 수도 없다.

이러한 한계의 절충점에서 탄생한 것이 바로 대물저격총이다. 흔히 1차대전 말에 전차를 공격하기 위해 탄생한 탕크게베어T-Gewehr를 효시로 보는데, 2차대전을 거치면서 다양한 대물저격총이 등장했다. 하지만 판저파우스트Panzerfaust처럼 휴대가 편리하고 강력한 대전차무기가 속속 등장하자 급속히 도태되었다. 그러나 환경의 변화는 대물저격총의 필요성을 다시 증가시켰고 바로 이때 배럿 M82Barrett M82가 등장했다.

환경 변화

대물저격총이 다시 각광을 받게 된 이유는 기동장비의 증가 추세 때문이다. 현대는 기술의 발달에 힘입어 1개의 단위부대가 담당하는 작전 영역이 과거에 비할 수 없을 만큼 크게 확대되었다. 당연히

배럿 M82를 들고 퍼레이드를 벌이는 멕시코 육군 특수부대 (public domain)

기동력을 중요시하면서 기갑·기계화부대가 아닌 보병부대도 차량화장비를 보유하는 경우가 늘어났다. 그런데 이들 장비도 최소한의 장갑능력을 가지고 있어 확실히 파괴하려면 소총 이상의 화력이 필요했다.

전쟁을 경제적인 효율성만 따져서 할 수 있는 것은 아니지만 이런 장비를 격파하려고 대전차무기를 사용하는 것은 그리 올바른 방법이라 할 수 없다. 만일 차량 공격에 고성능 대전차무기를 사용하는 바람에 정작 전차나 장갑차를 요격하지 못하게 된다면 결코 바람직하다고 볼 수 없기 때문이다. 결국 이러한 환경의 변화는 일선 보병들이 직접 들고 사용할 대물저격총의 필요성을 대두시켰다.

새로운 대물저격총은 무엇보다도 강력한 화력을 요구하지만, 무거워서 휴대하기 불편하고 반동이 너무 강하여 사수들이 툭하면 부상당하곤 했던 T-Gewehr나 PTRD-41 같아서는 곤란했다. 소련의 PTRD-41 대전차소총은 14.5mm의 대구경 탄을 사용하여 엄

위장을 한 저격수가 사용 중인 모습 (public domain)

청난 화력을 자랑했지만, "사람의 어깨는 두 개여서 한 사람이 이 총을 두 번밖에 쏘지 못한다"라는 우스갯소리까지 있을 정도로 반동이 심했다. 이는 초기 대물저격총의 공통적인 문제였다.

우연히 탄생한 총

2차대전 직후 대전차소총은 사라지기 시작했지만 그 엄청난 유효사거리와 강력함을 잊지 못하는 많은 이들은 대전차소총을 다양한 용도로 활용할 수 있는지를 계속 연구했다. 마침 미국은 걸출한 중重기관총인 M2용으로 12.7×99mm 나토탄을 사용하고 있었다. 어지간한 경장갑을 관통할 만큼 강력한 화력을 지닌 이 대구경 탄을 기반으로 하는 새로운 대물저격총이 많은 이들에 의해 연구되었다.

그중에는 미국의 로니 배럿Ronnie Barrett도 있었는데 재미있는 것은 원래 그의 직업이 전문 사진작가였다는 점이다. 배럿은 사진 촬

영 도중 우연히 해상을 초계하는 보트를 보고, 여기에 장착된 M2 중기관총에 깊은 감명을 받았다. 취미로 사격을 즐기곤 했던 그는 12.7mm 나토탄을 사용하면 사거리가 엄청난 멋진 소총을 만들 수 있을 것이라 생각하여 자신의 집 창고에서 틈틈이 제작에 들어갔다.

도면조차 그려본 적이 없었던 그는 이런 저런 부품을 구하여 총을 만들기 시작했고, 1982년에 강력하지만 사격에 커다란 무리가 없는 걸물을 완성하여 여기에 자신의 이름을 붙여 '배럿 M82'라 명명했다. 취미의 일환으로 시작한 작업이었기 때문에 이때까지만 해도 상업적으로나 군용으로 양산한다는 생각은 하지 못했다. 그런데 취미로 만든 총 치고는 특이하게도 볼트액션식이 아니라 쇼트리코일식 반자동소총이었다.

대물저격총의 대명사

우연히 개발되었지만 완성된 총이 상업적으로도 성공할 것이라 확신한 배럿은 1982년 자신의 이름을 딴 배럿 화기제조회사Barrett Firearms Manufacturing를 설립하고 대외 판매에 나섰다. 그는 최대 1,800미터에 이르는 엄청난 유효사거리를 적극 어필했고 알음알음 판매가 이루어졌다. 그러던 1989년, 스웨덴군이 100정의 M82A1을 구매해 AG90이란 이름으로 제식화하면서 그 명성이 급속도로 퍼져나갔다.

여기에 더해 1990년 걸프전(페르시아 만 전쟁)에서 미 해병대가 이를 SASR(특수목적용 스코프 장착 소총Special Application Scoped Rifle)이란 명칭으로 125정을 구매하여 사용하면서 순식간 최고의 대물저격총 반열에 오르게 되었다. 당시 해병대는 기존 저격총인 M40A1보다

사거리가 길고 경장갑차량도 능히 격파할 수 있을 만큼 파괴력도 강한 M82가 광활한 사막에서 사용하기 가장 적합한 저격총이라 인정한 것이다.

실제로 걸프전 당시 스커드미사일Scud Missile 이동 발사대에 대한 공격에 사용된 적이 있으며, 이라크군이 운용하는 중국제 경장갑차을 약 1,000미터 거리에서 공격하여 내부 인원을 성공적으로 무력화한 사례도 있다. 한마디로 실전에서도 성능이 입증된 대물·대인 만능 저격총이다.

M82는 소음이 워낙 커서 귀마개를 해야 하지만 연발 사격도 용이하게 할 수 있다. 소문이 파다하게 퍼지자 미 육군과 공군도 특수부대용으로 이를 구매했고, 이후 수많은 나라에서 주문이 쇄도하여 배럿을 돈방석에 앉게 만들었다. 현재 배럿 M82는 엄폐물 뒤에 숨어 있는 적을 사살하거나 차량의 주요 부위를 타격하여 파괴하는 대물용도, 그리고 폭발물처리EOD에 사용되고 있다.

너무나 강력하기 때문에

M82는 기본 제식화기로 많이 사용되는 돌격소총처럼 대량생산되어 소비되는 총은 아니다. 1정당 1,000만 원이 넘는 고가의 특수목적용 총이기 때문에 주문자의 요구에 따른 변형이 많다. 기본형이라 할 수 있는 M82 시리즈 외에도 불펍Bullpup식인 M90, 볼트액션식인 M95 등이 있고 레일이나 탄피 배출 방식을 개선한 M107, 차세대 저격총인 OSWObjective Sniper Weapon 프로그램의 플랫폼으로 예정된 XM109 등이 있다.

워낙 M82의 파괴력이 강력하여 사람을 직접 사격하는 것이 금지되어 있다는 풍문도 있지만 이는 결코 사실이 아니다. 잔인한 이야기지만 M82에 저격당한 시신은 그 형태를 찾을 수 없을 만큼 갈가리 찢겨 나간다. 그만큼 강력하다는 뜻인데 이는 M82라는 총보다는 강력한 12.7mm 탄 때문에 그런 것이다. 원래 12.7mm 탄 자체가 대물타격용으로 개발되었고 어지간한 철판을 관통할 수 있을 정도로 강력하다.

화학무기 사용을 금지한 1925년 제네바 협정 같은 제한 규정이 없다면 전쟁은 모든 살상수단을 사용할 수 있다. 엄밀히 말해 M82에 의한 피해보다 더 무섭고 엄청난 현실이 눈앞에서 난무하는 것이 바로 전쟁이고 그래서 비참한 것이다. 취미로 사격을 하던 배럿이 이런 모습을 원했던 것은 아니었겠지만 총 자체가 원래 살상무기여서 이런 원죄에서 자유로울 수는 없다.

구경	12.7mm
탄약	12.7×99mm NATO
급탄	10발 탄창
작동방식	쇼트리코일, 회전노리쇠
전장	1,448mm
중량	12.9kg
총구속도	854m/s
유효사거리	1,800m

.50 BMG탄 (FMJ) 실제 크기

M82 탄창

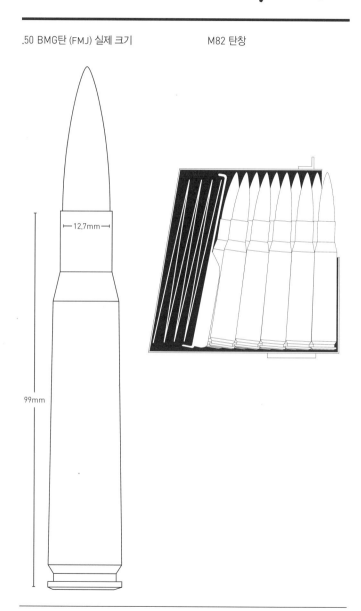

12,7mm

99mm

저격용으로도 사용하는

지원화기

SVD

SVD를 사용하는 헝가리군 저격수 (public domain)

역사상 가장 뛰어난 소총을 고르라면 십중팔구는 AK-47을 손꼽을 것이다. 1억 정으로 추정하는 역사상 가장 많은 생산량만으로도 이유는 충분하지만, 좀 더 정확히 말하자면 군대 같은 무력 조직이 보유하고 사용하기에 가격 대비 품질이 가장 좋은 소총이라는 의미가보다 타당하다.

2차대전 당시 미군 소부대에서는 M1 개런드, M1 카빈, 톰슨, M3 기관단총, BAR이 함께 쓰였다. 각 소화기 나름대로 특징과 임무가 다르기 때문이었는데, 오늘날에는 이러한 각각의 임무 대부분을 자동소총이 담당하고 있다. 군대의 제식화기는 군수지원 등을 고려하여 최대한 단일화하는 것이 좋으므로, 그런 점에서 AK-47이 최고라는 의미다.

하지만 AK-47로 도저히 대신할 수 없는 부분도 있기 마련이다. 예를 들어 원거리 목표물을 타격하는 임무에 AK-47을 사용할 수는 없다. 특히 2차대전 당시에 뛰어난 저격수를 양산하여 톡톡히 재미를 보았던 소련은 총이 바뀌었다고 이런 임무를 포기할 수는 없었다. 그러한 요구에 부응하기 위해 탄생한 것이 '드라구노프 저격총Snayperskaya Vintovka Dragunova', 즉 SVD다.

정밀사격에 요구되는 방식

지금도 저격 같은 초정밀 사격에 사용되는 소총은 볼트액션 방식이 대부분이다. 조준 및 발사 시 흔들림이 적을수록 정확성이 높으므로 최대한 단순한 구조를 가지고 있는 것이 유리하기 때문이다. 그렇다 보니 흔히 구닥다리로 취급받는 19세기 말~20세기 초에 탄생한 소총들이 역사상 뛰어난 전과를 올린 저격총의 명성도 함께 가지고 있다. 독일의 Kar98k나 미국의 M1903 스프링필드 등이 대표적이다.

소련의 경우에는 19세기 말 러시아 제국 시절에 만들어진 모신-나강이 그러하다. 309명을 저격한 류드밀라 파블리첸코Lyudmila Pavlichenko처럼 일부 여성 저격수는 사격의 편리성 때문에 SVT-40 같은 반자동소총을 사용하기도 했지만, 조준경을 장착한 모신-나강은 소련군은 물론 그 적성국에서도 저격용으로 애용했다. 하지만 시대가 바뀌어 AK-47로 무장한 소부대에서 모신-나강은 더 이상 어울리지 않았다.

게다가 1950년대 말이 되면서 소련은 원거리 타격을 위한 별도의 분대지원용 화기의 필요성도 느꼈다. 일반 보병부대와 함께 작전에 나서기엔 볼트액션 방식은 연사 능력이 부족해 효과적인 합동 작전이 어렵다고 보고, 반자동 형태가 타당할 것으로 판단했다. 단일 용도로만 총을 구비하는 시대는 지났으므로 저격뿐만 아니라 소부대 간 전투에서도 유효 적절히 사용할 수 있는 능력이 필요했던 것이다.

반자동이 요구된 소총

1958년 새로운 분대 지원용 정밀 소총 사업에서 SKS의 제작자 세르게이 시모노프의 SSV-58, 알렉산드르 콘스탄티노프Aleksandr

Konstantinov의 2B-W10, 예브게니 드라구노프Yevgeny Dragunov의 SVD-137이 최종 경합을 펼쳤는데, 경쟁 소총에 비해 탁월한 성능을 보인 SVD-137이 채택되었다.

군 당국이 저격처럼 정밀한 원거리 공격에 사용하기 위한 소총에 특이하게도 반자동을 요구하다 보니, 경쟁 후보들은 많은 문제점을 나타냈던 것으로 알려진다. 손쉽게 경쟁에서 승리한 SVD-137은 SVD로 명명되었는데, 흔히 소련식 전통대로 개발자의 이름을 따서 '드라구노프'라고 부른다. 1964년부터 양산에 돌입한 SVD는 최초로 제식화된 반자동 정밀화기라는 기록을 남겼다.

우연인지 아닌지는 모르겠으나 SVD는 AK-47과 외형이 아주 흡사하다. 하지만 SVD는 명중률을 높이기 위해, 롱스트로크 가스피스톤 방식인 AK-47과 달리 쇼트스트로크 가스피스톤 방식을 채용했다. 덕분에 반동이 적어 조준선도 잘 흔들리지 않는 장점이 있어 AK-47의 단점인 정확도 부족을 상쇄할 수 있다. 하지만 저격용으로 쓰기에 SVD는 상대적으로 정밀도가 떨어진다.

다목적 소총

SVD는 처음부터 저격을 목적으로 개발된 소총이 아니라 AK-47의 사거리 밖에 있는 적을 견제하거나 사전 제압하는 것이 주목적이었다. 즉 저격용으로 사용할 수는 있지만 그보다는 원거리 교전용이고, 더불어 반자동이니 근접전에서도 여타 보병과 함께 작전을 펼치기 수월한 다목적 지원화기라 할 수 있다. 따라서 '지정사수 Designated Marksman용 소총'이라 할 수 있다.

사실 이 때문에 현재 러시아군의 특수부대나 전문 저격수들은

SV-98 같은 최신예 저격총을 사용한다. 총은 단순한 것 같지만 이처럼 모든 목적에 좋은 성능을 발휘하기 힘든 무기다. 순수하게 저격용으로 사용할 수 있을 만큼 뛰어난 정밀함과 근접전에도 무난히 사용할 수 있는 반자동사격 능력을 함께 보유한다는 것이 그만큼 힘들고 어렵다는 뜻이다.

SVD는 크기에 비해서 조준경을 달고도 무게가 4.3킬로그램에 불과하여 소총처럼 휴대하기 편리하다. 따라서 일선에서는 분대원과 함께 행동하며 작전을 펼치는 지원화기로 인식하는 편이다. 개발 당시부터 분대당 1정 공급을 목표로 했기 때문에 생산성도 좋고 가격도 저렴하다. 이 또한 AK-47처럼 소련의 무기 철학을 그대로 반영하여 구조도 단순한 편에 속하며 신뢰성도 좋다.

앞으로 기대되는 모습

결론적으로 사용 탄환이 다르기는 했지만 SVD는 보완 성격이 강하여 AK-47과 궁합이 상당히 잘 맞는 소총이다. 냉전 시기에는 소련이 우방국에 AK-47와 더불어 대량으로 공여했고, 인도와 중국에서는 라이선스 생산하기도 했다. SVD는 전 세계 곳곳에 물량이 풀려 수많은 전쟁이나 교전에 모습을 드러냈다.

SVD의 명성은 이라크 전쟁에 와서 극에 달했다. 중화기로 타격하기에는 가깝지만 소화기로 교전을 벌이기는 먼 거리에 매복한 이라크군이 쏘아대는 SVD에 많은 다국적군이 피해를 입었던 것이다. 저격용도로 사용할 수 있을 만큼 성능도 준수했지만 분대지원화기로 사용할 만큼 수량도 많아서 상당한 곤혹을 치렀다. SVD는 광활한 러시아를 염두에 두고 태어난 소총답게 매복하거나 엄폐할

장소가 그리 많지 않은 사막에서도 뛰어난 성능을 발휘했다.

　SVD는 아직도 생산이 이루어지고 있으며 시간이 흐르면서 개량을 거듭하여 왔기 때문에 다양한 개량형과 변형으로도 유명하다. 끊임 없는 변신과 생명력이 SVD가 뛰어난 소총이라는 결정적인 증거라 할 수 있다.

7.62x54mmR 탄 (FMJ) 실제 크기

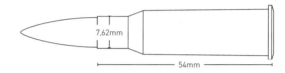

SVD 10발 탄창

구경	7.62mm
탄약	7.62×54mm R
급탄	10발 탄창
작동방식	가스작동식, 회전노리쇠
전장	1,225mm
무게	4.3kg
총구속도	830m/s
유효사거리	800m

오로지 저격만을 위해 탄생한

PSG1

1972년 서독 뮌헨Munchen에서 열린 제20회 하계올림픽에서 불행한 사건이 벌어졌다. 대회가 중반으로 치닫던 9월 5일 팔레스타인 무장 게릴라 조직인 '검은 9월단' 소속 테러리스트들이 이스라엘 선수단 숙소로 침입하여 인질극을 벌이는 초유의 사태가 발생한 것이다. 범인들은 이스라엘 선수 중 2명을 현장에서 사살하고 11명을 인질로 잡은 채 경찰과 대치했고 올림픽은 잠정 중단되었다.

범인들은 이스라엘이 억류 중이던 팔레스타인 정치범들의 석방을 요구했다. 결국 서독 무장경찰의 진압작전과 함께 치열한 총격전이 벌어졌는데, 테러범이 수류탄을 터뜨려 인질 전원과 범인 5명, 서독 경찰 1명 등 모두 17명이 사망했다. 이 비극적 사건은 텔레비전으로 생중계되어 세계인을 경악시켰다. 이 사건은 여러 방면에 많은 후유증을 남겼고 대회 경비 책임이 있던 서독 당국은 즉각 사후 조사에 착수했다.

저격수가 테러범을 일격에 제거하지 못하여 화를 키운 것으로 조사되었는데 조작 미숙도 문제였지만 당시 저격총으로 사용하던 G3의 정밀도에 상당히 문제가 많은 것으로 밝혀졌다. 결국 서독 정부는 전문 대테러 대응조직과 보다 정밀한 새로운 저격총이 필요하다고 결론을 내리고 대책수립에 나섰다. 그 결과 자타가 공인하는 최고의 대테러부대인 GSG-9가 설립되었고 헤클러 앤 코흐 PSG1 저격총이 탄생했다.

외양간 고치기

G3는 지금도 일반 보병들의 제식 소총으로 최고의 명성을 지니고 있다. 저격용으로도 사용할 수는 있지만 위의 사례처럼 초정밀이

독일 대테러부대 GSG-9 대원이 사용 중인 PSG1

요구되는 작전에서 문제점을 보여주었다. 즉 야전에서 벌어지는 교전에서 적합한 소총이지만 최고 수준의 정밀함을 구현하기에는 조금 부족했다.

헤클러 앤 코흐 사(이하 HK)는 특수목적에 투입되는 군경을 위해 높은 명중률의 반자동소총을 만드는 데 즉시 착수했다. 이런 비극을 다시 반복하지 않기 위해서라도 하루빨리 서둘러야 했다. 완전히 새로운 총을 개발하려면 많은 시간을 소요할 것이 확실하므로, 대신 G3 계열 중 저격용으로 사용하던 G3SG/1을 기반으로 제작에 나섰다. 당국에서는 최고 수준의 명중률에 덧붙여 한 가지를 더 요구했다.

연사가 가능한 반자동이어야 한다는 점이었다. 그것은 뮌헨 인질사태처럼 사건의 규모가 너무 커서 뛰어난 저격수가 부족할 경우를 대비하여 2~3명 저격수의 임무를 한 명이 처리할 수 있도록 한 차선책이었다. 또한 최초 사격이 실패했을 때 지체하지 않고 곧바로 재사격을 가하면 성공률을 높일 수 있다고 본 것이다. 한마디로 최악의 경우를 상정한 것인데, 그것은 뼈저린 경험과 반성에서 나온 결과였다.

역발상

총의 구조가 단순할수록 명중률이 높기 때문에 전통적으로 저격총들은 볼트액션 방식, 즉 단발식 총이 많다. 따라서 높은 명중률과 더불어 요구된 반자동사격 능력은 어쩌면 이율배반적이라 할 수 있다. 하지만 HK는 단순하게 생각했다. 오직 대테러를 목적으로 이 두 가지 조건만 달성하고, 일반적인 자동소총에서 요구하는 여러 기능은 과감히 생략한 것이다.

MG 42에서도 사용했던 G3의 롤러로킹 방식은 총신에 그다지 영향을 주지 않으므로 이를 적당히 개량하면 명중률을 향상할 수 있었다. 이러한 개조과정을 통하여 탄생한 것이 G3 계열 중 가장 정확도가 뛰어난 것으로 알려진 G3SG/1이었다. 하지만 서독 당국은 이 정도로 만족하지 않고 한계를 뛰어 넘는 초정밀 저격총을 요구하여 다시 개량이 이루어졌다.

단발 사격이 원칙이고 경우에 따라 반자동사격만 가능하면 되므로 HK는 G3의 자동사격 기능을 완전히 배제해 버렸고, 또한 명중률을 높이기 위해 개머리판과 손잡이를 개조했다. 하지만 가장 큰 특징은 총의 무게를 늘려 사격 시 반동을 최대한 줄였다는 점이다. 손잡이 아래에 추를 넣고 중량의 받침대를 채용하면서 그 무게가

2008년 나토(NAATO) 정상회담 중 부카레스트 공항을 경비하는 루마니아군 저격수의 PSG-1

소총으로 보기에 민망한 수준인 8.1킬로그램이나 되었다.

단 한 가지 목적

오로지 명중률을 위해서 많은 것을 희생했지만 7.62mm 나토탄을 사용하는 총기로서는 보기 드문 저반동을 달성했다. 즉, 일발로 상대를 완전히 제압할 수 있는 정확도와 파괴력을 함께 보유하게 된 것이었다. 그렇다 보니 300미터 떨어진 표적에 총 50발을 쏘면 8센티미터 원 안에 탄흔이 형성될 정도다. 정확도를 정밀하게 유지하려 탈부착이 불가능한 고배율의 조준경을 장착했고, 배터리에 의한 발광기능이 있어 야간에도 무리 없이 사격할 수 있다.

이렇게 탄생한 걸작이 바로 '초정밀 저격총^{PräzisionsSchützenGewehr}', 즉 PSG1이다. 곧바로 PSG1은 전 세계 특수부대들이 앞다퉈 구입하는 관심 품목이 되었고, 우리나라 특수부대도 이를 도입했다. 총 이름에 함축한 의미대로, PSG1은 오로지 대테러작전에 사용하는 것을 전제로 다른 기능은 극단적으로 배제한 형태의 총이다.

하지만 실수로 떨어뜨리면 고장이 발생할 정도로 정밀기기처럼 내구성이 약하고 많은 부품이 쓰여 가격도 비싸다. 특히 반자동사격을 쉽게 하기 위해 채용한 프리 플로팅 배럴Free Floating Barrel 시스템으로 인하여 구조가 상당히 복잡한 편이다. 또한 사격 시 흔들림을 줄이고 연사를 쉽게 하기 위해 적용한 낮은 방아쇠압은 손가락으로 살짝만 건드려도 격발이 이루어질 정도여서, 이를 능숙하게 이용하려면 많은 연습이 필요하다.

비극이 만든 이단아

PSG1은 먼지가 풀풀 날리고 눈비가 수시로 내려치는 가혹한 환경에서는 사용할 수 없는 너무나 고급스러운 총이다. 더불어 많은 훈련을 받은 최고의 저격수가 사용할 경우에만 최고의 성능을 제대로 발휘할 수 있는 총으로 사용할 때도 난해한 부분이 많다. 그럼에도 불구하고 영화 소품으로도 자주 등장하면서, 총기 마니아들에게 '최신 저격총' 하면 가장 먼저 PSG1을 떠올릴 정도로 유명하다.

그런데 너무 정밀함을 요구하다 보니 드러난 결점들은 실제 사용자들 사이에서 PSG1의 인기를 하락시키는 결정적 요인이 되기도 했다. HK 스스로가 훨씬 가격이 저렴하고 가볍고 내구성도 좋으면서 성능은 PSG1에 못지않은 MSG90처럼 좋은 총을 만들어 내었고, 그 외 여러 총기 제작사가 선보인 경쟁작들도 속속 등장했다. 결국 PSG1의 경우를 보면 조건을 맞추었어도 너무 특출하면 생명

헤클러 앤 코흐 PSG1과 부가장비

력을 오래 유지하기 힘들다는 점을 알 수 있다.

한편으로 오로지 대테러용이라는 한 가지 목적을 위해 시급히 PSG1이 탄생한 것으로 1972년 뮌헨 올림픽 당시에 서독 당국이 겪은 상처가 얼마나 컸는지 쉽게 이해할 수 있다. 그러한 무서운 사건이 없었다면 PSG1의 탄생도 없었을지 모르고, PSG1 이후 등장한 저격총에 당연히 요구되었던 PSG1 수준의 정확도도 낮아졌을지도 모를 일이다. 어쩌면 PSG1은 비극이 만든 이단아라 할 수도 있을 것 같다.

7.62x51mm 나토탄 (FMJ) 실제 크기

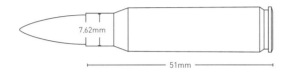

PSG1 5발 탄창

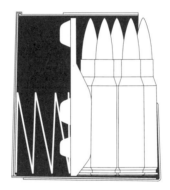

구경	7.62mm
탄약	7.62×51mm 나토탄
급탄	5/10/20발 탄창
작동방식	롤러지연 블로우백
전장	1,208mm
중량	8.1kg
총구속도	868m/s
유효사거리	1,000m

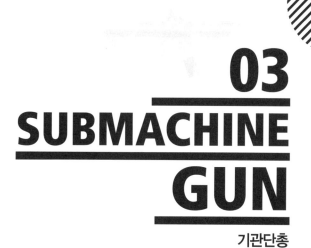

03
SUBMACHINE
GUN

기관단총

마피아들이 먼저 알아본
Thompson

톰슨 **M1A1** (public domain)

1차대전을 상징하는 근접 참호전은 필연적으로 백병전을 불러왔다. 백병전이라면 총알이 떨어져서 벌이는 최후의 격전일 것 같지만 당시에는 성격이 조금 달랐다. 가장 큰 이유는 보병들이 휴대했던 볼트액션식 소총에 있었다. 근접전에서는 다음 사격을 위해 노리쇠를 일일이 당길 시간조차 없었던 것이다. 따라서 총알이 있음에도 총을 사격 용도가 아닌 창이나 몽둥이처럼 사용했다.

결국 누가 먼저라 할 것도 없이 신속히 적을 제압할 수 있는 새로운 무기가 필요함을 느끼게 되었고 그 결과 기관단총이 등장했다. 기관단총을 가진 부대와 그렇지 않은 부대와의 근접전 결과는 뻔했다. 전쟁 후반기에 참전한 미국도 기관단총을 필요로 했지만 그 전에 전쟁이 종결되었다. 미국은 총에 관해서는 탁월한 기술력을 가진 나라지만 새로운 형태의 총을 만드는 것은 생각만큼 쉽지 않았던 것이다.

미국 병기국에서 근무하던 존 T. 톰슨John T. Thompson 예비역 준장은 전쟁 이전부터 기관단총의 필요성을 느끼고 있었다. 그는 전선의 상황을 접하고 1917년부터 기관단총 제작에 들어갔는데 종전 후인 1919년에서야 겨우 완성할 수 있었다. 이 총은 비록 때를 놓쳐 뒤늦게 등장했지만 다음 전쟁에서 미군 병사들이 가장 선호하는 기관단총으로 명성을 얻었다. 바로 '톰슨 기관단총Thompson Submachine Gun'이다.

새롭게 개척한 역사

최초의 기관단총이 무엇이냐에 대해서는 여러 이야기가 있지만, 기관단총의 기능을 처음 구현한 것은 이탈리아의 빌라–페로사Villar-

Perosa, 최초로 실전에 투입된 것은 독일의 MP18이라는 것이 정설이다. 톰슨 또한 기관단총의 역사에서 결코 떼어놓을 수 없다. 톰슨은 '기관단총Submachine gun'이라는 단어를 처음 사용했을 뿐만 아니라 20세기 후반까지 오랜 세월에 걸쳐 애용된 걸작이다.

톰슨도 여타 기관단총처럼 권총탄을 사용했다. 현재도 사용 중인 콜트 사의 M1911 권총용 .45 ACP탄(11.43×23mm)을 이용했는데, 유효사거리가 100~150미터에 불과했고 그나마도 50미터가 넘으면 명중을 장담하기 힘들었다. 한마디로 얼굴을 알아볼 수 있는 상대에게나 사용할 수 있던 무기였다.

기관단총은 작동 원리상 기관총과 같았는데 존 톰슨은 당시 기관총의 고질적 문제인 엄청난 무게를 줄이는 데 고심했다. 당시 자동화기들은 크게 리코일, 가스작동, 블로우백 방식을 사용했다. 톰슨은 구조가 간단한 블로우백 방식이 소형 자동화기에 적합하다고 결론짓고, 그중에서도 당시 새롭게 등장한 블리시 록Blish Lock 기술을 접목한 블로우백 방식을 최초로 사용했다. 한마디로 실전에서의 생생한 경험을 바탕으로 최신 기술을 접목한 새로운 형태의 총이었다.

이런 톰슨 기관단총의 고질적인 단점은 기관단총답지 않은 무거운 무게였다. 탄창을 제외하고도 무게가 5킬로그램 가까이 되었다. 2차대전 당시 톰슨과 더불어 전선을 누빈 독일의 MP40이나 소련의 PPSh-41이 4킬로그램 이하였던 점을 생각해보면, 톰슨의 무게가 상대적으로 많이 나갔음을 알 수 있다.

엉뚱하게 얻은 명성

이렇게 탄생한 최초의 톰슨 기관단총은 단 40정만 시험 생산된

M1919였다. 처음 군부대에서 사격 시범을 보였을 때 분당 1,500발의 엄청난 발사속도를 자랑하여 모두를 놀라게 했지만, 정작 전쟁을 막 끝낸 군 당국에서는 그다지 관심을 보이지 않았다. 우선 전쟁 막바지에 참전한 미군은 영국이나 프랑스에 비해 참호전 경험이 짧아 기관단총을 목말라 하지 않았고 거기에다가 납품가가 너무 비쌌다.

볼트액션 소총에 비해 복잡한 구조와 쇠를 일일이 깎아서 만든 제작 공정은 어쩔 수 없이 가

톰슨 기관단총을 범죄 행위에 애용한 1920년대 유명 은행 강도 존 딜린저(John Dillinger)

격의 상승을 가져왔고, 그로 인해 일선 보병들에게 충분히 공급하기 곤란할 정도였다. 결국 자칫하면 톰슨은 시대를 잘못 타고나서 흐지부지 사라질 수도 있는 운명이었다. 오토−오드넌스Auto-Ordnance Company라는 총기 제작사까지 차린 존 톰슨은 군납이 좌절되자 민간 판매를 고려했다.

1921년, M1919를 개량한 M1921을 민간에 판매했는데 엉뚱하게도 갱들이 톰슨의 가치를 먼저 알아보았다. 이전에 갱들은 마치

오키나와 전투 당시 톰슨 M1A1을 사용하는 미 해병대원 (public domain)

서부개척 시대처럼 권총이나 산탄총 같은 고전적인 무기를 주로 사용했다. 바로 이때 엄청난 속도로 난사할 수 있는 톰슨의 등장은 한마디로 혁명이었다.

대부분 근접전인 갱들간 싸움에서는 짧은 시간 내에 많은 총탄을 날리는 쪽이 절대 유리했다. 1927년 알 카포네^Al Capone^가 이끄는 갱단이 톰슨을 앞세워 상대 조직을 무참히 제거하면서 유명세가 하늘을 찔렀다. 더불어 갱들은 톰슨을 보다 효과적으로 사용하기 위해 자체 개량에 나섰는데 대표적인 것이 연사 시 반동을 줄여주기 위해 장착한 컴펜세이터^Compensator^였다. 톰슨 기관단총을 소지한 갱들은 목표에 난사하자마자 현장을 이탈하는 공격 행태를 보였는데 생각보다 명중률이 높지 않았다. 금주법 시대에 시카고 밀주 사업을 놓고 경쟁을 벌이던 프랭크 맥클레인이 루카스 오도넬을 제거하려 바로 앞에서 톰슨으로 70여 발을 갈겼는데 모두 빗나가는 경우까지 생겼을 정도였다. 톰슨의 성능을 획기적으로 향상시킨 컴펜세이터가 이런 웃지 못할 이유 때문에 탄생한 것이다.

드럼 탄창이 특징적인 M1921은 총소리가 타자기 소리와 비슷하다는 이유로 '시카고 타자기Chicago Typewriter' 또는 제작자 이름을 따서 '토미건Tommy Gun'이라 불리며 1920~1930년대 갱의 상징이 되었다. 〈대부The Godfather〉 같은 영화에서도 소품으로 등장하면서 이후 '톰슨' 하면 제일 먼저 갱의 모습이 자연스럽게 떠오르게 되었다.

이런 사실을 안 개발자 존 톰슨은 의도하지 않았던 결과에 몹시 분노했다고 한다. 나치Nazi를 격퇴하려는 일념에서 AK-47이라는 기념비적 총을 만들어 낸 미하일 칼라시니코프Mikhail Kalashnikov가 테러단체들이 AK-47을 사용하는 모습에 실망한 것과 같았다. 어쨌든 이처럼 민간에도 판매하고 대외 수출에도 나섰지만 가장 커다란 시장인 군 당국에 납품 시도를 포기한 것은 아니었다.

진화 그리고 기회

1923년에 새로운 .45 레밍턴-톰슨탄.45 Remington-Thompson을 사용하여 화력과 사거리를 늘리고 멜빵, 대검을 장착할 수 있도록 개량된 모델을 육군에 제안했지만 이번에도 소총을 선호하던 보수적인 군부의 결정으로 제식화기가 되지는 못했다. 하지만 명품은 어디가도 빛이 나듯이 드디어 1928년에 개량된 모델인 M1928 일부 물량을 1930년 미 해군과 해병대가 정식으로 채용하면서 본격적인 신화가 시작되었다.

원래부터 무거운 것이 단점이었던 톰슨은 M1928부터 오히려

분해한 톰슨 M1928A1. ©①◎ C. Corleis at en.wikipedia.org

무게가 더 늘었는데 그 이유는 발사속도를 줄이기 위해서였다. 약간 속도를 줄이면 정확도와 조작성이 향상하는 효과를 얻을 수 있었다. 이를 위해 노리쇠 뭉치의 왕복거리를 늘이거나 무게를 무겁게 하는 방법이 있는데 톰슨은 무게를 늘리는 방법을 택한 것이었다.

1941년 12월 7일, 일본이 진주만을 기습 공격하면서 미국이 참전하게 되었다. 그런데 톰슨은 미국의 참전 이전에 영국과 중국 등에 제공할 목적으로 이미 대량생산되고 있던 중이었다. 이처럼 명성을 얻고 있었던 톰슨을 미군이 대량으로 사용하기 시작한 것은 어쩌면 당연했다. 이때 부여받은 정식 군용 제식부호가 M1이었는데 제작 공정과 단가를 줄이기 위해 이 모델부터 작동방식이 단순 블로우백 방식으로 바뀌었다.

더불어 일반 탄창만 사용할 수 있는 등의 일부 개량이 이루어졌는데 그 이유는 대량생산과 제작비 절감을 위해서였다. 한마디로 전쟁에 사용되기 위한 가장 적합한 형태로 변화가 이루어진 것이다. 1943년부터 개량형인 M1A1이 사용되었는데 교전 중 사진에 찍힌 대부분의 톰슨이 바로 이것이다. M1A1 모델은 톰슨의 최종형이고 이후 6·25전쟁과 베트남 전쟁에서도 사용되었다.

시대상을 대변한 기관단총

하지만 그럼에도 불구하고 톰슨은 주력 화기가 아니었다. 2차대전 당시 미군의 표준 화기는 M1 개런드였고 M1 카빈이 보조 화기로 사용되었다. 아무리 연사력이 좋다고 하여도 사거리가 짧고 파괴력이 약한 기관단총의 한계가 있었기 때문에 톰슨은 근접전에 특화된 무기로만 사용할 수밖에 없었다. 따라서 소대장이나 분대장 같은 일선 지휘관이나 정찰대 같이 경무장이 필요한 사병들이 주로 사용했다.

오토-오드넌스에서 제작되던 톰슨은 전쟁이 발발하며 공급 물량이 모자라자 콜트를 비롯한 여러 회사에서 라이선스 생산되었다. 이들 제작사를 통하여 총 170만 정이 생산되었는데 미군의 주력 화기였던 M1 개런드 소총이 약 625만 정, 2차대전을 상징하는 대표적인 기관단총인 독일의 MP40이 약 100만 정 생산된 점을 생각한다면 결코 적지 않은 수량임을 알 수 있다.

톰슨은 미군 외에 여러 연합군에 공여되었는데 이때 소련이나 중국에 흘러 들어간 일부 물량을 6·25전쟁 당시에 공산군이 사용하기도 했다. 이로 인하여 야간 전투 시 같은 총소리로 말미암아 피아를 식별할 수 없는 문제가 생기자, 미군은 톰슨의 사용을 금지하고 M3 '그리스건Grease Gun'을 사용하게 되었다. 2차대전 말기에 등장한 M3 그리스건은 생산비나 제작시간 등에서 톰슨보다 유리하여 점진적으로 대체되던 중이었다.

톰슨은 처음부터 전선의 경험과 필요에 의해 탄생했고 거대한 전쟁터에서 병사들의 든든한 버팀목으로 맹활약했던 미국의 대표적인 무기다. 하지만 그러면서도 암울한 기운이 엄습하던 1920년대 미국의 이면사를 상징하는 흉기이기도 했다. 전선에서는 적과 싸우기 위해서 반면 도시에서는 대치하고 있던 경찰과 갱이 함께 사용하는 아이러니를 연출했다. 어처구니없는 시대의 자화상이었다.

.45ACP탄 (FMJ) 실제 크기

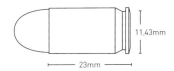

11.43mm

23mm

톰슨 50발 드럼 탄창

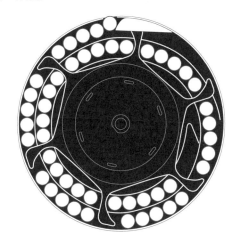

구경	11.43mm
탄약	11.43×23mm (.45 ACP)
급탄	20발 막대 탄창 외
작동방식	지연식 블로우백
총열	267mm
전장	811mm (M1A1)
중량	4.8kg (M1A1)
유효사거리	100m

예상외의 명성
Uzi

우지 기관단총

1981년 3월 30일 워싱턴 DC의 힐튼 호텔 앞에서 총성이 울렸다. 존 힝클리John Hinckley가 발사한 독일제 22구경 RG-14 리볼버의 총탄이 향한 곳은 세계 최고의 권력자, 미국 대통령 로널드 레이건 Ronald Reagan이었다. 기자들 틈에 서있던 저격범은 대통령이 나타나자 앞으로 달려 나와 총탄 6발을 연이어 발사했는데, 그중 하나가 레이건의 심장에서 12센티미터 떨어진 곳을 통과했다.

더불어 대통령을 가까이서 수행하던 백악관 대변인, 경호원, 경찰 등도 피격되었는데 다행히도 신속한 의료조치 덕분에 모두 목숨을 건질 수 있었다. 현장은 아수라장이 되었고 범인은 즉각 체포되었다. 정신병자로 밝혀진 저격범은 나중에 무죄 선고를 받는 대신 보호소로 보내졌지만 미국은 어처구니없는 사고로 취임한 지 불과 69일 밖에 안 된 대통령을 잃을 뻔했다.

그런데 이 사건은 하나의 총을 전 세계인들에게 뚜렷이 각인시켜 주었다. 범인이 사용한 RG-14도 좋은 가십거리였지만, 그보다도 총성이 울리는 순간 경호원들이 옷 속에서 꺼내 든 총이 더 많은 관심을 불러 일으켰다. 바로 우지Uzi 기관단총이다. 미국 대통령 경호에 사용한다는 것은 그만큼 성능이 뛰어나다는 뜻이기도 했다. 그런데 우지 기관단총은 총기의 강국인 미국에서 만든 것이 아니었다.

의외로 오래된 기관단총

사실 미국만큼 총기에 대한 자부심이 강한 나라도 없다. 총기 역사에 빛나는 수많은 명품이 만들어져 오랫동안 군경에서 미제 이외의 총기를 사용한다는 것은 상상하기 어려울 정도였다. 그럼에도 미국의 대통령을 경호하는 최정예 요원들이 우지 기관단총을 사

레이건 대통령 저격 사건 당시 경호원이 꺼낸 든 우지 기관단총 (public domain)

용하는 모습이 생생하게 드러나자, 새삼 이 총에 관심이 쏠릴 수밖에 없었다.

사실 총기는 애당초에 잘 만들었다면 상당히 오랫동안 생명력을 이어갈 수 있는 대표적 공산품이다. 미국 대통령 경호에 사용하는 총은 최신식일 것이라 막연하게 생각할지 모르지만, 우지 기관단총은 1951년에 개발되어 레이건 저격 사건 당시에도 이미 탄생한 지 30년이 지난 구닥다리 총이었다. 저격 사건과 관련 없이 이미 널리 알려져 있고 일부 범죄조직까지 사용하고 있을 정도로 많이 퍼져 있었다.

단순하게 말하자면 총은 정확하고 편리하게 발사할 수 있으면 된다. 따라서 M2 중기관총이나 M1911 권총 같은 경우는 탄생한 지 한 세기가 넘도록 애용되고 있는 것이다. 우지 기관단총이 이스라엘의 IMI(현 IWI)와 라이선스를 받은 여러 총기 회사에서 현재도 양산 중이라는 사실을 생각한다면, 그 성능은 자타가 공인할 만큼 뛰어나다는 뜻이다.

조국을 지키겠다는 일념으로

우지 기관단총은 이스라엘의 현역 군인이던 개발자 우지엘 갈Uziel Gal 소령의 이름을 딴 것이다. 창군 당시 이스라엘은 체코슬로바키아에서 1948년 제작한 Cz 25 기관단총을 수입했는데, 얼마 가지 않아 체코슬로바키아가 소련의 위성국가로 전락하고 친親아랍 노선을 걷자 완제품 및 부품 조달에 문제가 발생했다. 그래서 이스라엘은 독자적으로 기관단총 개발에 나섰다.

우지엘 갈은 시오니즘Zionism 운동 당시에 총기 조달 업무를 담당하여 총기에 해박한 인물이었다. 마침 그는 1948년의 아랍-이스라엘 전쟁의 경험을 바탕으로 Cz 25 기관단총을 개량하는 작업을 벌이던 중이었다. Cz 25 기관단총의 오픈볼트, 블로우백 방식은 연사속도를 높일 수 있지만 충격에 약한 치명적인 단점이 있었다. 툭하면 오발사고가 일어나 총을 휴대하고 있던 병사들이 사상당하기 일쑤였다.

그는 이런 문제를 해결하는 데 노력을 기울여 마침내 1951년 안정성이 강화된 새로운 기관단총을 만들어 내었다. 우지 기관단총은 대용량 탄창을 권총처럼 손잡이에 끼워 사용할 수 있는데, 유효사거리가 200미터여서 근접전에서 충분히 위력을 발휘할 수 있다. 이후 등장한 '미니 우지Mini Uzi'나 '마이크로 우지Micro Uzi'는 외관만 놓고 본다면 조금 큰 권총이라 할 만하다.

우지 기관단총은 탄창을 제외한 무게가 3.5킬로그램으로 가볍다고 할 수는 없다. 하지만 접이식 개머리판을 채용하고 총신의 길이가 25.4센티미터에 불과하여 휴대가 편리하고 기갑병이나 공수부대에게 적합했다. 더구나 분당 600발의 뛰어난 연사력은 근접전에서 막강한 화력을 자랑한다. 대부분의 우지 기관단총 은 원래 9×19mm 파라블 럼탄을 사용하지만 다른 종류의 탄을 사용할 수 있도록 개량된 모델들도 있다.

우지 기관단총으로 무장한 이스라엘군 (public domain)

세계적인 베스트셀러

우지 기관단총은 이후 수 차례 벌어진 중동전쟁(아 랍-이스라엘 전쟁)에서 명성을 떨쳐 세계적인 베스트셀러 반열에 올 랐다. 오픈볼트 방식임에도 명중률이 양호하고 생산이 편리한 데다 값싸고 잔고장이 없다는 강점 덕분에 지금까지 1,000만 정 이상 생 산되어 전 세계로 퍼져 나갔다. 서방의 대표적 돌격소총 M16의 생 산량이 800만 정이었다는 사실을 생각한다면 엄청난 수준임을 알 수 있다. 그렇다 보니 의도하지 않은 곳까지 우지 기관단총이 퍼 졌다.

우지 기관단총이 가진 장점은 테러리스트들이 선호하는 무기가 되어버린 이유이기도 했다. 커다란 소총과 달리 감추기 쉽지만 권 총과 비교가 되지 않는 강력한 화력으로 초근접전에 가장 적합한 무기로 인식되면서 비행기 납치나 인질극 같은 대형 테러 범죄에 자주 이용되었다. 그러다 보니 영화 속에서 갱단 간의 총격전에 단 골 소품으로 등장할 정도다.

이 때문에 종종 아랍계 테러범들이 유대인들을 공격하는 데 사용하는 아이러니를 연출하기도 했다. 최근에는 클로즈드볼트 방식을 채용하여 명중률을 높인 MP5 등의 등장으로 인하여 군경에서 우지 기관단총의 수요가 급격히 줄어들고 있다. 하지만 엄청난 생산량에서 유추할 수 있듯이 세계 곳곳에서 앞으로도 오랜 기간 우지 기관단총을 사용할 것으로 전망한다.

9x19mm탄 (FMJ) 실제 크기

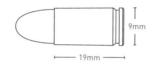

우지 32발 탄창

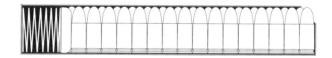

구경	9mm 외
탄약	9×19mm 나토탄 외
급탄	20발 탄창 외
작동방식	단순 블로우백, 오픈볼트
총열	260mm
전장	650mm
중량	3.7kg
유효사거리	200m

MP40

편리를 추구하는 사람의 심리 때문에라도 기관단총은 언젠가는 반드시 나타날 무기였다. 하지만 20세기 초, 좁은 참호 속에서 수백만이 죽어간 1차대전은 기관단총의 등장을 급속히 촉진시켰다. 주어진 환경에 적합한 살상도구를 만들어 내는 인간의 능력은 경이로울 정도다.

처음으로 실전에 투입되어 활약을 벌인 기관단총은 독일 베르그만Bergmann 사에서 개발한 MP18이었다. 하지만 급하게 제작되어 전선에 투입했기 때문에 신뢰성이 상당히 부족하여 일선의 기대를 충족하지 못했다. 그러나 베르사유 조약으로 구경 8mm 이상의 화기 보유를 금지하고 기관단총을 더 이상 군용으로 사용하지 못하도록 제한했을 만큼 그 잠재력까지 무시할 수는 없었다.

독일 또한 이 사실을 알고 있어 패전국의 수모를 겪으며 신무기 개발에 제한을 받는 와중에도 은밀히 새로운 기관단총 제작에 착수했다. 그 결과 사상 최대의 전쟁인 2차대전 당시에 총기 역사에 길이 남을 뛰어난 기관단총을 선보일 수 있었다. 흔히 '독일군 기관단총'이라 불릴 만큼 영화나 사진 등을 통해 많이 접하고 익숙한 MP40이 바로 그 주인공이다.

새로이 요구한 무기

현재도 독일에서 기관단총의 제식부호로 쓰이는 MP는 '기관권총Maschinenpistole'의 약자다. 이런 명칭이 붙은 이유는 사용하는 탄이 권총탄이기 때문이다. 기존의 소총탄은 반동으로 인하여 연사가 어려우므로, 크기가 소총에 비해 작은 기관단총에는 더욱 사용하기 곤란하다. 그런데 우리말로 '권총'은 쉽게 휴대가 가능한 작은 총을 의

미하므로 독일어 'Maschinenpistole'를 '기관권총'으로 표기하기에는 조금 애매한 측면이 있다.

독일은 1차대전이 끝난 1918년부터 히틀러가 재군비를 선언한 1935년까지 군비를 엄격하게 제한받았다. 그런데 역설적으로 이 기간은 내실을 기할 수 있던 시기이기도 했다. 대대적인 감군에 따라 군에 남은 이들은 그야말로 정예 중의 정예여서 이들을 중심으로 장차전에 대한 새로운 연구와 훈련이 다양하게 시도되었다. 이때 기관단총도 반드시 필요한 무기로 새롭게 조명을 받았다.

독일군은 지난 전쟁의 실패를 교훈삼아 참호전을 회피할 방법을 연구했는데, 이때 내린 결론은 속도와 집중이었다. 공군의 엄호를 받는 집단화된 기갑부대로 하여금 전선을 신속히 돌파한 후 적의 중심을 타격하여 속전속결로 전쟁을 끝내는 전략을 완성했다. 당연히 보병 부대들도 이러한 작전에 적합하도록 구성되고 훈련되어야 했다. 기갑부대와 병행 혹은 후속하여 빠르고 신속하게 움직이려면 화력을 신속히 투사할 가벼운 무기가 필요했다.

요구 목적

볼트액션 방식인 Kar98k은 연사력이 떨어져 화력을 집중시키는 데 부적합했고, 1차대전 때 보다는 많이 가벼워졌지만 소부대 화력의 중추인 기관총은 아직도 무거운 화기여서 기동력이 떨어졌다. 따라서 독일은 일부 병력을 뛰어난 연사력을 가진 경량 기관단총으로 무장시켜 그러한 간격을 메우려 했다. 사실 이러한 목적에 가장 적합한 무기는 돌격소총인데 당시에는 아직 개발이 요원했다.

비밀리에 개념 연구에 들어갔던 군 당국은 히틀러가 재군비를 선언하자 '가벼워서 휴대가 용이하며 연사력이 뛰어날 것'이라는 조건을 충족할 새로운 기관단총의 개발을 제조사들에게 의뢰했다. 이러한 요구에 경찰용으로 EMP 기관단총을 만든 경험이 있던 ERMA사에서 1936년에 선반 가공된 철제 리시버와 접이식 개머리판을 사용한 독특한 형태의 기관단총을 선보였는데 그것이 MP36이다.

동부전선에서 MP40을 사용하는 독일군 병사
©①② Bundesarchiv / Wehmeyer

하지만 MP36은 생산 단가가 높아 양산에는 이르지 못했는데, 구조와 형태는 후속 기관단총에 많은 영향을 주었다. MP36을 설계한 하인리히 폴머Heinrich Vollmer는 즉각 후속 기관단총 개발에 들어가 2차대전 발발 직전인 1938년에 MP38을 만들어 내었다. MP38은 간단한 구조와 조작 방법으로 인해 호평을 받았고 주로 부사관·공수부대용으로 대량 보급되기 시작했다.

근접전에서 드러난 진면목

그런데 MP38은 1939년 발발한 폴란드 전쟁에서 사용되면서 여러

MP40은 독일 공수부대 팔시름예거(Fallschirmjäger)가 선호한 무기였다.

단점이 드러났다. 탄 걸림이 자주 일어나고, 오픈볼트식이다 보니 작은 외부 충격에도 오발사고가 빈번히 발생했는데, 경우에 따라서는 폭발사고도 벌어졌다. 이러한 단점을 개선하여 1940년 등장한 것이 최종판이라 할 수 있는 MP40이다. 외관상 MP38과 구분하기 힘들지만 그동안 일선에서 제기되었던 단점을 일거에 해결한 명품이었다.

더구나 MP40은 절삭가공 방식이었던 이전 모델과 달리 프레스 방식으로 생산되어 제작비와 시간을 대폭 절감할 수 있었다. 그런데 이때만 해도 독일의 전성기라서 독일군은 종래의 작전 형태를 바꾸거나 할 필요성을 느끼지 못했다. 그래서 MP40의 공급도 부사관처럼 한정된 대상에게만 선별적으로 이루어졌다. 하지만 1942년 이후 독소전이 격화하면서 소련군이 PPSh-41 기관단총을 대량 사용하자 이에 대항하여 사병들에게도 MP40을 대량 지급했다.

독일군 산악부대 유니폼과 함께 전시된 MP40 (public domain)

역설적이지만 독일이 수세에 몰리면서 MP40의 전성기가 시작된 것이다. 그동안의 전격전은 기관단총이 활약할 만한 환경이 아니었다. 전선이 팽팽히 대치하고, 스탈린그라드 전투처럼 근접 시가전이 일상화하자 MP40의 진면목이 드러나기 시작한 것이다. 백병전 용도로 사용할 수 있게 나무 개머리판을 장착한 MP41이나 탄창을 2개 삽탄할 수 있어 연사력을 획기적으로 증대시킨 MP40/II처럼 상황에 맞는 개량도 이루어졌다.

엉뚱하게 불린 이름

남의 떡이 더 커 보인다는 말처럼 독일군과 소련군은 서로 상대방 무기가 더 좋다고 생각했다. 독일군은 소련군의 PPSh-41가 연사력이 훨씬 좋다고, 소련군은 MP40가 가볍고 사용하기 편리하다고

생각하여 적군 무기를 노획하여 사용하곤 했다. 그렇다 보니 동부
전선의 기록사진 중에 상대편 무기를 들고 싸우는 병사들의 모습을
쉽게 발견할 수 있다.

많은 기관단총과 비교하여 MP40의 특징 중 하나가 오로지 연사
만 가능하다는 점이다. 기관단총의 장점을 극대화하기 위해 설계를
단순화하다 보니 그렇게 된 것인데 이런 특징은 전선에서 적에게
강렬한 느낌을 주기도 했다. 그렇다 보니 그렇게 많지 않은 생산량
에도 MP40은 2차대전에서 독일군을 상징하는 대표적인 아이콘이
되어 버렸다.

그런데 MP40을 연합군은 '슈마이서'라고 불렀다. MP18을 개발
한 유명한 독일의 총기 개발자 '후고 슈마이서Hugo Schmeisser'의 이름을
따서 그렇게 부른 것인데, 정작 MP40의 설계자는 앞서 언급한 폴
머였다. 적에게도 명성을 얻었다는 것은 개발자에게 기쁜 일이겠지
만 잘못 알려졌다면 아쉬운 점이 많았을 것이다. 아마 폴머는 "나는
슈마이서가 아니다"라고 외치지 않았을지 모르겠다.

9x19mm탄 (FMJ) 실제 크기

MP40 32발 탄창

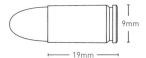

9mm

19mm

구경	9mm
탄약	9×19mm 파라블럼
급탄	32발 탄창
작동방식	블로우백, 오픈볼트
전장	833mm
중량	4kg
발사속도	분당 500발
총구속도	380m/s
유효사거리	100m

필요에 의해 급하게 만든
STEN

섬나라인 영국은 군비의 우선순위를 해군에 둘 수밖에 없다. 일단 방어에 나섰을 때 바다에서부터 적을 막아내는 것이 효과적이고 반면 대외 팽창에 돌입했을 때는 경쟁자보다 빨리 밖으로 나갈 수 있기 때문이다. 덕분에 20세기 초반에 이르러서는 5대양 6대주 곳곳을 지배하는 역사상 최대 제국을 만들 수 있었다. 하지만 그렇다고 육군이 약했던 것은 아니다. 엄청난 식민지를 관리하기 위해서라도 약할 수는 없었다.

또한 영국은 대륙에 변고가 생길 때마다 힘의 균형을 유지하기 위해서 적극적인 개입을 마다하지 않았다. 나폴레옹 전쟁, 제1·2차 세계대전 모두가 그러한 예다. 그래서 소수지만 강력한 육군을 운용했고 품질 좋은 자국산 무기로 충실히 무장시켰다. 하지만 전통의 육군 강국인 독일이나 프랑스에 비한다면 미흡한 측면이 많았고 정책상 오판으로 개발을 등한시한 무기도 있었다. 1차대전을 통해서 본격 등장한 기관단총도 그중 하나다.

전후에 경쟁국들은 뛰어난 기관단총 개발에 뛰어들었지만, 영국은 참호전의 호된 경험에도 불구하고 기관단총을 효과가 없는 무기로 오판하는 실수를 범했다. 사거리가 짧고 파괴력이 약한 단점이 먼저 눈에 들어왔던 것이다. 그러다 보니 정작 기관단총이 절실히 필요하게 되자 제대로 된 준비도 없이 부랴부랴 만들 수밖에 없었다. 그렇게 탄생한 기관단총은 급하게 만든 만큼 문제점도 많았다. 바로 스텐STEN 기관단총이다.

대륙에서 몰락한 정예 원정군

영국의 전통적인 최우선 외교 전략은 여러 나라가 어깨를 접하고 있는 유럽에서 대륙을 지배하는 유일 강자가 등장하는 것을 막는 것이었다. 따라서 대륙에 군대를 파견하는 일도 비일비재하여 경우에 따라 본토를 지키는 병력의 수배에 달하는 경우도 많았다. 예를 들어 1차대전에는 연 인원 700여만 명(영연방 전체로는 880만)의 대규모 병력을 유럽 대륙으로 보내 독일과 싸우도록 조치했다.

2차대전에서도 마찬가지였다. 1939년 독일이 폴란드를 침공하여 전쟁이 발발하자 영국은 독일에 선전포고하고 고트[Gort] 경이 지휘하는 30만의 영국해외원정군[BEF]을 동맹국 프랑스에 파견했다. 프랑스에 전개한 영국해외원정군은 피아 통틀어 모든 병력이 차량화된 정예부대로 당시 영국 육군의 전부라 해도 과언이 아니었다. 이렇게 전통의 육군 강국 프랑스와 영국해외원정군은 독일을 충분히 막아낼 수 있을 것으로 예상했다.

하지만 모두의 예상과 달리 1940년 5월 10일 독일군이 침공을 개시하자, 연합군은 뛰어난 작전을 구사한 독일군에게 초반부터 밀려나기 시작했다. 영국군은 북프랑스의 됭케르크[Dunquerque] 해변에서 포위되어 몰살당할 위기에 처했다가 구사일생으로 바다를 건너 도망가는 데 성공했다. 그리고 얼마 지나지 않아 프랑스는 항복했다. 독일의 다음 목표는 영국 본토였다.

절실한 무기

결론적으로 됭케르크 철수작전에서 기적적으로 탈출에 성공한 30만의 원정군은 이후 영국이 반격에 나설 때 든든한 자원이 되었고 반면 눈앞의 먹이를 그대로 살려준 독일군은 이를 두고두고 원통해했다. 그런데 정작 영국해외원정군은 모든 장비를 해안가에 내팽개

미군 장교와 스텐 기관단총을 든 프랑스 레지스탕스 대원의 모습. 연출된 사진으로 보인다.
(public domain)

치고 몸만 빠져 나온 상태여서 무기가 절대 부족한 상황이었다. 한마디로 당시 육군은 맨몸으로 바다를 방패삼아 해군과 공군이 독일의 침략을 막아내야 했다.

만일 이 상태에서 강력한 독일 육군이 영국 해협을 건너 영국 본토 상륙에 성공한다면 그야말로 큰일이었다. 영국은 모든 산업시설을 총동원하여 무기 생산에 나섰다. 바로 이때 대륙으로부터 허겁지겁 도망쳐 온 장병들은 기관단총을 요구했다. 바로 앞에서 독일군이 난사하는 기관단총에 깊은 인상을 받은 그들은, 같은 장비가 있어야 적과 충분히 맞서 싸울 수 있으리라 생각한 것이다.

사실 영국군도 그동안 기관단총을 개발할 필요성을 느끼지 못했을 뿐이지, 일부 병력이 미국에서 도입한 톰슨 기관단총 등으로 무장하고 있었다. 하지만 보유 수량이 일선의 요구에 비해 턱없이 부족했고 당장 수입할 수도 없었다. 발등에 불이 떨어진 영국군 당국은 즉시 대량생산이 가능한 기관단총을 만들라는 지시를 관계 기관에 내렸고, 그렇게 해서 '스텐'으로 명명된 새로운 기관단총이 1942년 등장했다.

너무 급하게 만든 총

'스텐STEN'은 설계자인 레지널드 V. 셰퍼드Reginald V. Shepherd와 해럴드 터핀Harold Turpin, 그리고 엔필드Enfield 조병창의 머리글자를 따서 만든 이름이다. 대강 지은 이름만큼 급박한 전황을 고려하여 생산성을 염두에 두다 보니 형태와 구조가 극히 단순했고, 그로 인해 가격도 극히 저렴하여 단기간 동안 무려 약 400만 정이 생산되었다. 미군의 톰슨 생산량이 170만 정이었던 점을 생각한다면 상당히 많은 양임을 짐작할 수 있다.

그런데 독일군의 MP38, MP40 같은 멋진 기관단총을 상상하던 병사들은 마치 쇠파이프를 잘라서 대강 만든 것 같은 스텐 Mk 1을 처음 보고는 실망했다. 탄창을 옆에서 꽂는 형태부터 상당히 특이한데, 경우에 따라서는 '과연 이것이 총이 맞나' 하는 의구심이 들게 만들었다. 초기에 이를 들고 돌격하는 영국군을 본 독일군이 스텐을 총이라고 생각하지 못하고 멍하니 쳐다보았다는 이야기까지 전할 정도다.

하지만 무기가 굳이 외형이 멋있을 필요는 없으므로 이것은 그다지 문제가 되지 않았다. 정작 커다란 문제는 너무 막 만들었다는 이야기가 나올 만큼 품질이 조악하다는 점이었다. Mk 5와 최종형인 Mk 6은 여타 기관단총과 비교해도 손색이 없었지만 그 이전 모델들은 '가지고 다니기 무서운 총'이라는 평판을 들었다.

오픈볼트 방식 총들 대부분의 특징이기도 하지만 스텐은 유독 충격에 약했다. 실수로 떨어뜨리기라도 하면 총알이 모두 떨어질 때까지 자동으로 발사되었고 이를 피하기 위해 병사들이 도망 다니는 일이 흔했다. 이러한 모습을 탭댄스를 추는 것에 비유해서 '죽음의 탭댄스'라는 말까지 탄생했다. 그만큼 초기 모델의 안정성은 최악이었다. "수류탄이 떨어지면 적진에다가 탄창을 새로 갈아 끼운 스텐을 던지라"라는 농담까지 있었다.

더불어 총열을 잡고 쏘면 화상을 입기 때문에 대개 탄창을 잡고 쏘는데 그렇다 보니 탄창에 힘이 들어가 급탄 불량이 되는 경우가 많았다. 스텐 기관단총에 대한 평가는 '조악한 품질'이라는 한마디로 종합할 수 있다.

간과한 사실

하지만 사실 악평처럼 사용하기 어려운 기관단총이었다면 더 이상 생산되지도 않았을 것이다. 아무리 전쟁이 급해도 자기가 만든 무기의 품질이 나빠 아군이 죽거나 다치는 일이 많다면 더 이상 생산할 수 없는 것이 상식이다.

독일군은 스텐을 상당히 튼튼한 걸작이라며 노획하여 사용하기를 주저하지 않았는데, 이는 독일군이 1944년 연합군의 노르망디 상륙 후 형성된 서부전선에서 주로 후기에 생산된 모델을 접했기 때문에 벌어진 현상이었다.

스텐은 조악한 시설에서도 빨리 만들어 낼 수 있어서 폴란드를 비롯한 많은 나라에서 카피 생산했고 당장 1정의 총도 아쉽던 전쟁 말기의 독일도 이를 카피한 포츠담 장비^{Gerät Potsdam}, MP3008 같은 총을 만들었다.

가장 중요한 점은 초기 모델들이 비록 악평을 받았지만 스텐은 거대한 전쟁을 승리로 이끈 기관단총이라는 사실이다. 그렇기 때문에 6·25전쟁이나 수에즈 위기처럼 이후 영국군이 직접 참전한 전쟁에서도 꾸준히 사용되었고, 스털링^{Sterling} 기관단총의 모태가 되었다. 사실 품질이 나쁜데도 생산성이 좋다는 이유만으로 어떤 총기를 수백만 정 이상 만들 수는 없다. 그동안 스텐 기관단총을 이야기할 때 이런 점을 간과했던 것은 아닌지 모르겠다.

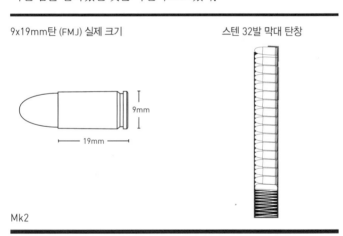

9x19mm탄 (FMJ) 실제 크기

스텐 32발 막대 탄창

9mm

19mm

Mk2

구경	9mm
탄약	9×19mm 파라블럼
급탄	32발 막대 탄창
작동방식	블로우백, 오픈볼트
전장	760mm
중량	3.2kg
발사속도	분당 500발
총구속도	365m/s
유효사거리	100m

오픈볼트 블로우백^{Openbolt blowback}

대개의 자동화기는 장전을 하면 노리쇠 뭉치가 탄창에서 탄약 한 발을 약실에 넣고 뒷부분을 밀폐하며, 격발 후 발생하는 가스가 탄자를 밀어내는 데에 집중하도록 만든다. 블로우백 방식은 탄약을 격발했을 때 생기는 가스를 탄자 추진에 사용함과 동시에 탄피와 노리쇠 뭉치를 밀어내는 데에도 사용하는 방식을 말한다.

오픈볼트 방식은 격발 시를 제외하면 노리쇠 뭉치가 약실을 차폐하지 않기 때문에 붙은 이름이다. 장전하더라도 노리쇠 뭉치가 후퇴고정된 상태로 머무르는데, 격발을 하면 노리쇠 뭉치가 전진하며 탄약을 약실에 밀어 넣은 후 자동으로 발사가 되고 그 반동으로 탄피와 노리쇠 뭉치가 다시 후퇴한다.

구조가 간단하므로 제작비용이 저렴하고 제작시간도 짧다. 항상 약실이 열려있어 열을 밖으로 빼내기 쉽다는 점 때문에 고속으로 발사하는 기관총이나 기관단총에 많이 쓰인다.

반면 사격 준비상태에서 항상 약실이 열려있기 때문에 외부 충격에 노리쇠 뭉치가 풀리며 오발 사고가 발생할 수 있다. 또한 이물질이 내부로 들어가 고장이 발생하기 쉬우며, 노리쇠 뭉치 등의 기관부가 계속 움직이기 때문에 명중률이 낮고, 발사음을 줄이기 힘들다는 단점이 있다.

장전되지 않은 상태
다른 방식의 총기와 크게 달라 보이지 않는다.

장전상태
다른 방식의 총기와 달리
노리쇠가 후퇴고정된 채로 멈춘다.

방아쇠를 당긴 상태
노리쇠가 전진하며 탄을 약실에 밀어 넣는다.

격발 시
다른 블로우백 방식과 같이 격발과 동시에
노리쇠가 뒤로 밀려나가 장전 상태가 된다.

유쾌하지 않은 기억

PPSh-41

1939년 11월 30일, 소련군 25개 사단이 국경을 넘어 핀란드로 향하면서 겨울전쟁이 발발했다. 핀란드 성인 남성 인구의 50퍼센트에 해당하는 55만의 소련군은 핀란드 공략을 누워서 떡 먹기로 생각했다. 일부 병사는 여름철 군복을 걸치고 참전했고 지휘관들도 "너무 전진하다 국경을 넘어 스웨덴까지 들어가는 실수는 하지 마라"라고 지시를 했을 만큼 자만의 극치를 달리고 있었다.

이듬해 3월 13일 강화조약을 맺으면서 전쟁은 형식상 핀란드의 패배로 종결되었다. 하지만 내용은 전혀 그렇지 않았다. 핀란드는 3만의 인명 손실을 보았지만 침략자인 소련은 무려 10배가 넘는 30만 명이 사상하고 3,500여 대의 전차가 파괴 또는 포획당하는 참담한 결과를 얻었다. 특히 기후와 지형을 적절히 이용한 핀란드군의 유격 전술에 소련군이 속수무책으로 당하기를 반복했다.

이때 소련군에게 많은 피해를 입힌 것은 기습 침투한 핀란드군이 난사하는 수오미Suomi M-31 기관단총이었다. 가까이서 난사하는 핀란드군의 공격에 소련군은 그대로 무너져 내리기 일쑤였다. 이에 충격을 받은 소련은 수오미 기관단총을 참고하여 새로운 기관단총 개발에 나서게 되었다. 그렇게 해서 등장한 것이 바로 역사상 최고의 기관단총으로 평가받는, 그러나 우리에게는 결코 유쾌한 기억으로 다가올 수 없는 '따발총' PPSh-41다.

악몽에서 얻은 교훈

겨울전쟁에서 혹독한 경험을 했지만 소련은 이미 1930년대 초반에 PPD-34 같은 기관단총을 개발했다. 다만 기관단총을 이용한 전술에 대한 이해가 부족하여 제대로 사용하지 못하고 있었다. 독일

독일군은 노획한 PPSh-41를 즐겨 사용했다. 사진은 스탈린그라드의 폐허에서 PPSh-41을 들고 있는 독일군 병사의 모습. 1942년. ⓒ①①ⓞ Bundesarchiv

은 베르사유 조약으로 인하여 기관단총을 경찰용으로나 사용할 수 있었지만, 소련도 무슨 이유에서인지 군이 아니라 비밀경찰인 내무인민위원회NKVD에서 사용할 뿐이었다.

사실 기관단총은 화력이 약하고 사거리가 짧으며 정확도도 그리 좋은 편이 아니다. 오로지 연사력을 중시한 근접전 화기이므로 보수적인 군 지휘관들 입장에서 볼 때 효율적인 무기는 아니었다. 1차대전 때 그렇게 호되게 당했음에도, 아직도 사거리가 긴 총으로 원거리에서 사격하며 긴 총에 칼을 꽂고 돌격하는 것이 전투의 정석이라 생각하는 이들이 많았던 것이다.

더구나 기관단총은 정규군이 대량 보유하기에는 너무 비싸서 그 돈으로 더 많은 수량의 소총을 도입하는 것이 유리하다고 판단했다. 그러했던 소련에게 1939년 겨울 핀란드에서의 경험은 좋은 약이 되었다. 소련의 총기 설계자인 게오르기 시파긴Georgy Shpagin은 평가는 좋았지만 너무 복잡하여 유지·보수가 힘들어 대량생산에 적합하지 않았던 PPD-40의 단점을 해결하는 방식으로 새로운 기관단총 제작에 나섰다.

대량생산에 적합한 기관단총

시파긴은 노리쇠와 총열을 제외한 모든 부분을 프레스로 찍어내는 방식을 이용하여 생산시간과 비용을 대폭 절감하는 데 성공했다. PPD-40의 평균 생산시간이 13.7시간인 데 반해 PPSh-41은 그 절반 정도에 불과했고 부품도 10개나 적었다. 더구나 기존에 널려 있는 모신-나강 소총의 총열을 반으로 절단하면 PPSh-41의 총열이 되므로 전시 자원 활용에 상당히 효과적이었다.

1940년대 말 제작에 성공한 PPSh-41는 독일이 소련을 기습 침공한 1941년 중반부터 대량생산에 나섰다. 1941년 11월에는 수백 정밖에 생산되지 못했지만 1942년 봄 무렵에는 하루에 3,000정 이상 생산되어 전선에 공급되었다. 설계가 워낙 잘되어 약간의 시설과 비숙련 노동자를 투입해서도 충분히 제작이 가능했던 것으로 알려진다. 결론적으로 시간이 흐르면 흐를수록 더 빨리 그리고 더 많이 생산이 가능한 총이었다.

더불어 단순한 블로우백 작동에 오픈볼트 방식이어서 유지·보수가 간단했고 신뢰성이 좋았다. 실수로 총을 떨어뜨렸을 때 오발 사고가 빈번히 발생했을 정도로 충격에 민감했지만 사격 하나는 감탄스러울 만큼 잘 되어 최대 분당 900발을 사격할 수 있었다. 러시아 겨울의 혹한으로 말미암아 독일군 무기들이 얼어붙었을 때도, PPSh-41을 비롯한 소련군의 무기는 문제없이 작동했다.

적들도 선호했던 무기

독일군이 PPSh-41에 느낀 충격은 대단했다. 그들도 MP40이라는 좋은 기관단총을 보유하고 있었지만 공기도 얼어붙는 눈보라 속에서 쉬지 않고 총탄을 쏟아내는 PPSh-41는 경이의 대상이었다. 더구나 전쟁 중반까지 MP38, MP40 같은 기관단총은 하사관 이상에게나 보급되었기 때문에 소련군 사병들이 갈겨대는 기관단총은 독일군 사병들에게 선망의 대상이 되었다. 당연히 노획한 PPSh-41는 누구나 갖고 싶어 할 만큼 인기가 좋았다.

더구나 독일군의 7.63×25mm 마우저96탄이 PPSh-41용 7.62×25mm 토카레프탄과 크기가 얼추 비슷했기 때문에 이를 계속 전투에 사용할 수 있었다. 독일군이 PPSh-41을 노획하여 사용하는 경우가 많다 보니, 나중에는 독일어로 된 사용 설명서가 보급되었을 정도였다. PPSh-41는 독일군에게 또 하나의 제식무기가 되었다. 실패했지만 독일은 9mm 탄을 사용할 수 있도록 개조해 보기도 했을 정도로 PPSh-41에 관심이 많았다.

PPSh-41의 특징은 대용량의 드럼 탄창인데 최대 71발을 적재할 수 있었다. MP40의 탄창이 최대 32발을 삽탄할 수 있었으므로 이론적으로 독일군이 탄창을 한 번 갈아 끼우는 동안에도 계속 사격할 수 있었다. 이 때문에 탄창 2개를 함께 장착하여 연사력을 높인 독일군 MP40/II의 등장을 촉진시키기도 했다. 그만큼 독일군에게 끼친 영향도 지대했다. 하지만 정작 소련군은 MP40을 상당히 선호했는데 가볍고 다루기 쉽다는 이유에서였다.

따발총이라는 이름이 유래된 드럼 탄창의 내부 모습

탄창으로 인해 얻은 별명

더불어 또 하나 재미있는 것은 드럼 탄창이 그들에게 아픔을 안겨
준 수오미 기관단총의 탄창을 그대로 복제한 것이라는 점이다. 그
런데 탄창에 65발 이상 넣을 경우 급탄 불량이 종종 발생하여 대개
60발 정도를 장착하고 전투에 임했다. 사실 이 정도도 탄띠 급탄
식 기관총을 제외하고 다른 총기에서는 흉내 내기 힘든 양이었다.
1942년부터 만성적인 급탄 불량 때문에 막대형 탄창이 보급되었지
만 일선에서는 드럼 탄창을 계속 애용했다.

우리나라에서 보기 드물게 특정 무기에 별명이 붙은 이유도 바로 이 드럼 탄창 때문이다. 6·25전쟁 당시에 아군은 북한군이 사용한 PPSh-41를 '따발총'이라 불렀다. 탄창의 모양이 마치 머리에 짐을 얹을 때 사용하는 '똬리'와 비슷하다고 해서 붙은 이름인데, 함경도 지방의 사투리로 똬리를 '따발'이라 한

박물관에 전시된 소련군 보병 장비. PPSh-41도 보인다.
ⓒⓘ Prof.Quatermass at en.wikipedia.org

다. 개전 초기에 기관단총을 보유하지 못한 아군에게 엄청난 연사를 가해대는 PPSh-41는 그만큼 인상적이었다.

PPSh-41는 전쟁 말기까지 약 600만 정이 생산되었고 전후에는 많은 수량이 동유럽과 북한 등의 여러 공산국가에 공여되었다. 6·25전쟁에서는 남침의 가장 선봉에 서서 동족을 향해 총탄을 날린 원한의 대상이 되었다. PPSh-41는 소련의 입장에서는 독일이 침략으로부터 조국을 구한 자랑스러운 기관단총이었지만, 우리에게 '따발총'은 전혀 다른 느낌으로 다가올 수밖에 없다.

7.62x25mm 토카레프탄 (FMJ) 실제 크기

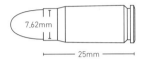

구경	7.62mm
탄약	7.62×25mm 토카레프
급탄	71발들이 드럼 탄창
	35발들이 막대 탄창
작동방식	블로우백, 오픈볼트
전장	843mm
중량	3.63kg
발사속도	분당 900발
총구속도	488m/s
유효사거리	200m

MP5

MP5A3 ⓒⓘⓞ Dragunova at en.wikipedia.org

2011년 1월 26일은 대한민국 해군 특수전여단UDT/SEAL 역사에서 기념비적인 날이다. 소말리아 해적들에게 피랍된 삼호주얼리 호에 기습 침투하여 해적들을 완벽하게 제압하고 인질과 선박을 안전하게 구한 '아덴만 여명 작전'이 성공한 것이다. 이는 해외에서 발생한 인질을 아군 단독으로 구출한 최초의 작전으로 기록되면서 우리나라 특수전부대의 뛰어난 능력을 전 세계에 입증했다.

1차 구출작전이 실패하면서 3명의 장병이 부상을 당했고 2차 작전 도중 석해균 선장이 해적이 발사한 소총과 아군이 발사한 유탄에 총상을 입는 불행이 있기도 했지만 신속한 후속 구호조치로 모두 무사할 수 있었다. 사실 선원들이 각종 화기로 무장한 인질범들에게 잡혀 있는 가운데서 벌인 상당히 위험한 작전이었지만 결과적으로 대성공이었다.

그러면서 특수전부대의 각종 모습이 언론을 통해 대대적으로 공개되었는데, 이때 대원들이 작전에도 사용한 그다지 크게 보이지 않는 검은색 총도 자연스럽게 노출되었다. 한마디로 특수부대 대원들이 사용하기에 적합한 총이라는 의미이기도 했다. 바로 독일 헤클러 앤 코흐(이하 HK) 사가 제작한 MP5 기관단총인데, 이는 총기의 역사에서도 커다란 전환점을 이룬 기관단총이기도 하다.

기관단총에게 부족했던 것

주로 근접전에서 신속히 적을 제압하기 위한 용도로 사용하는 기관단총은 휴대성과 연사력에 중점을 두고 만들어졌다. 좁은 곳에서 사용하기 위해 작고 가볍게 만들다 보니 화력 면에서는 강력하지 못하다는 단점을 지니고 있다. 대부분의 기관단총은 권총탄을 사용

MP5의 명성을 드높인 GSG-9

하며 화력이 약하고 사거리가 짧다. 경우에 따라서는 적에게 치명타를 입히지 못하는 경우도 많다.

이와 더불어 정확도가 떨어진다는 점도 치명적인 약점이다. 대부분의 기관단총은 총의 무게를 줄이고 구조를 단순화하기 위해 주로 오픈볼트 방식을 사용한다. 이 때문에 빠른 연사가 가능하지만 정확도는 대개 형편없다. 목표물을 초탄에 제압하는 행위는 기적에 가까울 정도다. 그래서 기관단총은 흔히 갈겨대면서 목표점을 향하는 방식으로 사격이 이루어지게 된다.

서로 얼굴을 바라보고 싸울 정도로 가까운 거리라도 상대편과 어느 정도 분리되어 있다면 대강 조준하고 사격하는 이런 방식이 그다지 문제가 되지 않을 수도 있다. 하지만 위에서 소개한 인질 구출작전 같이 가까이 섞여 있는 피아를 정확히 구분하여 작전을 벌여야 하는 경우에는 상당히 문제가 많다. 휴대성과 연사력을 요구하는 특수전부대에게 기관단총은 적을 정확히 조준하여 제거하기에는 상당히 미흡한 무기이기도 했다.

고정관념을 무너뜨리다

이러한 기관단총의 단점은 어쩔 수 없다고 생각하고 더 이상 개량을 포기했던 것이 일반적인 트렌드였다. 2차대전 당시까지 목적에 따라 소총, 기관총, 기관단총이 각각 구분되어 있어서 기관단총은 소총과 기관총이 담당하지 못하는 영역만 책임지면 되었으므로 성능도 그만하면 충분했던 것이다.

하지만 1960년대 탄생한 MP5는 이러한 기관단총에 대한 고정관념을 일거에 타파하여 버렸다. 독일의 총기 명가인 HK는 새로운 기관단총 개발에 착수하면서 정밀함에 초점을 맞추는 발상의 전환을 했다. 제작사는 기존의 오픈볼트 방식으로는 초탄 명중률을 높일 수 없다고 보고 클로즈드볼트 방식을 채택했다. 더불어 롤러지연 블로우백 기술을 사용하여 명중률을 획기적으로 향상했다.

당연히 구조도 복잡해지고 무게도 증가할 우려가 있었지만 이를 기술력으로 상쇄하면서 MP5는 불과 2년 만에 개발을 끝내고 1966년부터 양산에 돌입했다. 이처럼 신속히 제작할 수 있었던 이유는 1959년 HK가 제작하여 현재 독일군을 비롯한 여러 나라에서 주력 자동화기로 사용 중인 G3 때문이었다. G3에 사용되어 성능이 입증된 롤러지연 블로우백 방식이나 가늠자를 그대로 채택하여 개발 시간과 바용을 단축할 수 있었던 것이다.

아덴만 여명 작전을 성공시킨 청해부대의 훈련 모습. 《국방일보》, 2011년 7월 29일 자.

실전에서 보여준 위력

이렇게 탄생한 MP5는 초탄 명중률이 매우 높아서 기관단총으로 조준하여 사격하는 새로운 시대를 열었다. 유효사거리 내라면 스코프 같은 부가장비를 달아 저격용으로 사용할 수도 있을 만큼의 정밀도를 달성한 것이다. 그것은 기관단총 역사에서 혁명적인 일이었다. 또한 클로즈드볼트와 롤러지연 블로우백 방식처럼 이전 기관단총에 비해 기계적으로 복잡한 구조를 택했음에도 안전성이 높아 분당 최대 800발을 사격할 수 있었다.

최초 HK54라는 이름으로 개발되던 MP5는 각종 시험을 통과하여 당국으로부터 정식 제식번호를 받은 후 독일 경찰과 국경경비대에 납품되었다. 사실 돌격소총의 등장 이후 권총탄을 사용하는 기관단총은 수요처가 한정될 수밖에 없었다. 이후 다른 종류의 탄을 사용하는 여러 파생형도 제작되었지만 주로 9×19mm 탄을 사용하는 MP5는 정밀 조준이 가능하기 때문에 살상보다는 제압 용도로 적격이다.

사우디아라비아에서 제작한 MP5-2 ©①◎ Takahara Osaka at en.wikipedia.org

1977년 10월 17일 소말리아 모가디슈Mogadishu 공항에서 벌어진 루프트한자Lufthansa 항공 소속 여객기 납치사건은 MP5의 명성을 전 세계에 각인시켜준 계기가 되었다. 당시 MP5를 사용한 독일 대테 러부대 GSG-9는 불과 2분 만에 86명의 인질을 안전하게 구출하 고 납치범 3명을 사살하고 1명을 생포하는 쾌거를 이루었다. 어둠 속에 인질과 범인들이 섞여있는 좁은 비행기에서 벌어진 작전으로 는 기적과 같은 일이었다.

불확실한 미래

이와 같은 전과를 올릴 수 있었던 도구가 저격총 같은 정밀함을 발 휘한 MP5임이 알려지면서 단숨에 세계 최고의 기관단총이라는 명 성을 얻었다. 이후 1980년 4월 30일 영국의 특수부대인 SAS가 런던 주재 이란 대사관을 점거한 테러리스트들을 제압하는 데도 사용되면서 MP5는 우리나라를 포함한 전 세계의 수많은 특수부대, 대테러부대, 경찰 등이 앞다퉈 도입하는 품목 1호가 되었다.

그런데 MP5도 등장한 지 어느덧 50년 가까이 되다 보니 최고의 자리가 흔들리고 있다. 정확도는 뛰어나지만 기관단총 고유의 단점인 화력 부족만은 MP5도 어쩔 수 없어서 뛰어난 성능의 방탄복이 속속 등장함에 따라 제압 능력에 의문이 들기 시작한 것이다. 거기에다가 FN P90, HK UMP45과 같이 화력이 강화된 경쟁 기관단총들의 연이은 등장이 최고의 자리를 계속 위협하고 있다.

하지만 그보다도 기관단총이라는 장르가 과연 앞으로도 유효한가라는 의구심이 MP5의 미래를 불분명하게 하고 있다. 2차대전 말기에 등장한 돌격소총은 소총과 기관단총으로 나누어진 보병들의 무기를 단순화시키면서 기관단총의 사용 영역을 급속히 축소시켰다. 그런데 갈수록 경량화된 새로운 돌격소총이 속속 등장하면서 기관단총이 차지하던 마지막 영역마저 넘보기 시작한 것이다. 과연 앞으로 어떻게 될지 궁금해지는 부분이다.

9x19mm탄 (FMJ) 실제 크기

MP5 30발 탄창

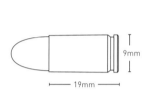

9mm

19mm

MP5A5

구경	9mm 외
탄약	9×19mm 파라블럼 외
급탄	15발/30발/32발 탄창
작동방식	클로즈드볼트, 롤러지연 블로우백
전장	680mm
중량	3.1kg
발사속도	분당 800발
총구속도	400m/s
유효사거리	200m

자동차 회사가 만들어낸 기관단총

M3

국방이라는 관점에서 본다면 미국은 엄밀히 말해 섬나라와 같다고 할 수 있다. 일단 육지에서 국경을 맞대고 있는 캐나다와 멕시코는 우방국이며 미국을 위협할 만한 능력이 되지 못한다. 따라서 세계 최강의 강력한 해군을 앞세워 가상 적의 도발을 대서양과 태평양에서 막아내면 물리적으로 미국 영토에 적군이 발을 디딜 수 있는 방법이 없다. 따라서 미국은 그 이전 시대에 세계의 패권을 장악했던 영국처럼 해군이 강한 나라다.

당연히 군비는 오랫동안 해군에 우선하여 집중할 수밖에 없었다. 오늘날도 해군과 공군은 다른 나라의 경쟁을 허용하지 않을 정도로 강력하지만 육군은 최신 무기로 충실히 무장했음에도 그런 정도는 아니다. 예전에는 그런 차이가 더욱 심하여 2차대전 발발 당시까지만 해도 장비의 수준이 경쟁국보다 떨어졌다. 서부개척 시대의 전통이 있어 총기는 뒤지지 않았지만, 당시 유럽 열강에 비한다면 그래도 뭔가 부족한 점이 있었다.

유럽은 전쟁을 대비하여 총을 만들었지만 미국은 자국 내 수요와 소극적인 방어전략에만 초점을 맞춘 총만 보유했기 때문이다. 미국이 2차대전 참전을 결정했을 때, 톰슨 같은 기관단총이 있었지만 경쟁 대상과 비교한다면 단점도 많았다. 우선 제작이 어려웠고 무거워서 휴대가 불편했다. 대규모 전쟁을 치르려면 보다 빨리 생산할 수 있고 가벼운 새로운 기관단총이 필요했다. M3 기관단총은 그러한 목적에서 탄생했다.

새로운 기관단총 제안

미국이 2차대전에 뛰어들었을 때, 적대국인 독일은 MP40 같은 날

포로 수송 중 감시병이 사용 중인 M3 기관단총 (public domain)

렵한 기관단총을 사용하고 있었고 소련도 PPSh-41 같은 좋은 기관단총을 전선에 투입했다. 하지만 당시 미군이 보유한 톰슨은 1차 대전에서의 경험을 바탕으로 만들었기 때문에 이미 구시대의 작품이라 할 수 있었다.

우선 5킬로그램 가까이 되는 무게는 미군의 표준 제식화기인 M1 개런드보다 무거웠다. 이러한 무게는 한마디로 기관단총으로 어울리지 않았다. 기관단총은 연사력과 휴대성에 중점을 둔 화기인데, 톰슨은 그런 관점에서 아쉬운 점이 많았다. 또한 생산성도 부족하여 전쟁이 격화하자 공급 물량을 대기가 어려웠고 가격도 그만큼 비쌌다. 즉 가볍고, 싸고, 대량생산이 가능한 새로운 기관단총이 필요했다.

1941년 미 육군 병기국은 당시 피아가 사용하던 기관단총을 모두 조사했는데 기존의 절삭가공 방식으로는 총기의 단가를 낮추고 대량생산이 불가능함을 깨달았다. 따라서 새로운 기관단총은 스태핌 공법과 프레스 공법을 이용하여 전금속제로 만들되 기존의 45구경이나 9mm 파라블럼탄을 사용할 수 있도록 개발 업체들에 제안했다.

대량생산에 적합한 총

이때 이런 조건을 만족시키며 새로운 기관단총의 공급 대상으로 선정된 곳은 뜻밖에도 자동차회사인 제너럴모터스^{GM}였다. GM이 방산업체이기는 했지만 주로 트럭이나 전차 같은 장비를 생산하지 총기에 특화한 회사는 아니었다. 무슨 연유로 생소하다고 할 수 있는 총기 분야에 뛰어들게 되었는지 모르겠으나, 이 회사의 엔지니어인 조지 하이드$^{George\ Hyde}$는 프레더릭 샘프슨$^{Frederick\ Sampson}$의 도움을 받아 기관단총을 만들어 내었다.

그 당시 총기 업체들이 어떠한 후보작을 제출했는지 불분명하지만 GM이 제출한 기종이 조건을 가장 잘 충족했기 때문에 채택된 것은 불문가지다. 군 당국은 실험 결과에 대만족하여 M3라는 번호를 부여하고 제식화했다. 그런데 그 모양이 자동차 윤활유인 그리스^{Grease} 주입 도구와 비슷하다고 해서 '그리스건$^{Grease\ Gun}$'으로 더 많이 불렸다. 자동차 회사인 GM이 만든 총이라는 점을 생각하면 재미있는 인연이라 하겠다.

1942년 12월 대량생산에 들어간 M3은 나무 대신 슬라이드식

M3로 무장하고 있는 1960년대 여군. 《국방일보》, 2010년 12월 3일자.

개머리판을 설치하여 무게를 대폭 절감할 수 있었다. 더구나 처음부터 대량생산을 염두에 두었기 때문에 철판을 찍어내어 용접하는 단순한 공정으로 3년 동안 무려 약 70만 정을 생산할 수 있었다. 사실 이 같은 미국과 소련의 엄청난 무기 생산량이 2차대전 승리의 가장 큰 원동력이다. 반면 독일은 그들이 소모한 것도 제때 보충하지 못할 정도였다.

병사들을 실망시킨 총

M3는 처음부터 톰슨을 대체하려는 목적으로 탄생했으므로 적어도 성능이 톰슨 정도는 되어야 했다. 하지만 야전에서의 평가는 냉혹했다. 톰슨보다 성능이 좋다고까지는 기대하지 않았지만 상당히 사용하기 불편하다는 불만이 속출했던 것이다. 대량으로 생산하다 보니 용접이 잘못된 경우가 많아서 사격 정확도가 떨어지거나 탄창의 불량으로 인하여 사격 불능에 빠지는 경우도 흔했다. 이는 치명적

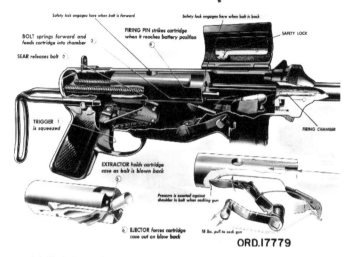

M3 기관단총의 기본 기능을 나타낸 도해. (public domain)

인 결함이었다.

또한 총기 전문회사가 아닌 자동차 회사에서 만든 총이어서 그런 것이라 단정할 수는 없지만 M3는 설계부터가 병사들에게 친화적이지 못했다. 초기의 크랭크식 장전손잡이도 불편했는데, 정작이를 개량했다는 M3A1 이후부터는 아예 크랭크도 없애버리고 손가락을 볼트에 넣어 장전하는 식으로 변경되어 병사들의 불만이 고조되었다. 더불어 탄피배출구 덮개를 닫으면 작동하고 열면 해제되는 식으로 간략화한 안전장치도 종종 문제를 일으켰다.

가벼워서 휴대하기는 편리하지만 단지 그뿐이었다. 직접 들고목숨을 걸면서 싸워야 하는 일선의 병사들에게 총의 가격이나 생산성은 전혀 고려의 대상은 아니었다. 그렇기 때문에 M3가 대량생산되었음에도 일선에서는 계속 톰슨이 사랑받았고, 애초 목표한 전량대체는 전쟁이 끝날 때까지 이루어지지 않았다. 따라서 야심만만하게 시작한 M3 사업도 종전과 더불어 막을 내렸다. 하지만 그것이 M3의 끝을 의미하지는 않았다.

애용자들

비록 2차대전 기간 중 기대와 달리 일선에서 많은 불만을 유발했지만 그래도 좋게 평가하고 애용하던 이들도 있었다. 가벼운 무게와 적은 소음 그리고 상대적으로 강한 화력 때문에 특수부대용으로 많은 사랑을 받았는데, 미군 특수부대들은 1970년대 베트남 전쟁 때까지도 M3를 애용했다. 한국군도 국산 K1A1 기관단총이 제식화되기 전까지 특수부대, 여군 등에서 사용했다.

6·25전쟁에서도 상당량의 M3가 사용되었다. 북한군이나 중공군이 2차대전 때 공여된 톰슨으로 무장한 경우가 종종 있었다. 따라서 야간에 교전이 벌어지면 사격 소음 때문에 피아를 오인하는 경우가 빈발하여 아군은 M3를 주로 사용했다. 더불어 서구인에 비해 체형이 작은 한국인들에게는 M3가 그야말로 적당한 화기였다. 사실 M1 개런드 소총은 너무 크고 무거워서 시쳇말로 '끌고 다닌다'는 소리까지 나왔을 정도였다.

때문에 병사들의 체격이 작은 한국, 일본, 베트남, 타이완 등의 아시아 동맹국들에서 M3는 상당히 중요한 무기로 귀한 대접을 받았다. 사실 모두를 완벽하게 만족시킬 수 있는 무기는 없다고 단정해도 과언이 아니다. 그런 점에서 볼 때 M3는 많은 부분을 희생하고 처음부터 목적과 시간이 명확히 정해지고 개발된 무기였다. 어쩌면 2차대전이라는 거대한 전쟁이라는 환경과 시간을 위해 등장한 가장 대표적인 무기가 아닐까 한다.

.45ACP탄 (FMJ) 실제 크기

M3 30발 탄창

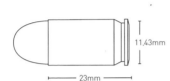

11.43mm

23mm

구경	11.43mm / 9mm
탄약	11.43×23mm (.45 ACP) / 9×19mm 파라블럼
급탄	30발 탄창
작동방식	블로우백, 오픈볼트
전장	760mm
중량	3.7kg
발사속도	분당 450발
총구속도	280m/s
유효사거리	100m

04
AUTOMATIC
RIFLE

자동소총

돌격소총의 아버지
StG44

StG44 (public domain)

무기는 평화 시보다 실전을 치르는 과정을 통해 더욱 빨리 진화하는 물건인데, 군대의 최소 단위인 병사의 기본 화기인 소총도 이러한 법칙에서 예외가 아니다.

현재 어느 군대를 막론하고 돌격소총Assault Rifle 혹은 자동소총Automatic Rifle이라 불리는 고성능 소총을 기본 화기로 사용하고 있다. 예를 들어 현재 세계에서 가장 많이 사용되는 돌격소총인 AK-47은 세상에 등장한 지 이미 60년이 넘었지만 상당수 국가의 정규군은 물론, 무장 투쟁을 벌이는 반정부 게릴라나 심지어 폭력조직도 장비하고 있을 정도다. 그것은 돌격소총이 현재 시점으로 볼 때 가장 발달한 소총이라는 의미다.

그런데 이렇게 광범위하게 사용하는 돌격소총은 탄생 이후 기본적인 메커니즘이 크게 바뀌지 않았다. 돌격소총의 기계적 원리와 사용 목적이 지금이나 그때나 별로 차이가 나지 않을 정도로 지극히 단순하기 때문에 오히려 획기적인 개선이 이루어지지 않았을 수도 있다. 이것은 한편으로 탄생 시점 기준으로도 시대를 앞설 만큼 성능이 좋았다는 의미이기도 하다. 같은 시기에 탄생한 전차나 전투기들이 현재 퇴물이 된 점을 생각한다면 실로 대단하다 할 수 있다.

돌격소총이라 정의하는 총들도 따지고 보면 갑자기 짠하고 하늘에서 떨어진 것은 아니고 그 이전에 있던 여러 소총의 단점을 개량하는 과정에서 나온 결과물이었다. 그중에서도 돌격소총의 아버지로 자타가 공인하는 명품이 있는데, 바로 2차대전 말기에 독일군이 사용한 StG44Sturmgewehr 44다.

StG44는 총기 역사의 혁명이라 할 수 있는 돌격소총 시대를 열었다. 사진은 StG44를 들고 있는 독일군 보병.
ⓒ①①ⓞ Bundesarchiv/Vieth

독일군의 전술

2차대전 내내 독일 보병의 기본 소총은 1898년 개발된 Gew98를 원형으로 하는 Kar98k였다. 저격용으로도 사용할 만큼 정확도·파괴력 등이 좋았지만 쏠 때마다 노리쇠를 일일이 작동해야 하는 볼트액션 방식이어서 연사능력이 결여되었다. 결국 전쟁 초기에 독일군은 MG 34, MG 42 같은 고성능 기관총이 분대의 화력을 담당하고 각개 병사들의 소총은 보조 화기의 형태로 운용했다.

그런데 이런 소부대 전술은 진지에 틀어박혀 방어에 나설 때는 문제점이 크게 보이지 않았지만 적진을 향하여 돌격할 때 곤란한 점이 많았다. 연사력이 좋은 기관총은 너무 무거워서 기동력이 떨어지고, Kar98k은 한 번 발사한 후 다음 발사 준비를 위해서 잠시 돌격을 멈추어야 했다. 한마디로 독일군의 트레이드마크인 전격전과는 어울리지 않았다.

이런 단점을 보완하려고 일부 병력을 연사가 가능한 MP40 같은 기관단총으로 무장시켰으나 권총탄을 사용하는 기관단총은 사거리와 파괴력이 제한적일 수밖에 없었다. 피아간에 얼굴이 보일 정도의 근접전에서는 위력을 발휘했지만 대다수의 교전 상황에서는 효과적이지 않았다. 또한 보병의 기본 장비가 이리저리 나뉘는 것은 유지보수에 결코 좋지 않았다.

새로운 소총의 탄생

그러나 이런 문제에도 불구하고 1941년 가을까지 독일군은 가히 천하무적이었다. 특히 1940년 프랑스 침공전은 전격전의 백미였다. 1차대전 당시에 4년 동안 약 400만의 사상자를 내며 돌파에 실패했던 서부전선을 이때는 무려 7주 만에 완벽히 평정했다. 하지만 이렇게 신속하게 전쟁을 마무리 짓다 보니 내재한 문제점을 미리미리 개선할 기회를 놓치고 말았다.

흔히 2차대전 당시에 독일군이 사용한 무기는 품질이 좋다고 막연히 생각하는 경우가 많은데, 한 수 아래로 얕보던 소련군이 보유한 T-34 전차에 경악했던 것처럼 결코 독일군의 무기가 최고는 아니었다. 이런 뼈아픈 사실은 소련을 침공한 이후 전쟁이 길어지자 서서히 드러났다. 소총도 마찬가지였다. 특히 소련군이 사용하던 SVT-38, SVT-40 같은 반자동소총에 일선의 병사들은 충격을 받았고 노획한 소련군 무기를 공공연히 사용할 정도였다.

결국 기관단총의 연사력과 소총의 파괴력을 함께 갖춘 보병용 화기가 필요했는데, 이런 난제를 풀기 위해 복수의 총기 회사가 새로운 소총 개발에 뛰어들었다. 이때 해넬Haenel 사는 체코슬로바

247

StG44를 장비하고 있는 독일군의 모습. 하지만 전쟁 말기에 등장하여 충분한 수량이 일선에 공급되지 못했다. ⓒⓘⓞⓞ Bundesarchiv

키아제 ZB vz.26 경기관총의 발사 메커니즘을 이용하여 1942년, Mkb42(H)로 명명한 새로운 가스작동식 소총을 만들어 내는 데 성공했다.

그해 11월 8,000정의 초도 물량이 동부전선에 공급되었는데, 병사들의 반응이 가히 상상을 초월할 정도였다. 한마디로 쉽게 들고 다닐 수 있으면서도 정확도가 높은 경기관총이었다. 더불어 일선의 요구에 따라 탄피배출구로의 오염물 흡입을 막기 위한 덮개와 조준경 부착을 위한 레일이 추가되었는데, 오늘날 최신 돌격소총들도 이런 구조를 따르고 있다. 그런데 정작 시대를 선도할 새로운 소총이 탄생했음에도 보급은 쉽게 이루어지지 않았다.

총통을 속이고 완성하다

가장 큰 이유는 어처구니없게도 히틀러의 개발 금지 명령이었다. 일국의 국가원수가 소총 개발에도 일일이 관여했을 만큼 나치 독일은 경직된 사회였다. 당시 독일군은 '마우저탄'이라 불린 7.92×57mm 규격의 탄을 표준 소총탄으로 사용했다. 마우저탄은 위력이 좋지만 발사 시에 충격이 커서, 기관총이 아닌 소총에서 연사하면 반동으로 인하여 사격이 용이하지 않았다. 따라서 새로운 소총에는 길이가 단축된 7.92×33mm 단소탄 또는 '쿠르츠Kurz탄'이라고 불린 별도의 탄환을 사용했다. 하지만 이는 개발자들의 편의에 따른 것이지 독일군 정책권자들이 사용을 허락한 것은 아니었다.

결국 총통의 엄명으로 Mkb42(H)의 양산은 중지할 수밖에 없었지만 사실 개발자나 일선에서 볼 때 너무 아쉬운 결정이었다. 게다가 Mkb42(H)을 한번 맛본 일선에서 추가 공급을 계속 요구하자 관계자들은 대담하게도 비밀리에 개발을 지속했다. 기존 기관단총의 개량형인 MP43이라 속이면서 편법적으로 제작했는데, 나중에 이 사실을 안 히틀러가 격노하여 프로젝트 중지를 재차 명령했다. 하지만 일선에서 요구가 끊이지 않자 1943년 3월 무소불위의 총통도 결국 양산에 동의할 수밖에 없었다. 이후 MP43을 일부 개량하여 1944년에 생산된 모델이 MP44이고 이를 기존의 기관단총과 분리하여 '돌격소총Sturmgewehr'이라 명명하면서 이때부터 StG44로 불리게 되었다.

이렇게 본격 제식화된 StG44는 길이 94센티미터, 무게 5.22킬로그램으로 유효사거리는 300미터였다. 이를 Kar98k과 비교한다면 금속을 많이 사용하여 무게가 많이 나갔고 유효사거리가 반에도 못 미칠 만큼 짧았다. 하지만 당시 보병간의 교전은 대부분 300미터 내에서 벌어져 이것은 그리 문제가 되지 않았다. 오히려 분당 600발 가까이 되는 연사속도는 비교가 불가능했고, 이것이 바로 StG44의 가장 큰 장점이었다.

시대를 앞선 명품

StG44는 우여곡절 끝에 너무 늦게 제식화되고 물자부족 등으로 말미암아 약 42만 정만 생산되었다. Kar98k가 1,400만 정 넘게 생산된 점을 고려한다면 극히 적은 수량이라 할 수 있다. 전쟁 후반기에 심야 전투에 사용할 수 있는 ZG1229 적외선 액티브 야시경처럼 StG44의 성능을 획기적으로 향상시킬 수 있는 여러 부가장비가 개발되었으나, 전세를 뒤집기에는 생산 물량이 절대 부족했다. 사실 StG44가 본격적으로 일선에 공급된 때는 1944년부터였는데, 그때는 이미 독일이 전쟁에서 이길 가능성이 없었다. 이 때문에 StG44는 병사들로부터 호평을 받고 적들을 경악하게 만들었지만 전장에서 의미 있는 역할을 보여주지는 못했다.

하지만 어디서나 빛을 발하는 것이 진정한 명품이듯이 짧은 활약 기간 동안 StG44는 근접전·장거리 저격·점사·연사 등을 모두 소화할 수 있는 만능소총으로 그 명성을 길이 남겼고 전후 총기 개발에 엄청난 영향을 끼쳤다. 이 때문에 StG44는 총기사의 걸작으로 불리며 AK-47이나 M16 같은 대표적 돌격소총의 아버지로 평가받고 있다. 특히 프레스 가공에 의한 제작 기술은 매우 앞서 있었는데, 소련은 1950년대 후반에야 이를 AKM에서 구현할 수 있었다. 한마디로 StG44는 당대를 뛰어넘는 무기사의 걸작이었다.

7.92x33mm 쿠르츠탄 (FMJ) 실제 크기　　　　　StG44 30발 탄창

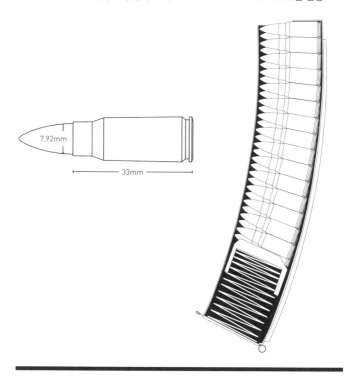

7.92mm

33mm

구경	7.92mm
탄약	7.92×33mm 쿠르츠
급탄	10발/30발
작동방식	가스작동식
총열	419mm
전장	940mm
중량	5.22kg
발사속도	분당 600발
총구속도	685m/s
유효사거리	300m

M1918 BAR

M1918A2 브라우닝 자동소총

그동안 1차대전을 남의 일로 여기고 중립을 지키던 미국은 1917년 4월, 참전을 결의했다. 즉시 동원령을 하달했고 그해 10월에 무려 150만의 원정군이 대서양을 건너가 프랑스에 배치되었다. 하지만 당장 전선에서 독일과 싸움을 벌이기에는 문제가 많았다. 1차대전 참전은 이후 미국이 초강대국으로 부상하는 신호탄이 되었지만, 이때까지만 해도 미군에는 제대로 된 무기가 그다지 많지 않았다.

20세기 초까지 미국은 그냥 나만 잘 먹고 잘 살면 된다는 고립주의 정책을 구사하며 외부 문제에 말려드는 것을 최대한 회피했다. 거대한 대서양과 태평양은 외부의 침략으로부터 미국을 보호하는 최고의 방패였다.

당시 유럽의 열강들은 뛰어난 무기를 보유하고 있었다. 미국의 경우 해군의 위상이 큰 반면 육군은 무기의 질이나 군비 규모가 여타 열강에 비해 부족한 편이었다. 따라서 미군은 처음 접한 참호전에서 고전했다. 적진으로 달려가려면 상대가 고개를 들지 못하도록 강력한 화력으로 먼저 제압해야 하는데 그런 무기가 없었던 것이다. 프랑스군의 Mle 1915 쇼사Chauchat 같은 경기관총을 빌려서 사용했지만 만족할 만한 수준이 아니었다. 하지만 서부개척사에서 알 수 있듯이 미국은 전통적인 총기 강국이었다. 결국 얼마 지나지 않아 그들은 뛰어난 자동화기를 전선에 등장시켰다. 바로 M1918 브라우닝 자동소총이다.

브리우닝이 만든 새로운 자동화기

M1918은 '브라우닝 자동소총Browning Automatic Rifle'의 약자인 BAR로 더 많이 알려졌는데, 1918년에 제식화되었지만 개발은 그 이전에

6·25전쟁 당시 M1918A2 브라우닝 자동소총을 사용하는 미군 (public domain)

시작되었다. 미국의 전설적인 총기 제작자 존 브라우닝^{John Browning}이 미국의 참전이 결정되기 직전인 1917년에 제작을 완료했고 미군 당국의 시험에서 큰 호평을 받아 이미 생산을 결정한 상태였다.

브라우닝은 미군의 M1903 스프링필드 소총이 이전에 30년 넘게 사용하던 크라그−예르겐센^{Krag·Jørgensen} 소총을 급속도로 대체할 만큼 성능이 뛰어나지만 볼트액션식의 한계를 극복하지 못했다는 점을 잘 알고 있었다. 따라서 기존의 7.62×63mm 스프링필드탄을 그대로 사용하면서 연사력이 뛰어난 자동소총을 개발하면 장차 전투에 유효 적절히 사용할 수 있을 것이라 판단하고 독자적으로 제작에 나선 상태였다.

일부 자료에는 브라우닝이 오늘날 돌격소총 같은 개념의 혁신적인 소총을 구상했다고 하는데 당시 기술로는 이루기 힘든 난제였다. 7.62mm 탄은 파괴력이 좋지만 사격 시 반동이 심하여, 자동화기에서 사용하려면 충격을 충분히 흡수하고 발생하는 열을 견딜 수 있도록 몸체와 총열이 커질 수밖에 없었다. 가장 가벼운 모델인 M1918마저도 7.25킬로그램이어서 일선 보병들이 편하게 다루기에는 부담스러웠다.

BAR는 가스작동식으로 작동하는데, 고속 연사가 가능한 오픈 볼트를 채용했다. 20발 탄창을 사용하는데, 2차대전 당시에는 대공용으로 40발 탄창도 종종 사용하곤 했다. 당시로서는 특이한 반자동과 연사 기능을 모두 갖추어 전투 환경에 맞추어 사격 방법을 달리할 수 있었다. 무겁지만 차량이나 방호장비를 관통할 수 있을 만큼 화력이 강하여 상당한 호평을 받았다.

하지만 미군이 참전하고 나서 한참 후인 1918년 2월에서야 양산이 개시되었고 그해 9월에서야 처음으로 실전에 투입되어 총 8만 5,000정 정도가 공급되었다. 11월에 독일이 항복하면서 전쟁이 끝났으니 M1918이 전선에서 활약한 시기는 그리 길지 않았다. 하지만 짧은 기간에도 불구하고 전쟁 막바지에 있었던 뫼즈-아르곤 공세 당시에 상당히 인상적인 전과를 기록했다고 전한다.

엉뚱하게도 전쟁이 끝난 후에 BAR의 명성은 더욱 커졌고 변신도 이루어졌다. 갱들의 전성시대라 할 수 있던 대공황 직전의 1920~1930년대에 민수용으로 판매된 BAR가 미국 갱들이 선호하는 무기가 되어버린 것이다. BAR는 연사력과 파괴력이 좋아 상대

브라우닝 자동소총은 미군이 참전했던 많은 전쟁에서 활약했다.
사진은 베트남 전쟁 당시 브라우닝 자동소총으로 무장한 베트콩. (public domain)

조직을 제거하는 데 안성맞춤이었다. 하지만 보다 의미 있는 변화는 BAR를 소부대 지원화력으로 이용하고자 하는 군 내부에서 벌어졌다.

기관총 역할을 담당하다

당시 거의 모든 나라는 볼트액션식 소총만으로 무장한 보병부대의 한계를 절감하고 있었다. 많은 화력을 일거에 투사하기 힘들어서 부대가 적진을 향해 돌격할 경우 곤란한 점이 많았기 때문이다. 따라서 분대나 소대 지원용으로 기관총을 도입하는 실험을 했는데, 기관총 자체가 워낙 무거운 화기라서 일선 보병들과 속도를 맞추어 이동하는 데 어려움이 컸다.

그 대안으로 등장한 것이 경기관총 또는 독일군이 대성공을 거둔 MG 34 같은 다목적기관총이었다. BAR의 장점을 눈여겨 본 미군 당국은 이를 경기관총 용도로 사용하는 방안을 고려했다. 미군은 2차대전의 위기가 서서히 고조하던 1937년에 양각대를 부착하고 개머리판을 개조한 M1918A1을 제작했다. 그리고 1940년에는 반자동사격 기능을 제거한 M1918A2가 미군의 제식 분대지원화기로 채택되었다.

이 모델은 이론상 분당 400발의 저속사격과 분당 600발의 고속사격 기능만 있었는데 실제로 탄창을 교환하며 그렇게 발사하기는 어려웠다. 화력을 염두에 두고 개조가 이루어지다 보니 무게가 9킬로그램까지 늘어나 말 그대로 경기관총 수준이 되어 버렸다. BAR가 분대지원화기 역할을 담당하게 되었지만 총열 교환이 되지 않아 지속적인 지원사격이 불가능하므로 기관총으로 볼 수는 없었다.

거대한 전쟁에서 주역으로 활약하다

무엇보다도 20발이라는 적은 장탄량으로 말미암아 구조적으로 기관총 역할을 담당하기 어려웠다. 하지만 소부대간 교전이 벌어질 경우 BAR가 독일군의 분대지원화기인 MG 42 기관총에 비해 절대 열세였음에도 소총처럼 사수 혼자서 다룰 수 있어서 이동과 사용이 훨씬 편리한 장점은 있었다. 또한 미군 보병들 대부분이 반자동식 M1소총으로 무장했기 때문에 소부대간 화력 대결에서 독일군에 밀리지는 않았다.

사실 미군도 고성능의 M1919 기관총을 운용하고 있었지만 상대적으로 독일 기관총에 비하여 무거웠다. 따라서 일선 부대에서 별도의 준비 없이 소총처럼 즉시 사용할 수 있고 화력도 강한 BAR에 대

BAR를 들고 있는 개발자 존 브라우닝(왼쪽). (public domain)

한 인기가 높았던 것은 어쩌면 당연한 현상이었다. 이렇게 호평을 받은 BAR는 2차대전과 6·25전쟁에서 맹활약했고 $7.62 \times 51mm$ 나토탄에 맞게 변환된 모델은 베트남 전쟁에서도 사용되었다.

BAR가 일선에서 내려오게 된 것은 M60 기관총에 의해서였다. M60이 2차대전 후 미군의 주력 기관총으로 사용되었고 많은 나라에서 아직도 현역에서 사용되고 있다는 점을 생각한다면 당시 BAR가 차지했던 위상을 조금이나마 반추할 수 있을 것 같다. 1차대전에서 처음 선보였던 총기가 기관총이 아니면서도 기관총 역할을 담당하며 60여 년 가까이 일선에서 활약한 사실만으로도 BAR는 상당히 흥미로운 총이라 할 수 있겠다.

.30-06탄 (FMJ) 실제 크기

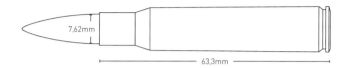

M1918 BAR 20발 탄창

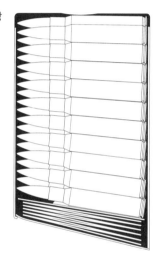

M1918A2

구경	7.62mm
탄약	7.62×63mm (.30-06 스프링필드)
급탄	20발들이 사다리꼴 탄창
작동방식	가스작동식, 틸팅 볼트 방식, 오픈볼트
총열	610mm
전장	1,214mm
중량	8.8kg
발사속도	분당 300발(저속), 분당 650발(고속)
총구속도	805m/s
유효사거리	548m

최고의 총
AK-47

AK-47 (public domain)

러시아 제국 시절인 19세기 말에 탄생한 7.62×54mm 탄은 지금도 많이 사용하는 주요 총탄이다. 모신-나강 같은 볼트액션식 소총은 물론이거니와 헬기 등에 장착하는 GShG-7.62 미니건의 탄환으로도 사용하는데, 무려 3세기에 걸쳐 사용되고 있는 장수 탄환이다. 이처럼 오랜 세월 사용했다는 것은 쉽게 말해 성능이 좋다는 의미다.

그런데 2차대전 때 SVT-40처럼 자동화된 소총이 등장하자 약간의 문제가 생겼다. 연사가 가능한 보병용 소총에 사용하기에는 너무 충격이 컸던 것인데, 이후에 사용하게 될 주력 소총의 자동화가 명약관화한 이상 반드시 해결해야 할 문제였다. 그 결과 장약의 양을 줄여 반동을 줄인 7.62×39mm 탄이 등장했다. 이른바 '7.62mm 러시안'이라고도 불린 M43탄의 등장은 2차대전 후 혁명적인 변화를 불러왔다. RPD 기관총, SKS 반자동소총 같은 뛰어난 총들이 동시대에 탄생한 것이다. 그중에서도 1947년에 제식화된 AK-47(칼라시니코프 돌격소총^{Avtomat Kalashnikova})은 총기의 역사를 완전히 바꾼 기념비적 소총이라 단정해도 결코 무리가 없다. 같은 총탄을 사용한 RPD와 SKS를 즉시 퇴출시켰을 정도로 AK-47의 성능은 압도적이었다. 이는 AK-47이 얼마나 잘 만든 소총인지 쉽게 가늠할 수 있게 해주는 지표 중 하나다.

그가 총을 만든 이유

AK-47이 워낙 유명하다 보니 그 탄생 배경은 물론 개발자의 사상까지도 널리 알려져 있다. 개발자 미하일 칼라시니코프^{Mikhail Kalashnikov}는 총기에 대해 관심이 많았지만 전문 엔지니어는 아니었다. 그는 소련군 제12전차사단 제244전차연대 소속 T-34 전차장으로 2차대전에 참전했는데, 전쟁 초기 1941년 10월에 벌어진 브랸스크Bryansk 전투에서 중상을 입고 호송되었다.

그는 전투에서 수많은 소련군이 희생당하는 모습을 똑똑히 목도했고 이렇게 독일에게 밀리는 이유가 무기의 성능이 뒤지기 때문이라고 생각했다. 그의 회고록을 보면 무수한 소련군 전사자의 시신을 보고 '그들이 만일 좋은 총을 가졌다면 그토록 참혹하게 패배하지는 않았을 것'이라고 회상하는 부분이 곳곳에 나와 있다. 이러한 동기로 병원에서 치료받으면서 틈틈이 새로운 총을 연구했다.

그런데 당시 소련의 패배는 칼라시니코프가 생각했던 것처럼 독일의 무기가 뛰어나기 때문은 아니었다. 비록 MG 34 같은 다목적 기관총이 있었지만 적어도 지상군만 놓고 본다면 독소전 개전 초기에 독일의 무기가 소련보다 결코 뛰어나지는 않았다. 특히 소련의 T-34는 대다수의 전문가들이 2차대전 당시 최고의 전차로 손꼽는 데 주저하지 않을 정도다.

보병들이 사용한 총만 하더라도 독일군은 SVT-40이나 PPSh-41처럼 노획한 소련군의 총을 전쟁 내내 즐겨서 사용했고 독일군의 살인기계 MG 42 기관총은 1941년에는 아직 등장하지 않았다. 또한 병력이나 장비도 소련군이 우세한 상황이었다. 엄밀히 말해 독소전이 발발한 1941년에 있었던 소련의 기록적인 패배는 전략·전술·작전 같은 소프트웨어 부분에서 뒤졌기 때문이다.

단순한 구조

1943년에 군 당국이 실시한 신형 소총 개발 공모에 칼라시니코프가 제출한 설계안이 채택되었고, 또한 그가 개발자로 임명되었다.

극악한 러시아의 기후와 자연환경에서 무난히 작동할 수 있어야 한다는 당국의 요구조건이 마침 그가 구상하던 콘셉트와 일치했던 것이다. 이것은 AK-47이 안정성에서 최고의 평가를 받게 된 이유와 관련이 많다. 그는 그러한 조건을 달성하기 위해 최대한 구조가 단순해야 한다고 생각했다.

그가 처음 개발한 AK-1 반자동소총은 명성이 자자한 미국의 M1 개런드를 참조한 것이었지만 경쟁에서 유명한 총기 엔지니어인 시모노프가 제출한 SKS에 밀리며 고배를 들었다. 그러나 소총은 계속 진화 중이어서 반자동소총도 곧바로 정상에서 밀려날 운명이었다. 전쟁 말기에 독일군이 사용한 StG44는 차세대 소총이 어떻게 제작되어야 할지를 알려주는 기념비적 이정표였다. 바로 돌격소총이었다.

돌격소총에 제일 먼저 그리고 가장 많이 피해를 본 소련은 이에 대해 관심이 클 수밖에 없었다. 노획한 StG44를 다각적으로 연구한 소련 당국은 때마침 개발된 M43탄을 기본으로 하는 자동소총 개발을 지시했고 칼라시니코프를 비롯한 많은 엔지니어가 경쟁에 뛰어들었다. 1945년 수다예프Sudayev가 개발한 AS-44 소총이 우선 대상으로 선정되었으나 무거운 무게로 말미암아 제식화에 실패했고 1947년 다시 경쟁이 벌어졌다.

최고의 신뢰성

칼라시니코프는 즉시 재설계한 모델을 제출했고 다른 후보 총기들과 치열한 경쟁을 거쳐 1949년 AK-47이라는 이름을 부여받고 공식 제식화기로 채택이 되었다. 구조가 간단하여 생산비용도 저렴하

AK-47은 엄청난 생산량으로 인하여 세계 분쟁 지역에 빠짐없이 등장하는 총이다.
사진은 1969년 초 요르단 강 동안의 팔레스타인 해방인민전선(PFLP) 순찰대의 모습.
(United States Library of Congress)

고 야전에서 안정적으로 운용하기도 용이하다는 점이 선택 기준이
었다. 사상 최대의 전쟁을 겪은 소련군 당국은 정확성이 조금 떨어
지더라도 무엇보다 실전에서 믿을 수 있는 총기라는 점이 우선이라
생각했던 것이다.

　AK-47은 혹한의 툰드라^tundra 지대는 물론 고온에 먼지가 많은
사막지대나 습한 밀림 속에서도 웬만해서는 고장이 나지 않을 만큼
튼튼하게 제작되었다. 칼라시니코프는 이물질이 유입되지 않도록
작동 공간을 최대한 작고 촘촘하게 만들어야 한다는 고정관념에서
탈피하여, 반대로 이런 공간을 넉넉하게 만들어야 이물질의 배출이
쉽다고 생각했는데 그것은 올바른 선택이었다.

AK-47은 총기를 전혀 접하지 못한 사람이라도 불과 1시간 정도 교육을 거치면 사격이 가능할 만큼 다루기 편리하다. 30발 탄창을 끼우면 4.8킬로그램으로 동종 경쟁 소총에 비해 무겁지만 이는 반동을 줄이기 위해 어쩔 수 없는 선택이었다. 그럼에도 연발 사격시 반동이 크고 정확도가 떨어졌지만 실전에서 크게 문제가 되었던 적은 많지 않았다. 쉽게 말해 단점보다 장점이 훨씬 많기 때문에 역사상 최고의 소총으로 평가받는 것이다.

급속한 확산

대량생산에 들어간 AK-47은 불과 2년 만에 소련군이 채택한 SKS 반자동소총을 용도 폐기하게 만들었다. 최초 AK-47은 절삭가공 방식을 통해 리시버를 생산했기 때문에 생산성이 그리 높지 않았으나 1950년대 들어 프레스 기술이 발전하여 보다 가볍고 생산이 용이한 개량형을 만들게 되었다. 이를 특별히 구분하여 AKM이라 하며 1959년 정식 도입되었다. 현재 돌아다니는 대부분의 AK-47은 이것이라 보아도 무방하다.

AK-47은 냉전 시기에 편승하여 공산권 전체로 퍼져 나가 많은 나라에서 복제 생산되었고, 동구권을 대표하는 주력 무기로 자리 잡았다. 북한도 1958년부터 '58식 보총'이라는 이름으로 자체 생산했는데, 당시에 국군의 제식화기는 M1 개런드였다. 이 때문에 1970년대 중반까지 보병 전력에 우리는 현격한 열세를 면치 못했다. 더불어 반제국주의를 외치던 많은 아랍, 아시아, 아프리카 등지의 이른바 제3세계 지역을 친소 세력으로 만들고자 하는 정치적인 동기에 의해, 소련은 엄청난 물량을 이들 국가에 제공하거나 현지에서 라이선스 생산하도록 조치했다. 그렇다 보니 1960년대에 AK-47은 제3세계 혁명의 상징이 되었다. 문제는 이들 지역의 정정이 불안하여 상당량이 테러단체 등으로 흘러들어가게 되었고, 심한 경우는 해적이나 마피아 같은 범죄조직이 보유하게 되었다는 점이다.

총 이상의 의미

역사가 깊다 보니 AK-47은 변신을 거듭했다. 소구경 고속탄인 5.45×39mm 탄을 사용하여 경량화를 시도한 AK-74, 5.56mm 나토탄을 사용할 수 있는 AK-101 등의 무수한 파생형이 존재하며 경기관총인 RPK도 엄밀히 말해 이 범주에 포함된다. 이처럼 종류도 많고 여러 나라에서 생산되다 보니 AK-47 시리즈는 약 1억 정 이상이 생산된 것으로 알려지고 있다.

이는 총기 역사상 최대의 생산량이라 할 만한데, 그렇다 보니 무수한 전쟁, 분쟁 및 범죄에 사용되어 '핵폭탄보다 더 많은 사람을 죽인 소총'이라는 달갑지 않은 별명까지 얻었다. 수십 년간 내전에 빠진 아프리카의 일부 지역에서는 식량과 교환하는 매개체로 이용할 정도라고 한다.

침략자로부터 조국을 지키기 위한 일념으로 AK-47을 만든 칼라시니코프는 이런 기막힌 현실을 한탄했지만 앞으로도 이런 나쁜 상황은 계속 이어질 전망이다. 왜냐하면 총의 가장 기본적인 기능이 살상으로, 함부로 사용되지 않도록 관리가 되지 않는다면 불필요한 죽음과 파괴를 피하기는 힘들기 때문이다. 그토록 많이 만들어지고 널리 퍼졌다는 사실은, 어쩌면 인간의 노력만으로 비극을 피하기 힘든 선을 넘었다는 의미이기도 하다.

7.62x39mm탄 M43 (FMJ) 실제 크기

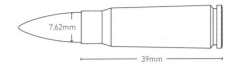

7.62mm

39mm

AK-47 30발 탄창

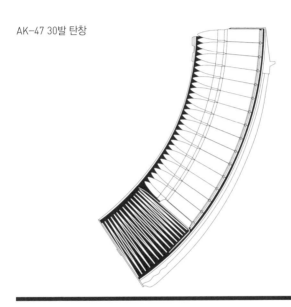

구경	7.62mm
탄약	7.62×39mm
급탄	20/30/45/75발 탄창
작동방식	가스작동식, 회전노리쇠 방식
전장	870mm
중량	4.3kg
발사속도	분당 600발
총구속도	715m/s
유효사거리	300m

패전국의 혼이 담긴 명총

G3 전투소총

동서 양측에서 엄청난 물량을 앞세워 파상공세를 펼치던 연합군을 막을 방법이 없던 독일이 1945년 항복을 하면서 2차대전은 막을 내렸다. 사실 겉으로 드러난 국력만 가지고 보면 독일이 소련·영국·미국·프랑스와 겨루어 이긴다는 자체가 말이 되지 않았다. 하지만 처음에 독일은 이들을 상대로 경이적인 싸움을 펼쳤다.

불과 7주 만에 프랑스를 굴복시켜 4년을 지배했고 영국을 섬 안으로 몰아 놓고 연일 위협을 가했다. 괴물 같았던 소련을 사경에 빠지기 직전까지 밀어붙였으며 1944년 이후 양쪽의 적과 동시에 싸움을 벌였음에도 쉽게 굴복하지 않았다. 독일군이 이런 상상외의 모습을 보여준 데에는 뛰어난 무기들도 한몫을 했다. 당연히 전후 승전국들은 독일로부터 로켓이나 제트기 등 고도의 기술을 습득하기 위해 동분서주했다.

비록 패전했지만 기술까지 사라진 것은 아니기 때문이다. 그래서 전후에 독일이 재무장을 하게 되자 좋은 무기를 신속히 제작해 내고 보유할 수 있게 된 것은 너무나 당연한 수순이었다. 종전 직전에 '돌격소총'이라는 새로운 개념의 개인화기까지 만들어 낸 저력이 있던 독일은 곧바로 뛰어난 소총을 역사에 등장시켰다. AK-47, M16과 더불어 3대 자동소총으로 일컫는 헤클러 앤 코흐 G3이다.

같은 듯 다른 전투소총

G3을 돌격소총으로 보기도 하지만 군이 원론적으로 따진다면 '전투소총Battle Rifle'이다. 전투소총도 돌격소총처럼 2차대전 이후 본격적으로 등장한 개념이다. 둘 다 연사가 가능하고 기능도 대동소이한데 군이 구별되는 부분이라면 총탄이다.

G3를 시험 사격하는 미 해병대원 (public domain)

자동소총은 강한 반동으로 인해 정확도가 낮을 수밖에 없었다. 따라서 StG44 이후 제작된 자동소총들은 장약량을 조절한 별도의 탄환을 사용하여 이러한 난제를 해결했다. 그래서 현재는 5.56mm 탄처럼 구경과 길이가 모두 축소된 별도의 탄을 제작하거나 AK-47용으로 사용되는 7.62×39mm 탄처럼 기존 소총탄의 길이를 단축시킨 형태의 탄을 돌격소총용으로 이용한다.

이에 비해 전투소총은 총에 맞추어 새롭게 만들어진 돌격소총탄과 달리 7.62mm 나토탄처럼 예전에 사용하던 것과 동일한 탄환을 사용한다. 따라서 전반적인 화력은 돌격소총보다 전투소총이 클 수밖에 없다.

G3과 더불어 FN FAL, M14 등이 대표적인 전투소총인데, 1970년대 이후부터 서방의 표준탄이 5.56×45mm 나토탄으로 점진적으로 바뀌면서 전투소총은 서서히 일선에서 물러나게 되었다. 하지만 그럼에도 불구하고 G3은 아직도 3대 소총 중 하나로 언급할 만큼 성능이 좋아 계속하여 생산하고 있으며 개발국 독일을 비롯한

많은 나라에서 사용 중이다.

이름만 바뀐 명가

2차대전 이후 등장한 수많은 총을 거론할 때 자주 등장하는 제작사가 헤클러 앤 코흐다. 1949년에 설립한 헤클러 앤 코흐는 여타 총기 제작사에 비해 그다지 역사가 오래된 회사는 아니다. 하지만 창립 당시 멤버들이 전통의 명가인 마우저Mauser에서 일하던 사람들이었다. 2차대전 후 마우저가 전범 기업으로 낙인 찍혀 해체되자 엔지니어들을 주축으로 새로운 회사를 만들었는데, 그 회사가 바로 헤클러 앤 코흐다.

벨기에의 FN이 제작한 FAL을 수입하여 G1이라는 이름으로 독일 연방군에 납품하던 헤클러 앤 코흐는 FAL의 라이선스 생산을 시도했으나 FN이 제안을 거절하자 자체 생산으로 방향을 전환했다. 이때 개발에 참조한 것이 스페인의 CETME 소총이었는데 이를 기반으로 기존 쿠르츠탄을 사용할 수 있는 LV-50 소총을 개발했다. 이것은 CETME 모델2라고 이름을 바꾸고 독일 연방 국경경비대용 제식화기 후보로 제출되었다.

그런데 재미있는 것은 CETME 소총도 나치 독일이 개발했지만 종전으로 인하여 양산까지는 이르지 못한 StG45가 원형으로, 돌고 돌아 다시 제자리로 돌아오게 된 경우라 할 수 있다. 바로 그때 독일이 북대서양조약기구, 즉 나토NATO에 가입하면서 당국은 앞으로 7.62×51mm 나토탄을 사용하는 총기가 표준임을 공표했고 이에 맞추어 CETME 모델2도 나토탄과 규격이 동일한 CETME M53 탄을 사용할 수 있도록 개량했다.

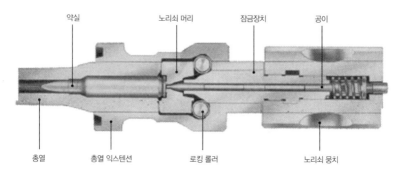

약실   노리쇠 머리   잠금장치   공이

총열   총열 익스텐션   로킹 롤러   노리쇠 뭉치

롤러지연 블로우백 방식 단면도 (public domain)

새로운 기술을 접목하다

여기에 더해 헤클러 앤 코흐는 롤러지연 블로우백 방식^{Roller-delayed} ^{blowback}이라는 독특한 기술을 접목했다. 기존 블로우백 방식은 권총 탄 같은 가스압력이 낮은 탄환을 사용할 경우에는 무리가 없지만, 소총탄을 사용하면 발사 직후 약실의 압력이 충분히 낮아지기 전 에 노리쇠 뭉치가 후퇴하며 탄피를 빼내게 되어 총 내부에서 폭발 하는 문제가 발생할 수 있다. 롤러지연 블로우백 방식은 총열이 뒤 로 후퇴하는 리코일 방식과 달리 노리쇠만 움직이는 블로우백 방식 의 장점을 대구경 소총에도 적용할 수 있어 명중률을 상당 수준으 로 유지할 수 있었다. 따라서 7.62mm 탄의 장점인 파괴력은 그대 로 살리면서 신뢰성 있는 소총이 탄생할 수 있었는데 이것이 바로 CETME 모델A다.

이렇게 탄생한 CETME 모델A는 1959년 독일 연방군용 총기 사 업에 참여하여 SIG SG510, 아말라이트^{Armalite} AR-10 등의 쟁쟁한 경쟁자를 물리치고 당당히 채택되어 G3라는 제식명을 부여받았다. 이

G3A3 소총을 분해한 모습. (public domain)

후 정부의 주선으로 헤클러 앤 코흐가 생산권을 완전히 넘겨받아 양산에 나섰다. 이후 CETME M53탄의 화력이 약하다는 일선의 지적이 계속되자 나토탄 규격에 맞게 다시 재설계되었는데 이것이 바로 G3 모델B다.

독일제답게 탄생과 동시에 신뢰성이 좋다고 평판을 얻은 G3은 나토탄을 사용하는 소총 중에서도 가격이 저렴한 편에 속했다. 따라서 외국에서도 대량으로 채택했고 많은 나라들이 라이선스 생산했다. 이 때문에 순식간 세계 3대 소총의 명성을 얻은 G3는 돌격소총이 대세가 된 시대에 전투소총의 자존심을 지켜냈다. 이후 세계적인 총기 제작사로 명성을 얻은 신흥 강자 헤클러 앤 코흐의 신화도 바로 G3과 함께 시작된 것이다.

계속되는 신화

개발 시작부터 개량을 거듭하며 성능을 향상시킨 소총답게 G3는 이후에도 지속적으로 개량작업을 했다. 최초 나무로 되었던 개머리판 재질을 폴리머[polymer]*로 바꾼 것처럼 플라스틱 재질을 많이 사용하여 무게를 줄였다. 또한 높은 명중률을 이용하여 별도의 정밀 저격용 버전을 개발하는 식으로 필요할 때마다 개량과 변신을 거듭했다. 독일에서는 1997년 생산이 중단되고 기본 제식화기도 G36으로 바뀌었지만, 단소탄을 사용하는 돌격소총이 대세인 현재도 라이선스를 받은 여러 나라에서 꾸준히 생산하여 사용하고 있다.

특히 저격용으로 특화된 G3SG/1 같은 경우는 이후 최고의 저

---

* 단위체라고 하는 간단한 화학단위가 서로 결합하여 매우 큰 분자를 이루는 천연 또는 합성 물질. 인공 합성물에는 콘크리트·자기·유리·종이·고무·플라스틱 등이 있다.

헤클러 앤 코흐 G3 전투소총. 윗덮개가 나무로 된 초기 모델이다.
ⓒⓕⓘⓞ Markscheider at en.wikipedia.org

격총이라는 명성을 가지고 있는 PSG1과 MSG90의 원형이 되기도 했다. 하지만 무엇보다도 정규군 소총으로 G3가 가진 가장 뛰어난 점은 바로 화력이었다. 5.56mm 탄을 사용하는 서방의 돌격소총들은 AK-47보다 화력이 약한 반면 기관총과 같은 규격의 탄을 사용하는 G3는 AK-47보다 훨씬 강력했다.

거기에다가 분당 600발이라는 돌격소총에 뒤지지 않는 연사력을 보유했다. 비록 무게가 많이 나가는 편에 속했지만 이 정도는 앞서 언급한 장점들을 생각한다면 그디지 흠잡을 것도 되지 못한다. 그 기술적 기반이 앞서 언급한 것처럼 2차대전 당시까지 거슬러 올라가게 되므로 한마디로 G3는 패전국 독일의 혼이 담긴 전투소총이면서도 전투소총의 한계를 초월한 기념비적 소화기라 할 수 있다.

7.62x51mm 나토탄 (FMJ) 실제 크기

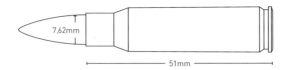

7.62mm

51mm

G3 20발 탄창

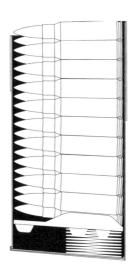

G3A3

구경	7.62mm
탄약	7.62×51mm 나토탄
급탄	20발 탄창
작동방식	롤러지연 블로우백
전장	1,025mm
중량	4.1kg
발사속도	분당 500발
총구속도	800m/s
유효사거리	500m

블로우백^{Blowback}과 리코일^{Recoil} 작동방식

'자동화기'란 사격 직후 탄을 자동으로 장전시켜 곧바로 다음 사격이 가능한 총을 말한다. 주로 탄을 발사할 때 생기는 고압 가스를 작동 에너지로 이용하는데, 이 가스를 여타 장치의 도움 없이 탄자 추진과 노리쇠 후퇴에 동시에 사용하는 방식을 블로우백 혹은 단순 블로우백이라고 한다.

단순 블로우백은 너무 강한 탄약을 사용하면 가스 압력이 충분히 낮아지기 전에 탄피가 약실에서 빠져나오면서 찢어지거나 터지는 문제가 발생할 수 있다. 때문에 이를 개선하기 위한 작동방식이 개발되는데 이것이 지연 블로우백과 리코일 방식이다. 지연 블로우백은 노리쇠 뭉치가 뒤로 밀려나가기 시작할 때 저항을 주어 처음에는 조금 느리게 뒤로 밀려나가도록 하여 약실 내부의 압력이 내려갈 시간을 버는 방식이다. 리코일 방식은 총열과 약실이 노리쇠와 함께 뒤로 후퇴하여 약실이 밀폐된 상태로 가스 압력이 내려갈 시간을 버는 방식이다.

리코일 방식은 총열과 약실이 노리쇠와 함께 얼마나 후퇴하는가에 따라서 쇼트리코일과 롱리코일로 나뉜다. 쇼트리코일은 총열과 노리쇠가 약간 후퇴하다가 총열은 멈추고 노리쇠만 후퇴하며 탄피를 빼내는 방식이다. 롱리코일은 총열과 약실이 끝까지 같이 후퇴하고, 총열이 먼저 전진하여 돌아오고 노리쇠는 탄피가 밖으로 빠져나간 후에 앞으로 되돌아오는 방식을 말한다.

시대를 잘 만난 약소국의 소총

FAL

독일과 프랑스 사이에 위치한 벨기에는 바다 건너로 또 하나의 강대국인 영국과도 마주보고 있다. 그렇다 보니 강대국 간에 전쟁이 벌어지면 자신들의 의사와 전혀 상관없이 전쟁터가 되고는 했는데 특히 제1·2차 세계대전에서는 국토가 초토화하다시피 했다. 사실 유럽사를 살펴보면 대다수 약소국은 비슷한 경험을 했으며 통일 이전의 독일이나 이탈리아도 마찬가지였다.

벨기에처럼 국토도 작고 인구도 적은 나라가 강대국 사이에서 자위권을 행사하기는 여간 어려운 일이 아니다. 하지만 그렇다고 벨기에가 군사적으로 무능했던 것은 아니다. 침략을 받으면 국토를 스스로 수장시켜 적을 막아내려고도 했을 만큼 모든 힘을 동원하여 저항을 포기하지 않았으며 소화기 정도의 무기를 자체 생산하여 국방에 사용했을 정도였다.

파브리크 나쇼날 드 헤르스탈Fabrique Nationale de Herstal(이하 FN)은 1889년에 설립된 오래된 군수회사였지만 내수 시장이 작다 보니 그리 유명하지는 않았다. 하지만 2차대전 후 개발한 여러 총이 좋은 평판을 얻으면서 세계적인 총기 회사로 자리매김했다. 그중에서도 2차대전 후 서방을 대표하는 소총이었던 FAL(경량자동소총Fusil Automatique Léger)은 FN의 명성을 세계 시장에 알린 최초의 작품이다.

망명지에서 태동한 아이디어

FN의 엔지니어인 디외도네 세브Dieudonné Saive는 1930년대 중반부터 리코일 작동식의 반자동소총을 연구하여 1937년에 시제품을 선보일 수 있었다. 하지만 양산 직전에 독일이 폴란드를 침공하여 2차대전이 발발하고 벨기에에 대한 나치의 위협이 증대하자, 계획은

1960년 미군과의 합동훈련 도중 서독 병사의 모습. 이 당시 독일 연방군은
FN FAL을 'G1 소총'이라는 이름으로 도입하여 사용했다. (public domain)

중단되고 FN의 제작 라인은 기존 소총을 양산하는 데 주력하게 되
었다. 그러나 1940년 독일이 침공하자 벨기에는 보름 만에 항복했
고, FN 생산시설도 독일군이 접수했다.

세브는 1941년 벨기에를 탈출하여 영국으로 망명하는 데 성공
했고, 이후 엔필드 조병창에서 총기 개발을 계속했다. 여기서 그는
종전 후 벨기에군이 제식화한 반자동소총 FN-49(SAFN)의 시제
품을 1942년에 완성했다. 성능이 상당히 뛰어난 것으로 알려졌지
만 전후에 본격적으로 FN-49가 등장했을 때 보병용 제식 소총은
AK-47, M14처럼 자동소총이 대세가 되어가는 도중이어서 조금
어정쩡한 입장이었다.

FN FAL을 장비한 브라질 국경 경비대원 (public domain)

　　그러자 세브는 지금까지의 연구 결과를 발판으로 에르네스트 베르비에Ernest Vervier의 도움을 받아 새로운 자동소총 개발에 착수했다. 자동소총의 초기 역사에서 개발자들에게 공통적으로 나타났던 고민이 기존 총탄을 그대로 사용하기 힘들다는 점이었고, FN의 개발진도 마찬가지였다. 이때 대안으로 떠오른 것이 StG44용 탄으로 잘 알려진 7.92×33mm 쿠르츠탄이었다. 이를 이용하여 1947년 FN은 프로토타입을 만들었다.

변신이 가능했던 이유

1948년 벨기에군에서 다양한 테스트를 거친 시제품은 상당히 호평을 받았는데, 이때 군 당국은 사용탄약을 .280 브리티시탄으로 바꾸자고 제안했다. 일단 쿠르츠탄이 독일에서 제작한 탄이라 거부감이 있었고 차후 동맹관계 등을 고려한다면 전쟁 당시 연합국의 탄규격을 따르는 것이 좋다고 판단했기 때문이다. 이러한 당국의 요구를 받아들여 FN은 개조에 나섰는데, 이렇게 상황에 맞춘 발 빠른 변화는 이후 FAL이 세계적 소총이 되는 기반이 되었다.

새로운 탄 규격에 맞추어 총을 개조하는 것은 어려운 작업인데 FN은 이에 뛰어난 실력을 갖추고 있었다. 그것은 처음부터 내수만 바라보고 총을 제작할 수 없었던 기업환경 때문이기도 했다. 결국 전후에 패권을 잡은 미국의 입김으로 서방 국가들이 스프링필드탄을 단축한 7.62×51mm 나토탄을 표준 소총탄으로 제정하자, FN도 FAL을 이에 맞추어 다시 개량했고 내친김에 나토의 표준 제식 소총이 되려는 시도를 했다.

급속히 AK-47로 통일시킨 바르샤바 조약기구와 달리 나토는 각 회원국별로 각기 다른 소총을 개발하고 있어서 벨기에의 소총이 제식화기가 될 가능성은 크지 않았다. 그런데 공교롭게도 1953년 당시에 나토의 요구조건에 맞는 당장 사용가능한 자동소총이 FN의 FAL 밖에 없던 형국이었다. 미국의 M14와 독일의 G3 모두 1950년대 후반에 제식화 되었고 가장 강력한 라이벌이었던 영국의 EM-2는 아직 나토탄을 사용할 수 없던 상태였다.

반동을 잡아라

이런 절묘한 상황이 맞물려 FAL이 나토의 제식 소총이 되었는데 단지 이 때문에 거대한 자동소총 시장을 선점할 수 있었던 것은 아니었다. 시기를 잘 타고난 것 못지않게 당연히 성능도 만족할 만한 수준이었기 때문이다. 엄밀히 말하자면 순식간 동구권을 통일한 AK-47처럼 성능이 다른 소총들을 압도할 만큼 뛰어난 것은 아니었지만 표준화된 제식 소총으로 사용하기에 무난했다는 것이 옳은 표현일 것이다.

소련의 SVT-40과 상당히 유사한 가스작동식을 채택한 점에서 알 수 있듯이 FAL은 서방측 소총이면서도 러시아제 소총의 사상을 많이 흡수했다. 특히 구조가 간단하여 신뢰도가 높았던 것도 그러한 특징 중 하나였는데, 정작 사막처럼 먼지가 많은 조건에서는 종종 고장을 일으킨 것으로 알려진다. 사실 FN 기술진이 벨기에를 벗어나 다른 지역의 환경까지 고려하기는 어려웠다.

FAL의 가장 뛰어난 점은 단연 반동제어다. 7.62mm 나토탄을 사용하는 소총답게 자동사격에서는 반동제어가 어렵지만, 반자동 사격 시에는 여타 전투소총보다 반동이 훨씬 적어 사격이 용이했다. 따라서 단소탄을 사용하는 AK-47와 교전을 벌였을 때 비록 연사에서는 뒤지지만 위력이 더 뛰어난 것으로 평가받았다. 이 때문에 교전에 임할 때는 주로 반자동사격만 하도록 권고했는데, 이는 당시 서방의 전투소총들이 반동제어에 상당히 곤란을 겪었음을 알 수 있게 해주는 대목이다.

기회를 포착한 풍운아

대부분의 나토 국가가 직도입하거나 라이선스 생산하여 제식화한 것을 필두로 무려 90여 개국에서 FAL을 사용했다. 이로써 2차대전 후 등장한 '전투소총'이라는 장르에서 당당히 FAL은 M14, G3와 더불어 3대 소총의 위치를 점하게 되었다. 하지만 M14가 미군이라는 거대한 내수시장에 철저히 의존했고 G3가 해외에서 선호도가 높은 전통의 독일제라는 점을 고려한다면 FAL이 가히 진정한 승자라 할 만하다.

거기에다가 '경량자동소총'이라는 이름처럼 가벼운 편에 속하여 5.56mm 탄을 사용하는 돌격소총이 대세가 된 지금도 나이지리아, 코트디부아르, 우루과이, 파라과이 같은 수많은 나라에서 현역에서 활약 중이다. 그렇다 보니 수많은 전쟁이나 분쟁 지역에서 예외 없이 FAL이 등장했다. 그중 재미있는 예로 1982년 발발한 포클랜드 전쟁에서는 양쪽 군 모두 FAL로 무장하고 교전을 벌였다. 냉전 말기에 벌어진 이 전쟁에서 영국과 아르헨티나 모두가 서방의 무기 체계로 무장하고 있었기 때문에 벌어진 일이었다.

하지만 앞서 언급한 것처럼 FAL이 세계적인 소총이 될 수 있었던 것은 성능보다 절묘한 시대 상황 때문이었다. 만일 3~4년 정도 뒤에 선을 보였거나, 서방 정책 당국이 SKS를 제식화한 지 불과 2년 만에 과감하게 도태시키고 AK-47로 교체한 소련 같은 의사 결정력이 있었다면, FAL이 베스트셀러가 될 가능성은 그다지 크지 않았다. 뛰어난 성능에도 불구하고 그저 그런 이름만 남기고 명멸해간 여타 소총에 비한다면 내수를 기대할 수 없는 약소국에서 만들어진 소총으로 한 시대를 풍미한 FAL은 시대를 잘 타고난 기린아라 할 수 있겠다.

7.62x51mm 나토탄 (FMJ) 실제 크기

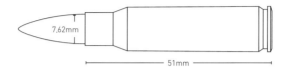

7.62mm

51mm

FAL 20발 탄창

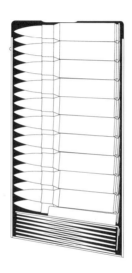

구경	7.62mm
탄약	7.62×51mm 나토탄
급탄	20발 탄창
작동방식	가스작동식, 틸팅 볼트 방식
전장	1,090mm
중량	4.45kg
발사속도	분당 650발
총구속도	823m/s
유효사거리	600m

시대를 너무 앞선 미완의 소총

G11 돌격소총

총은 탄생 이후 지금까지 화약을 폭발시켜 얻은 에너지로 탄환을 발사하는 상당히 단순한 구조를 유지해 왔다. 총은 기술적 발전이 더딘 무기이기도 하다. 따라서 좋은 평가를 얻은 총들은 태어난 지 수십 년이 지나도 일선에서 사용하는 일이 비일비재하다.

아무리 시대가 변해도 총을 사용할 수 있는 환경이 크게 바뀌지는 않기 때문이다. 19세기까지는 하늘에서 싸움을 벌인다는 것은 상상하기 힘든 일이었지만 지금은 전투기 없이 전쟁을 벌이기 힘든 시대가 되었다. 하지만 총은 당시나 지금이나 같은 목적을 달성하기 위하여 사용한다. 물론 세부적인 기능은 많이 향상되었지만 전투기 같이 다른 무기와 비교한다면 그 발전 정도는 상당히 느리다.

그래서 지금의 총과 전혀 다른 획기적인 수준의 총은 공상과학 (SF)영화에서나 묘사된다. 언젠가 그런 상상속의 총이 등장하겠지만, 수십 년 전에 탄생한 총을 지금도 사용하는 현실을 고려한다면 쉽게 이루기도 어려울 것 같다. 그런데 이와 같이 보수적인 총기의 세계에서 모두의 눈길을 사로잡은 혁신적인 소총이 있다. 마치 영화 속에 등장하는 미래의 총 같은 주인공은 헤클러 앤 코흐 G11 돌격소총이다.

너무나 다른 모습

G11은 일단 모양부터 보는 사람을 당황하게 만든다. '총이라는 물건은 이러이러한 모양이다'라는 머릿속의 오랜 고정관념을 완전히 깨버렸기 때문이다. 교전 중에 G11을 들고 적을 제압하려 한다면 순순히 손을 들고 항복할 적이 있을까 하는 생각이 들 정도다. 겉모습이 마치 영화 속에서 레이저 광선을 발사하는 총과 유사해 보인

다. 더불어 G11은 발사 매커니즘도 특이한데, 노리쇠가 왕복으로 작동하는 일반 소총과 달리 회전식으로 작동하며 발사 시에 총열·노리쇠·가스피스톤이 한 덩어리로 왕복하는 독특한 구조다. 이와 같은 회전식 노리쇠 구조 덕분에 초당 30~35발이라는 엄청난 발사 속도를 자랑한다.

지금 보아도 신선한 모습의 G11은 사실 1960년대 말부터 개념 연구가 이루어졌고 1980년대까지 개발이 진행되었다. 이처럼 오랜 역사에도 불구하고 낯선 이유는 G11이 정식으로 제식화하지 못하여 양산에 실패했기 때문이다. 그렇다고 기능이 뒤떨어진 것도 아니었다. 오히려 G11은 당대의 첨단 기술이 결합된 상당히 미래 지향적인 총이었다. 그때까지 총기에 있어서 당연하다고 생각하던 탄피를 없앤 혁신적인 무탄피 소총이었다. 총기 역사에 획기적인 이정표를 세운 새로운 개념의 소총이라는 의미다.

예전 방식

사실 총이 탄생했을 당시에는 '탄피'라는 개념이 없었다. 화약을 약실에 밀어 넣고 탄자를 그 앞에 위치시킨 후 화약을 터뜨려 발사했는데 머스킷^{Musket} 같은 경우가 대표적이다. 당연히 발사가 까다롭고 시간도 많이 걸려 효율적이지 못했다. 그러한 단점을 개선하는 과정에서 탄피가 등장했다. 화약을 담은 탄피로 탄자를 감싸자 총탄의 보유와 휴대가 편리했고 총에 삽탄하는 시간도 단축되었다.

화약과 탄자가 일원화되면서 기계적으로 뇌관을 충격하여 화약에 불을 붙이는 방법을 사용할 수 있었다. 한때 총의 상징이던 심지나 부싯돌이 사라지고 그 자리를 방아쇠가 차지하게 된 것이다. 당

G11의 프로토타입 ⓒⓘⓢⓞ Bojoe at en.wikipedia.org

연히 사격 준비와 발사에 걸리는 시간과 절차가 엄청나게 단축되었다. 한마디로 탄피는 총의 성능을 획기적으로 향상시킨 원동력이었고 현재 대부분의 탄환은 이러한 구조를 유지하고 있다.

하지만 탄피를 사용하면서 예전보다 많은 자재가 필요하게 되었고 탄피의 무게만큼 총과 관련한 부속물의 무게도 증가했다. 이 점은 비단 총 뿐만 아니라 무기 전반에 걸친 문제라 할 수도 있다. 많은 기술을 접목하여 무기의 성능을 향상할수록 비용이 많이 들고 생산과정도 복잡해질 수밖에 없는데, 그러다 보니 이제는 천문학적인 비용의 소모 없이 군비를 갖출 수도 전쟁도 할 수도 없는 시대가 되었다.

결론은 탄약

G11은 많은 장점으로 말미암아 그동안 잊고 있던 탄피의 단점을 파고들면서 개발이 이루어졌다. 독일의 총기 명가인 '헤클러 앤 코흐'의 엔지니어들은 무거운 탄피를 없애면 탄환의 무게는 물론 크기도 줄일 수 있어 더 많은 탄환을 보유할 수 있다고 생각했다. 더불어 약실에서의 탄피 추출과정이 생략되므로 총의 무게도 줄일 수 있고 빠른 연사가 가능하리라 판단했다.

오로지 G11을 위해 탄생했다고 해도 과언이 아닌 4.73×33mm 무탄피 탄환.
기술적으로 성공했지만 고가의 제작비는 채택에 있어 결정적인 걸림돌이었다.
ⒸⒾⒶⓄ Drake00 at en.wikipedia.org

    하지만 탄피를 사용했을 때 누리는 장점은 그대로 살려야 했다. 적어도 현재까지 사용하는 총의 성능보다 뒤떨어진다면 아무런 의미가 없기 때문이었다. 탄피는 사격 시 발생하는 고열을 일차적으로 차단하는 중요한 역할도 담당한다. 따라서 탄피가 없다면 총의 온도는 급속히 올라가 화약이 그대로 열에 노출되어 방아쇠를 누르지 않았는데도 총탄이 발사되는 쿡오프cook-off 현상을 가져올 수도 있다.

    더불어 약실에서 타버린 화약 재를 비롯한 찌꺼기들도 골칫거리였다. 탄피가 있어도 각종 이물질로 인하여 총구가 막히는 경우가 흔한데 무탄피일 경우 부작용이 더욱 클 것이 불을 보듯 뻔했다. 이러한 난제를 해결하지 않고는 새로운 소총을 만들 수 없었기 때문에 개발 기간이 장장 20년이나 걸렸다. 처음에는 총의 메커니즘에서 해결책을 찾으려 했지만 결론은 탄약이었다.

미완으로 끝난 일생

헤클러 앤 코흐는 다이나밋 노벨Dynamit Nobel 사와 합작으로 무탄피 탄약인 DM11을 개발했다. 서방 표준인 5.56×45mm 나토탄보다 작은 4.73×33mm였는데, 탄피 대신 화약으로 탄두를 감싸고 뒤에 뇌관을 장착한 형태였다. 처음에는 빈번히 쿠오프 현상이 발생하여 애를 먹었지만 충격에는 민감하면서 열에는 강한 새로운 장약 개발에 성공하면서 난제를 해결했다.

DM11 덕분에 각개 병사가 휴대할 수 있는 탄약량이 1.5배 정도 늘어나고 45~50발 탄창을 사용하여 효율이 배가 되었다. 더불어 불펍식 디자인을 채용하여 현대 돌격소총 중 가장 빠른 수준인 분당 2,200발(3점사 기준)을 발사할 수 있었다. 개발국인 서독은 진지하게 제식화를 고려했고 M16A2를 대체할 돌격소총을 원하던 미국도 관심을 보였다. 하지만 결국 사라지고 마는 비운의 소총이 되었다.

가장 큰 이유는 DM11의 가격이 기존 탄환의 30배 이르는 엄청난 수준이어서 보병용 제식화기로 유지하기에 곤란했다는 점이다. 대량생산을 한다고 해도 오로지 G11용으로만 사용할 수밖에 없어 가격을 낮추기에는 근본적으로 한계가 많았다. 더불어 1990년대 냉전의 종식은 국방비의 감축을 불러와 새로운 소총의 도입을 주저하도록 만들었다. 한마디로 G11은 총기의 역사를 선도할 만한 뛰어난 걸작이었지만, 시대를 잘못 타고 태어나서 미완으로 생을 중단한 총기라 할 수 있다.

구경	4.73mm
탄약	4.73×33mm 무탄피
급탄	40/50발 탄창
작동방식	가스작동식
전장	750mm
중량	3.6kg
발사속도	분당 470발(자동) ǀ 분당 2,000발(3점사)
총구속도	930m/s
유효사거리	400m

불펍 소총의 대명사

AUG

우리나라에서는 소유와 보관이 엄격히 제한되기 때문에 총을 상당히 낯선 물건으로 생각하는 경향이 많다. 하지만 스포츠나 레저 용도가 아닌 인마살상용의 고성능 소총을 다루어 본 사람이 인구 대비 전 세계에서 가장 많은 나라라 해도 과언이 아니다. 병역의무 때문에 대부분의 남성이 총기의 분해·결합과 사격을 일생에 한 번 이상은 반드시 경험하기 때문이다.

그에 비한다면 징병제가 아닌 중국이나 일본의 경우는 평생 동안 총을 만져본 경험이 전혀 없는 이들이 부지기수다. 하지만 군을 경험하고 총을 사용해봤다고 세상에 있는 모든 총을 경험하는 것은 물론 아니다. 제식총을 사용하는 경우가 대부분이고 특수 병과나 직종의 경우, 임무에 특화된 별도의 총을 사용하기도 한다. 따라서 군 전체로 본다면 다양한 종류의 총을 운용하는 것인데 이는 굳이 한국군에게만 해당되는 특수한 사항도 아니다.

그런데 이처럼 여러 종류의 총기를 운용하는 우리나라에서도 불펍^{Bullpup} 방식의 총은 상당히 낯설다. 불펍은 급탄·격발이 개머리판에서 이루어지는 방식을 말하는데, 대개 탄창이 방아쇠 뒤쪽에 있어서 외관상으로 쉽게 구별이 가능하다. 정규군용 제식화기로서 불펍 총의 역사는 1977년 탄생한 슈타이어 AUG 돌격소총을 시초로 하고 있다.

생소하지만 새롭지는 않은 방식

불펍 방식이 신기한 것 같지만 메커니즘상 전혀 새롭거나 혁신적인 기술이 아니다. 사실 1901년 시험적으로 만들었던 소니크로프트 볼트액션식 카빈 소총^{Thorneycroft carbine}을 최초의 불펍 소총으로 보기

슈타이어 AUG로 무장한 오스트리아군 병사 (public domain)

때문에 오래전에 이미 개념 정립이 끝난 상태였다. 그리고 이후에도 여러 곳에서 수시로 다양한 종류의 불펍 소총을 시험적으로 만들기도 했다.

그만큼 다른 방식의 소총과 비교하여 장점이 있기 때문이다. 일단 불펍 소총은 총의 뒤편에서 사격 행위가 일어나므로 총의 전체 크기가 같음에도 총열을 길게 만들 수 있다. 총열이 길면 당연히 유효 사거리가 길어지지만 반대로 소음은 감소한다. 반대로 총열을 일반 소총 수준의 크기로 유지한다면 상대적으로 총의 전체 길이는 짧아져 총의 크기와 무게를 축소할 수 있고, 당연히 휴대가 편리해진다.

총의 무게가 가벼울수록 휴대가 편리하지만 명중률 등을 고려한다면 적어도 반동을 충분히 흡수할 정도는 되어야 한다. 대개 저격총처럼 정확도와 파괴력이 큰 소총은 반발력이 커서 총의 무게로 이를 상쇄하지만, 사용의 편리성을 고려한다면 무작정 총을 크고 무겁게 만들 수도 없는 노릇이다. 이때 기술적인 방법으로 반동을 줄이기도 하는데 불펍 방식은 격발이 몸 가까운 곳에서 일어나므로 반동 제어가 상대적으로 용이하다.

먼저 눈에 들어온 단점

하지만 그럼에도 불구하고 불펍 방식이 주력 총기에 오랫동안 채택되지 않았고 지금도 특별하게 취급받는 이유는 그에 못지않게 단점도 많기 때문이다. 우선 가늠자와 가늠쇠 사이가 짧아 조준이 부정확하다. AUG 같은 경우는 스코프를 장착하여 문제를 해결했지만 이로 인하여 생산비용이 커졌다. 또한 사격 시에 탄피배출구가 얼굴 부근에 위치하는 구조도 좋은 소총으로 보기에는 어려웠다.

게다가 무게 중심이 뒤쪽에 쏠려 있다 보니 휴대가 불편하고 총의 모양도 불균형하게 생겨 백병전에서 사용하기 곤란하다. 돌격소총 등장 이후 백병전을 그다지 중요하게 여기지는 않지만, 그래도 보수적인 전술을 옹호하는 입장에서 불펍식 소총은 부담을 느낄 수밖에 없는 구조라 할 수 있다. 초기의 불펍식 소총은 이처럼 장점보다 단점이 더 많이 눈에 띄어 제식화되기 어려웠다.

따라서 오스트리아의 슈타이어Steyr 사가 1970년대 초에 자국군용으로 사용할 새로운 돌격소총인 AUG(육군 다목적 소총Armee Universal Gewehr)를 불펍식으로 개발하겠다고 하자 모두 놀랄 수밖에 없었다.

AUG를 분해한 모습

이때까지도 불펍식 돌격소총은 비관적인 견해가 커서 슈타이어 사가 불가능한 도전에 뛰어든 것 아니냐는 전망이 우세했다. 더구나 오스트리아 국내 수요만을 생각한다면 외국에서 좋은 총을 수입하는 것이 경제적으로 훨씬 유리했다.

성공한 도전

오스트리아는 20세기 초까지 세계사를 좌지우지하던 열강 중 하나였지만 1차대전 후 나라가 완전히 해체되었고, 이후 나치 독일에 강제 합병 당했다가 2차대전 후에 영세중립을 조건으로 간신히 독립했다. 따라서 군대의 규모도 작아서 FN FAL을 라이선스 생산한 StG58을 제식 소총으로 사용했다. 그래서 국산 제식 소총을, 그것도 모두가 꺼려하는 불펍식으로 만든다는 것은 일견 무모해 보였던 것이다.

슈타이어 사는 프랑스의 FAMAS를 반면교사로 삼아 개발부터 이를 적극 참고했다. AUG는 탄피배출구를 사수의 필요에 따라 변환할 수 있도록 했고 조준경을 달아 명중률을 높였으며 총기 전방에 그립을 달아 총의 무게를 적절히 분산했다. 덕분에 FAMAS의 고질적인 문제점이었던 반동을 줄일 수 있었고 당연히 명중률도 높일 수 있었다. 야전에서 실험한 시제품 평가도 대만족이어서 즉시 제식화되었다.

슈타이어 사는 다양한 방식으로 쉽게 개조할 수 있도록 제작에 모듈화 시스템을 도입했다. 덕분에 AUG는 카빈, 경기관총, 기관단총 등 다양한 변형이 등장했다. 또한 5.56mm 나토탄을 사용하도록 제작되었는데 이러한 점은 모두 개발 당시부터 대외 판매까지 염두에 두었다는 의미다. 어차피 소련의 소총으로 통일되어 있는 동구권에 새로운 규격의 총을 팔 수 없었으므로 그 반대편의 틈새 시장을 노린 것이다.

새로운 시대를 연 개척자

AUG는 개발 당시부터 많은 이들의 관심을 불러 일으켰다. 일부에서는 비관적인 전망도 내놓았지만, 결국 '한 세대 앞선 돌격소총'이라는 명성을 들으며 성공작 반열에 올랐다. 시대의 흐름에 때맞추어 채용한 5.56mm 탄과 불펍 방식 덕분에 반동을 쉽게 제어할 수 있었고, 총의 크기와 무게도 상당히 양호한 돌격소총이라는 명성을 얻었다. 덕분에 오스트리아를 제외하고도 여러 나라에서 앞다퉈 채용했다.

라이선스 생산을 한 오스트레일리아와 룩셈부르크를 비롯하여 20개 이상 국가에서 군경용으로 사용하고 있으며, 반자동으로 개조되어 민수용으로 사용되는 AUG도 상당수인 것으로 알려져 있다. 특히 영국 SAS를 비롯한 많은 대테러부대에서 사용하고 있다는 사실은 그 활용도와 정확성이 최고 수준이라는 뜻이기도 하다. 덕분에 슈타이어는 일약 세계적인 총기 제작사의 반열에 오르게 되었다.

AUG는 한마디로 그동안 개념 정도로만 여기던 불펍 소총의 진정한 시대를 연 개척자라 할 수 있다. 사실 총이라는 무기는 본연의 목적에만 충실하면 되므로 그 모양새는 그다지 중요하지 않다. 쉽고 편리하게 사용할 수 있고 성능까지 좋으면 그것만으로도 최고의 총이라 할 수 있다. 하지만 AUG처럼 좋은 성능에 독특한 외관과 구조까지 가졌다면 그야말로 미래형 총기라는 명성을 얻기에 자격이 충분하다고 할 수 있겠다.

5.56x45mm 나토탄 (FMJ) 실제 크기

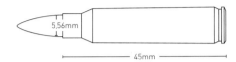

AUG 30발 탄창

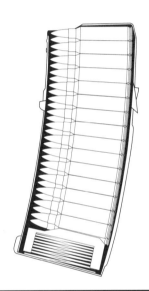

구경	5.56mm
탄약	5.56×45mm 나토탄
급탄	30발/42발 탄창
작동방식	가스작동식, 회전노리쇠
전장	790mm
중량	3.6kg
발사속도	분당 700발
총구속도	992m/s
유효사거리	500m

그 다음은 무엇인가?

G36 돌격소총

총은 단지 오래전에 개발되었다는 이유만으로 구닥다리 취급을 받는 무기가 아니다. 종종 혼동하는 사람들이 있는데 오래전에 개발된 것과 오래전에 만든 것에는 엄연한 차이가 있다. 오래전에 제작하여 이제는 노후한 총이라면 폐기하는 것이 정상이다. 그러나 구형 모델이라도 지금 것보다 성능이 좋다면 당연히 계속 만들어 사용할 수 있는데, 흔히 '명품'이라 불리는 총들 중에 이런 것이 많다.

1950년대 개발되어 1960년대에 본격적으로 제식화된 독일의 G3 전투소총은 역사상 최고의 소총 중 하나라고 자타가 공인할 만큼 뛰어난 성능을 자랑했다. 지금도 생산되고 있고 현역에서 활발히 활동 중이다. 하지만 G3 소총의 장점이자 단점인 부분이 하나 있었는데 바로 소총탄이었다. 7.62×51mm 나토탄은 강력하다는 장점이 있었지만 갈수록 범용성이 점차 줄어들었다.

왜냐하면 나토NATO를 비롯한 서방측 대부분은 5.56×45mm 나토탄을 사용하는 소총을 주력화기로 채택했고, 분대지원화기도 M249처럼 5.56mm 탄을 사용하는 기관총이 대세를 이루기 시작한 것이다. 당연히 G3을 대체할 새로운 소총에 대한 요구가 독일 연방군 내에서 급속히 제기되었다. 그러한 요구에 부응하여 1996년 탄생한 또 하나의 명품이 헤클러 앤 코흐 G36 돌격소총이다.

대세가 되어버린 새로운 규격의 탄

사실 독일 연방군 내에서 G3을 대체할 돌격소총에 대한 필요성은 꽤 오래전부터 제기가 되었던 상태였다. 1970년대 들어 각국의 제식화기는 M16, FN FNC, AUG, FAMAS 같이 5.56×45mm 나토탄을 사용하는 소총들이 대세를 이루었다. 객관적으로 7.62mm 탄

보스니아 내전 당시 평화유지군으로 파견된 독일군의 G36 (public domain)

에 비해서 파괴력이 뒤지지만 베트남 전쟁 등 실전에서 사용해본
결과 승패를 결정적으로 좌우할 만큼 큰 성능 차이는 없었던 것으
로 알려지면서 더욱 빠르게 확산되었다.

돌격소총은 작은 총탄을 사용하므로 총의 크기와 무게를 줄일
수 있었는데 이는 총을 직접 들고 교전을 벌이는 병사들의 입장에
서는 무시할 수 없는 커다란 장점이다. 가볍기 때문에 전투에 편리
하고 더불어 좀 더 많은 탄약을 휴대할 수 있었다. 이 때문에 소련
도 AK-47을 5.56mm 나토탄과 유사한 크기의 5.45×39mm 탄을
사용할 수 있도록 개량한 AK-74를 만들어 내기도 했다. 당연히 독
일 또한 이런 트렌드를 잘 알고 있었다.

그러면서도 G3의 성능에 만족했으므로 이를 계속 사용하고 싶
은 딜레마 또한 있었다. 이 점은 어쩌면 총기 역사의 커다란 전환점

이 되었던 StG44의 경우와 유사하다고 볼 수 있다. 그 뛰어난 성능을 알면서도 히틀러가 처음에 StG44의 생산을 막았던 이유가 보급의 문제였다. 독일의 생산 능력과 전선 전체의 상황을 고려할 때 사용하는 탄이 총마다 달라서 이리 저리 나뉘는 것은 결코 좋지 않았기 때문이다.

변한 환경

내가 만든 무기를 나만 사용한다면 G3처럼 훌륭한 총을 계속 쓰는 것도 현명한 방법이다. 하지만 2차대전 후 군사 환경은 완전히 바뀌었다. 여타 동맹국과의 연합작전을 위해서 만든 공통규격에 맞추어야 했기 때문이다. 사실 이러한 나토의 정책은 일종의 고육책이었다. 냉전시기에 공산권은 소련제 무기로 순식간 통일되었지만 서방은 그러하지 못했기 때문이다.

아무리 미국이 전후 주도권을 행사하려 해도 소총 정도의 무기는 저마다 생산하려 했으므로, 자칫 동서 간에 장차전이 벌어진다면 이는 보급에 있어 치명적인 단점이 될 것이 분명했다. 따라서 차선책으로 같은 규격의 탄을 사용하는 식으로 가능한 부분부터 군사정책을 통일했고, 이 때문에 '나토탄'이라고 정의한 새로운 규격에 맞추어 총을 제작한 것이다. 그래서 G3도 7.62mm 나토탄을 사용했다.

하지만 앞서 언급한 것처럼 대세는 5.56mm 탄을 사용하는 돌격소총으로 기울고 있었다. 더구나 패전국이라는 원죄로 말미암아 독일 연방군은 단독이 아닌 나토나 유럽연합군의 일원으로서 연합작전을 벌이는 것을 원칙으로 하고 있다. 따라서 시간이 갈수록 G3의 사용이 더욱 제한되기 시작했다. 그런데 이 점을 일치감치 깨닫고

G36을 사용하는 라트비아군 (public domain)

있던 총기 제작 업체들은 당국의 요구가 있기도 전에 이미 개발을
시작하고 있었다.

최신 기술의 접합체

돌격소총의 효용성을 잘 알고 있던 헤클러 앤 코흐는 1970년대에
5.56mm 탄을 사용할 수 있도록 G3을 개량한 G41도 만들고, 이와
는 별도로 혁신적인 무탄피 소총인 G11을 개발하기도 했다. 비록
이들 제안은 군 당국에서 거부당했고 이때 입은 경영상의 타격으로
1991년에 영국의 방위산업체인 BAE에 회사가 팔리는 수모까지 당
했지만 이때 얻은 기술은 새로운 돌격소총을 만드는 데 커다란 도
움이 되었다.

　헤클러 앤 코흐는 HK50으로 명명한 새로운 돌격소총 프로젝트

를 시작했는데 이전의 롤러로킹 방식을 버리고 쇼트스트로크 가스 피스톤 방식과 회전노리쇠 방식을 사용했다. 업체의 명성답게 명중률이나 신뢰성은 문제가 없었고 특히 청소 없이 8,000발을 쏠 수 있을 정도의 뛰어난 내구성을 자랑했다. 대부분의 서방 소총과 달리 AK-47처럼 웬만한 오염지대에서도 무리 없이 작동했다.

더불어 특이하다고 할 만큼 플라스틱을 많이 써서 중량을 대폭 줄였는데, 몸통을 비롯한 대부분의 외장은 강화 폴리머 재질로 만들었다. 그러면서도 사격 시 반동을 대폭 줄이는 데 성공하여 개머리판을 접고도 일부 사격이 가능할 정도다. 더불어 주요 부분을 모두 고정된 십자 핀으로 조립하여 놓았기 때문에 분해·조립 시에 별도의 공구를 필요로 하지 않고, 당연히 야전에서의 정비도 수월하다.

이미 돌격소총의 개념이 정립된 이후에 탄생한 소총답게 G36은 이전에는 부가적이라 생각하던 여러 장비를 기본적으로 탑재하고 있고, 새로운 아이디어도 곳곳에 숨어있다. 예를 들어 사치품처럼 여기던 광학조준경 등이 대표적인데 당연히 명중률이 높을 수밖에 없다. 하지만 무게가 증가했고 독일군이 사용하는 이중 스코프는 동절기에 시야 확보가 잘 안 되는 단점도 있다.

요철로 이루어진 연결구를 탄창 외부에 만들어 탄창을 병렬로 붙여 놓고 신속히 교환하며 사격할 수도 있는데, 실전에서 어느 정도 효과가 있는지는 모르겠지만 탄입대에서 탄창을 꺼내 장착하는 속도보다는 이 방식이 조금 더 빠른 것으로 알려졌다. 하지만 이러한 여러 장치는 가격 상승을 불러와, G36은 보병용 제식 소총으로는 상당히 고가에 속한다.

언제까지 대세가 될 것인지?

성능에 대만족한 독일 당국이 이를 채용한 것은 너무나 당연해서, G36이라는 제식명을 새롭게 부여받고 1995년부터 대량생산에 들어갔다. 일부 단점도 지적되었는데 초기형의 경우 플라스틱을 사용한 부분이 부러지거나 열에 녹아내리는 경우도 있는 것으로 알려졌다.

하지만 이러한 부분은 곧바로 개량되었고 사용자들에게 'M16 이후 최고의 돌격소총'이라는 찬사를 받았다. G36은 단점을 거의 찾기 힘든 소총으로 명성이 자자하다. 개발된 지 얼마 되지 않은 신형 돌격소총임에도 등장과 동시에 호평을 얻어 이미 20여 개국에서 도입하여 사용 중이다. 이때까지 등장했던 모든 소총의 장점만을 골라서 만든 소총이라는 평판을 들었을 정도다. 더불어 미국이 연구 중인 차세대 소총 XM29 OICW와 XM8 소총의 베이스가 되기도 했다. 덕분에 헤클러 앤 코흐는 독일의 투자자 그룹에게 인수되어 다시 독일 기업으로 돌아오게 되었다.

G36 이후에 개발된 소총은 많지만 아직까지 G36을 능가하는 소총이 출현했다는 소식은 없다. 앞서 설명한 것처럼 훨씬 뛰어난 경쟁자가 없다면 오랫동안 현역에서 활약할 수 있는 대표적인 무기가 총이다. 하지만 그 반대의 경우라면 나오자마자 사라질 수도 있다. 지금까지 가장 완벽한 소총으로 알려진 G36 다음을 장식할 총은 과연 어떤 것일지 사뭇 궁금해진다.

5.56x45mm 나토탄 (FMJ) 실제 크기

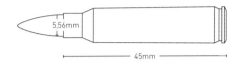

5.56mm

45mm

G36 30발 탄창

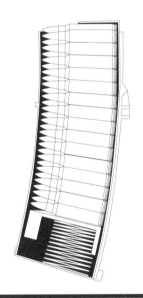

구경	5.56mm
탄약	5.56×45mm 나토탄
급탄	30발 탄창
작동방식	가스작동식, 회전노리쇠
전장	999mm
중량	3.63kg
발사속도	분당 750발
총구속도	920m/s
유효사거리	500m

중간자의 위치를 담당했던
M14 전투소총

M14 (public domain)

가장 성공적인 반자동소총이라 할 수 있는 M1 개런드(이하 M1)는 미국을 2차대전에서 승리하게 만든 공신이었다. 전쟁 말기에 차원이 전혀 다른 StG44 같은 돌격소총을 등장시키기도 했지만 전쟁 내내 독일군이 사용한 주력 소총은 볼트액션식 Kar98k였다. 당연히 평균적인 미군 각개 병사의 화력이 독일보다 우세했다.

반면 소련은 미국처럼 다양한 종류의 반자동소총을 사용하고 있었다. 당시만 해도 한배를 탄 연합국이었지만 만일 미군이 SVT-40 같은 반자동소총으로 무장한 소련군과 교전을 벌인다면 승리를 장담하기는 어려웠다. 더구나 무서운 가능성을 선보인 돌격소총은 장차전에서 사용할 소총이 어떤 것일지 충분히 예고했다. 미군 당국은 1930년대 제작된 M1로 더 이상 질적 우세를 계속 담보할 수 없음을 깨달았다.

이러한 당위성으로 말미암아 이후 미군이 사용할 새로운 소총이 탄생했다. 바로 미군이 사상 처음으로 채택한 자동소총인 M14 전투소총이다. M1의 장점을 그대로 물려받았으면서도 성능은 훨씬 뛰어난 신개념 소총이었다. 하지만 야심만만한 등장과 달리 불과 10년도 안 되어 일선 제식화기에서 물러나야 했다. 무겁고 반동이 심하다는 M1의 단점도 그대로 가지고 있었기 때문이다.

새로운 소총에 대한 생각

소부대간 교전 시에 M1918 BAR와 M1로 무장한 미군이 MG 42와 Kar98k를 장비한 독일군과의 교전에서 그다지 밀리지 않았던 점을 고려한다면 자동소총, 즉 돌격소총으로만 무장한 소부대의 화력은 대단할 것이고 보급도 유리하리라 예상할 것이다. 사실 그런

베트남 전쟁이 한창이던 1967년 M14를 들고 경계를 서는 미군 (public domain)

모습은 StG44를 사용한 독일군이 이미 보여주었다. 비록 적은 수량만 보급되어 전쟁의 양상을 바꾸지는 못했지만, StG44는 그야말로 경이적인 전투력을 선보였다.

자동소총은 총기 개발자들이 오래전부터 꿈꾸어온 소총이다. 휴대하기 편리한 기관총의 개념인데 이를 막상 구현하는 데는 여러 애로사항이 있었다. 자동화된 총을 만드는 것 자체는 기술적으로 어려운 일이 아니었지만, 휴대가 가능한 소총에 이를 적용하면 필연적으로 발생하는 반동과 정확성이 반감하는 문제는 쉽게 해결하기 힘든 부분이었다.

권총탄을 이용한 기관단총이 그 대안으로 일부 사용되기도 했지만 오로지 근접전에서 연사가 가능한 대신 사거리·파괴력·정확도는 철저히 희생했다. 더불어 말단 부대 병사들의 기본화기와 사용탄이 이리저리 나뉘는 것은 보급이나 부대 유지상 그다지 바람직하지 않았다. 이에 미군 당국은 그들이 워낙 신뢰하고 있는 M1을 완전 자동화한다면 상당히 효과적일 것이라 생각하기에 이르렀다.

개발이 아닌 개량

새로운 소총에 대한 필요성을 느낀 미군은 2차대전이 막바지로 치닫던 1943년 말 M1을 만든 존 C. 개런드John C. Garand에게 자동소총 개발을 의뢰했다. 연구 끝에 개런드는 20발들이 BAR 탄창을 꼽을 수 있는 실험용 소총 T20을 1945년에 선보일 수 있었다. 사수의 선택에 따라 자동 혹은 반자동사격을 할 수 있었는데 전반적인 모양은 M1과 상당히 흡사했다.

기존에 M1에 사용하던 7.62×63mm 스프링필드탄 대신 이를 조금 단축하여 장약량을 줄인 7.62×51mm 나토탄을 사용하면서 반동을 줄일 수 있었다. 하지만 탄환만 바꾸고 총의 형태는 대대적인 개량이나 개선 없이 기존 M1의 모습을 그대로 답습한 것은, T20이 차원이 전혀 다른 새로운 소총이 되기에는 결정적인 한계로 다가왔다. 다시 말해 T20은 M1의 확장판에 불과했다.

M1의 장점인 강한 위력과 뛰어난 사거리를 그대로 살렸지만 조금 단축된 탄을 사용하는 것만으로 자동사격 시 발생하는 반동을 완벽히 제어하기는 힘들었다. 사실 7.62mm 나토탄 자체도 사격 시 반동이 강한 탄환이었던 것이다. 그렇다 보니 조준이 어려웠고 오히려 총의 무게와 길이만 늘어난 형국이었다. 사실 M1조차도 동시대 여타 소총과 비교하여 크고 무거운 편이었다.

6·25전쟁에서 얻은 교훈

하지만 이렇게 탄생한 T20도 종전 후 불어닥친 군비 감축의 여파로 1948년 프로젝트가 중단되었다. 2차대전 동안 생산된 어마어마한 물량의 소총과 탄이 재고로 쌓여 있었기 때문에 새로운 총과 이에 맞는 총탄을 생산할 명분이 없었다. 그러나 1950년 발발한 6·25 전쟁은 프로젝트를 다시 시작할 수 있도록 만들었다.

아직까지 M1은 쓸 만했지만 소련제 무기로 무장한 북한군에게 압도적인 우위를 확보하지 못했다. 근거리에서 난사하는 PPSh-41에 연사력이 뒤져 근접전에서 곤혹을 치른 경우도 종종 벌어졌다. 특히 새로운 적인 중공군의 등장은 M1의 한계를 여실히 깨닫게 만들어 주었다. 인해전술을 앞세워 공격해오는 엄청난 중공군을 상대하기에 M1은 역부족이었고 자동소총이 필요했다.

재개한 자동소총 프로젝트에서 수많은 후보 제품이 경합을 벌였는데, T20을 새롭게 디자인 한 T44E4가 선정되어 1954년에 M14라는 이름을 부여받고 미 육군의 제식 소총이 되었다. 경합 당시에 T48이라는 이름으로 출품된 FN FAL이 가장 유력한 후보였지만 외국산이어서 자존심이 상했고 기존에 M1에 대해 가지고 있던 신뢰감이 워낙 높았기 때문에 T44가 선정된 것으로 알려진다.

필연적인 퇴장, 계속되는 생명력

우여곡절 끝에 탄생한 M14는 1959년부터 본격 양산에 들어가게 되었고 베트남 전쟁에 미국이 전격 참전하면서 실전에 처음 투입되었다. 하지만 M14는 베트남의 밀림에서 AK-47로 무장한 베트민 Vietminh군과 교전을 벌일 때 역부족임이 드러났다. 일단 총이 너무 커서 밀림 속에서 휴대와 사용이 불편했다. 태평양 전쟁 당시 해병대의 기본 화기가 휴대가 간편한 M1 카빈이었다는 점을 그새 망각했던 것이다.

지정사수용으로 사용 중인 M14EBR (public domain)

처음부터 반자동사격을 목적으로 개발된 M1을 개량한 것이다 보니 M14는 고질적인 반동문제로 원성이 자자했고 당연히 연사 시에 정확도가 떨어졌다. 이것은 AK-47과 비교한다면 그야말로 치명적인 단점이었다. 이런 고민을 안게 된 미군 당국에게 훨씬 작고 가벼우며 연사능력과 정확도가 뛰어난 M16 돌격소총의 등장은 그야말로 구세주였다. 결국 M14는 10년 만에 일선에서 물러나는 수모를 얻었다. 그것은 필연이었다.

M16은 5.56mm 나토탄을 사용하여 파괴력이 뒤졌지만 실전에서 그다지 문제가 되지 않았다. 다만 7.62mm 탄이 가지고 있는 굳은 믿음과 이를 사용하는 소총이라는 이유 덕분에 M14는 완전히 도태되지 않고 저격수용으로 개량된 M21 등으로 명맥을 유지하며 일부 사용되고 있다. 특히 최신형인 M14 EBR은 신소재를 채택하

여 무기를 대폭 줄이고 다양한 레일을 장착할 수 있도록 개량되어 지정사수용으로 사용되고 있다.

흔히 총기를 분류할 때 7.62mm 탄을 사용한 서방권 자동소총을 전투소총으로 분류하는데, 그중에서 M14는 중간자적 역할을 담당했다. 반자동소총과 돌격소총의 연결 고리를 담당했지만 단점을 개선하지 못하고 그대로 계승했다는 점이 M14가 급속히 사라진 이유가 되었다. 그러면서도 정확하고 강하다는 반자동소총의 장점 또한 그대로 간직하고 있어 일부나마 아직도 일선에서 명맥을 유지하는 보기 드문 소총이다.

7.62x51mm 나토탄 (FMJ) 실제 크기

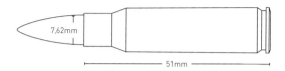

M14 20발 탄창

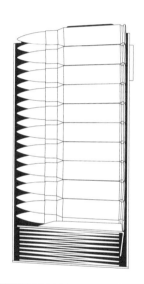

구경	7.62mm
탄약	7.62×51mm 나토탄
급탄	10/20발 탄창
작동방식	가스작동식, 회전노리쇠
전장	1,118mm
중량	4.5kg
발사속도	분당 700발
총구속도	초속 850m/s
유효사거리	460m

6·25전쟁을 겪으면서 국군의 규모는 엄청나게 불어나 1960년대에 상비군 병력으로만 따진다면 세계 4위 수준에까지 이르렀다. 하지만 병력 규모만 어마어마하게 컸을 뿐이지 갖추고 있는 무장 수준은 상당히 열악했다. 한마디로 질적 열세를 양으로 때우는 모양새였다. 당시 대한민국은 하루하루 호구지책을 강구할 만큼 가난한 나라여서 이런 모습은 당연한 것이었다.

당시 우리나라는 미국의 원조를 받아 거대한 군대를 근근이 유지하고 있었다. 중장비는 물론이거니와 소화기조차도 모두 공여 물량에 전적으로 의존해야 했으므로 자주국방의 꿈은 요원했다. 1964년 베트남 전쟁 참전 대가로 겨우 군 현대화 사업에 나설 수 있었지만 이 또한 극히 제한적이었다. 이와 더불어 1970년대가 되면서 주한 미군의 철수가 공공연히 거론되자 더 이상 대외지원에만 전적으로 의존하기 힘든 환경이 되었다.

이러한 환경 변화와 급속한 경제성장에 힘입어 드디어 무기 국산화에 착수했다. 기술적 여건도 부족하고 역사도 짧았지만 우리의 안보환경이나 군대의 규모를 고려한다면 더 이상 늦출 수는 없던 상황이었다. 하지만 처음부터 전차나 전투기 같은 고성능 중장비를 만들기는 불가능했기에 병사들의 최소한 무장인 소총의 국산화부터 시작했다. 그렇게 어려운 시대 상황을 배경으로 탄생한 국군의 제식 소총이 바로 K2 자동소총이다.

자주국방의 의지

1958년부터 북한이 AK-47을 자체 생산하면서 남북 보병의 전력 격차는 급속하게 벌어졌다. 당시 국군은 전쟁 당시 미국이 공여한

K201 유탄발사기를 장착한 K2 (public domain)

M1 개런드와 M1 카빈을 주력 소총으로 쓰고 있었지만, 이 두 소총은 이미 시대에 뒤진 구시대의 유물이었다. 미국이 M1 개런드를 대체하려 막 도입한 M14 전투소총조차도 AK-47에 뒤진다는 평가가 나올 정도였으니, 비교가 불가한 상황이었다. 그렇다 보니 국군은 베트남 전쟁 참전 초기부터 곤혹스러울 수밖에 없었다.

국군은 1967년 4월에 약 2만 7,000정의 M16을 지원받게 되면서 제대로 된 자동소총을 겨우 보유할 수 있게 되었다. M16은 미군이 M14에 만족하지 못해 서둘러 도입한 소총이었지만 초기형은 신뢰도에 문제가 많았다. 하지만 국군이 지원받은 모델은 이러한 문제를 개선한 M16A1이어서 일선에서 반응은 폭발적이었다.

당국은 국군 전체를 자동소총으로 시급히 무장시키기로 결정하고 1972년부터 XB로 명명된 소총 사업에 착수했다. 소요 물량을 고려한다면 자체 개발도 충분히 타당했지만 문제는 기술력이었다.

당시 우리나라는 공업 수준이 미약하여 자체 생산을 위해 우선 기술을 도입해야 했는데 이러한 군사 기술을 순순히 제공해줄 나라는 없었다.

시련과 도전

결국 정부는 신뢰성을 인정받은 M16A1의 라이선스 생산에 나서면서 이를 통해 기술력을 확보하는 차선책을 선택했다. 1974년 3월 2일부터 대우정밀에서 M16A1을 라이선스 생산하여 1985년까지 총 60만 정을 제작했다. 이는 상비군을 겨우 무장시킬 수 있는 수준으로, 전시를 대비하고 대체 수요를 생각한다면 보다 많은 최신예 소총이 필요했다.

더구나 생산할 때마다 지급하는 로열티와 이로 인한 가격 상승은 한 푼의 외화가 아쉬운 가난한 나라에 부담이 될 수밖에 없었다. 덕분에 국산 소총 개발에 대한 열망은 더욱 커졌다. 라이선스 생산을 통하여 자동소총에 대한 기술력을 서서히 확보한 결과 1977년에 이르러 국방과학연구소ADD 주도로 XB-1부터 XB-6로 명명된 여섯 가지 실험용 소총을 제작할 수 있었다.

이때 XB-6가 양산형 모델로 선정되었고 이를 기반으로 본격적인 소총 개발에 돌입했는데 이런 과정 중 가장 먼저 탄생한 것이 최초의 국산 화기인 K1 기관단총이다. 보유하던 M3 기관단총을 당장 교체할 필요성이 절박했던 특수전사령부의 요청에 따른 결과였다. 그런데 소총 개발 과정 중 탄생한 기관단총이다 보니, K1은 보기 드물게 권총탄이 아닌 소총탄을 사용하는 기관단총이 되었다.

마일즈(MILES; 다중통합레이저교전체계) 장비를 장착한 K2 소총으로 훈련 중인 국군 사병 (public domain)

장점만 취합하다

이런 결과를 바탕으로 성공적으로 개발한 K2 소총은 작동구조 등에서 K1 기관단총과 차이가 있지만 아래 몸통 부품이 호환이 되는 등 일부 유사점도 있다. 처음에 K2는 FN FNC 소총처럼 접이식 개머리판을 계획했으나 생산비나 효율성을 고려하여 플라스틱 접철식 개머리판으로 변경했다. 이처럼 여러 차례 개량을 거쳐 M16 라이선스 생산이 거의 끝나가던 1984년부터 전군에 K2를 본격적으로 보급하기 시작하여 현재는 전군에 배치를 완료한 상태다.

M16 생산을 위해 갖춘 캐스팅 설비를 사용하는 등 최대한 기존 시설을 이용하여 제작하여 M16보다 가격이 저렴했다. 그런데 이런 개발과정과 일부 부품의 모양새 등으로 말미암아 M16의 특허

권자인 콜트Colt 사가 무단 도용을 주장하며 소송까지 벌였다. 이는 콜트 사가 K2의 성능과 상품으로서의 가치에 위협을 느꼈다는 증거이기도 하다. 결국 콜트 사는 패소하고 제약이 사라진 K2는 해외에 수출까지 하게 되었다.

K2의 가장 큰 특징이라면 냉전시대 동서의 대표적인 돌격소총인 AK-47과 M16의 장점을 골고루 수용했다는 점이다. 오염물질로부터 안정성이 뛰어난 롱스트로크 가스피스톤 방식은 AK-47에서 따온 것인데, 총열처럼 외견상 AK-47과 상당히 유사한 부분도 보인다. 반면 회전노리쇠 방식과 발사모드 제어 방식은 M16과 상당히 유사하고 여타 서방 화기처럼 5.56mm 나토탄에 최적화되어 있다.

AK-47이나 M16에는 없지만 K2에 장착한 가스조절기는 열대지방 못지않은 혹서와 극지와 맞먹는 혹한이 주기적으로 반복되는 한반도 기후 환경을 고려한 장치다. 사격 시 발생하는 가스의 량은 발사속도에 많은 영향을 주는데, 외부 온도에 따라 가스량도 차이가 난다. 가스조절기는 이를 계절에 따라 조절할 수 있도록 한 것이다. 즉 한국의 지형과 기후 환경에 최적화한 한국형 소총이라는 뜻이다.

시대를 개척한 소총

일부 부품의 내구성이나 탄피배출구를 통한 이물질 유입 등이 단점으로 지적되지만 개선을 통해 현재는 사용에 크게 문제를 일으킬 정도는 아닌 것으로 알려진다. 발사속도나 사거리 등은 동급의 세계 유수의 소총들과 견주어도 결코 부족하지 않은 수준이다. 거기에다 탄창을 제거했을 때 3.26킬로그램의 무게와 개머리판을 접었을 때 730밀리미터의 길이는 소총 중에서도 가볍고 짧은 편에 속한다.

이제는 한국인의 체격도 서구인 못지않게 커져서 M1 개런드 소총을 끌고 다녔다는 예전의 우스갯소리가 더 이상 통용되지는 않지만 무기는 원래 작고 가벼울수록 좋다는 것이 진리다. 1970년대 한국인의 체형을 고려하여 개발한 소총답게 K2는 간편하고 휴대하기 좋다. 1킬로그램 더 무거운 AK-47을 체형이 작은 북한군 병사가 들고 다니는 점을 고려한다면 이것은 야전에서 상당한 이점이다.

K2는 나이지리아와 페루를 비롯한 다수 국가에 군경용으로 공급되었고 미국 민간시장에 맥스2MAX2나 DR-200 등의 이름으로 수출되었다. 하지만 K2의 진정한 의의는 가장 어렵고 아무 것도 갖추지 못했던 시절에 단지 자주국방의 일념으로 착수하여 개발에 성공한 최초의 국산 자동소총이라는 점이다. 항상 최초가 어려울 뿐이지 성과를 얻으면 앞으로 더 크게 도약할 수 있다.

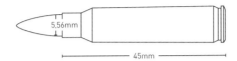

자동소총 AUTOMATIC RIFLE

5.56x45mm 나토탄 (FMJ) 실제 크기

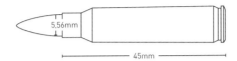

5.56mm

45mm

K2 30발 탄창

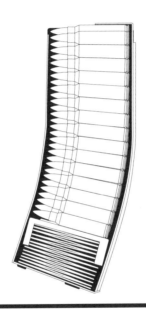

구경	5.56mm
탄약	5.56×45mm 나토탄 (K100)
급탄	20/30발 탄창
작동방식	가스작동식, 회전노리쇠
전장	970mm
중량	3.26kg
발사속도	분당 800발
총구속도	960m/s
유효사거리	600m

냉전시대 서방을 대표한

M16

사상 최대이자 최악의 전쟁인 2차대전을 승리로 이끈 미국이 자만심을 가지게 된 것은 어쩌면 당연했다. 미국은 또 하나의 거대 세력으로 서서히 고개를 들기 시작한 소련도 상대로 보지 않았다. 사실 미국은 전쟁 중 엄청난 군수물자를 소련에 공급했고, 이 때문에 자신들의 지원이 없었다면 소련이 승전국의 지위를 얻지 못했을 것이라 착각하고 있었다.

그런데 전쟁사를 살펴보면 거대한 승리를 거둔 승자들이 이후 방심하는 경우를 종종 볼 수 있다. 전후 미국도 자신들의 무기가 세계 최고라고 오판하는 실수를 범했다. 전쟁 당시 일부 무기의 품질은 상당한 수준이었지만 사실 미국은 질보다는 양으로 상대를 제압했다. 문제는 '앞으로도 그럴 것'이라 단정해 버린 점이었다. 예를 들어 개인화기인 M1 개런드가 훌륭한 소총이긴 했지만 이를 너무 맹신했다.

이를 대체할 M14도 M1 개런드를 개량한 형태에 지나지 않았다. 하지만 전후 새로운 소총의 대세는 자동소총이었고, 소련은 이미 AK-47이라는 희대의 걸작을 만들어 급속히 보급하고 있었다. 결국 미국의 만용은 베트남 전쟁에서 문제점으로 드러났다. 새로운 전투 환경에 맞설 수 있는 새로운 소총이 필요했다. 바로 그때 또 하나의 전설, M16이 등장했다.

승리로 얻은 자만심

자신만만하게 베트남 전쟁에 뛰어든 미군은 베트민군이 난사하는 AK-47에 적지 않게 당황했다. 교전 능력에서 자신들이 보유한 M14가 상대도 되지 않는 것을 보고 미군의 자부심은 바닥으로 추

M16A2로 사격 훈련 중인 미군 (U.S. Army)

락했다. M14도 좋은 소총이지만 밀림 속에서 근접전을 펼치기에는 상당히 불편했던 것이다. 이런 결과를 가져온 것은 전적으로 미국의 만용이었다.

전통적으로 미국의 소총은 긴 사정거리와 정확성을 추구하기 때문에 크고 무거운 편이다. 6·25전쟁 당시에 인해전술을 펼치는 중공군을 M1만으로 상대하기 힘들다는 점을 깨닫고 새로운 소총 개발에 착수했음에도 이러한 사고방식에서 벗어나지 못했다. 더구나 제1·2차 세계대전을 거치며 엄청나게 생산한 스프링필드탄과 전후 이를 개량한 7.62mm 나토탄도 전혀 다른 개념의 소총을 생각할 수 없도록 만들었다.

미군 당국도 전쟁 말기에 등장한 StG44를 잘 알고 있었지만 이처럼 스스로를 제한하는 사고방식에다가 전통에 얽매여 새로운 개념의 소총의 도입을 고려하지 못하고 있었다. 반면 소련은 뛰어난 소총인 SKS를 단 2년 만에 도태시키는 과감한 선택을 하면서 AK-47을 제식화했다. 이런 정책의 차이로 불거진 전력 격차는 베트남 전쟁에서 여실히 드러났고, 미국은 조속히 선택을 해야 했다.

생소함이 준 거부감

미국에게는 이미 대안이 존재하고 있었다. 단지 그것을 알아차리지 못하고 있었을 뿐이다. 미국은 전통적인 총기 강국으로 수많은 제작사는 물론 개인들도 총을 개발한다. 민간용 내수 시장이 크기 때문에 군경의 정식 소요 제기와 별도로 민수용 제작에 나서는 경우가 많다. 경우에 따라 기존에 개발된 총이 나중에 제식화되는 경우도 흔하다.

아말라이트^{ArmaLite} 사의 수석 엔지니어인 유진 스토너^{Eugene Stoner}는 1955년 7.62mm 나토탄을 사용하는 AR-10 전투소총을 만들었는데, 특이하게도 플라스틱과 알루미늄을 사용하여 무게가 3.3킬로그램에 불과했다. 1956년 M1 개런드를 대체할 차세대 소총 사업에 이를 출품했는데 미 육군은 이를 거부했다.

시험 중 총열이 부러지는 결정적인 흠결 사항도 있었지만, 그보다는 혁신적이라 평가받을 만큼 설계방식이나 외관이 특이한 점이 오히려 감점 요인이었다. M16의 원형인 AR-10은 당시 대부분의 소총들과 상이한 디자인이었다. 자고로 총이라면 나무에 쇠를 깎아서 조립하는 것을 당연하다고 여긴 보수적인 군 당국은 플라스틱 같은 생소한 재료에 심한 거부감을 느낀 것이다.

계속되는 의문

또한 백병전을 벌이기에는 너무 가볍다는 고루한 사고방식도 머릿속 깊이 자리 잡고 있었다. 흔히 백병전은 총탄이 떨어졌을 경우에 이루어지는 근접전으로 알지만 그보다 볼트액션식 소총이 대세였

베트남 전쟁 당시 M16을 이용하여 교전 중인 모습 (public domain)

을 때 구조적으로 벌어질 수밖에 없던 교전 방식이기도 했다. 탄환
이 있어도 노리쇠를 후퇴·전진할 시간이 없을 경우에는 총을 검이
나 창처럼 사용했다. 이 때문에 소총은 백병전 도구로도 사용할 만
큼 어느 정도의 무게와 내구성을 보유해야 했다.

소총이 자동화되면서 이런 제약은 많이 감소했지만 사고방식
까지 변한 것은 아니었다. 보수적인 군 지휘부는 플라스틱이 약하
다는 선입견을 가지고 있어서 가벼운 무게를 탐탁지 않게 여겼다.
하지만 AR-10을 그냥 사장시키기에는 아쉬운 점이 많았다. 특히
StG44가 사용했던 것처럼 단축탄을 사용하는 자동소총을 소련에
서도 개발했다는 점은 자극이 되었다.

1958년 .223 레밍턴탄을 사용할 수 있도록 AR-10을 개량한
AR-15를 제작했는데 총의 무게와 사격 시 반동이 획기적으로 감
소했다. 하지만 M14를 맹신하던 보수적인 미군 수뇌부는 AR-15
를 채용하지 않았는데 새롭게 적용한 5.56mm 탄을 극도로 불신했
기 때문이다. 7.62mm 나토탄을 반으로 자른 것 같은 조그만 탄으
로 과연 교전이 가능할지가 의문이었던 것이다.

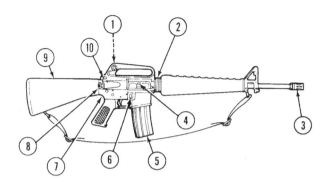

M16A1 소총 오른쪽 면 (public domain)
① 가늠자 ② 총열 덮개 고정 링/델타링 ③ 소염기 ④ 탄피배출구 덮개 ⑤ 탄창 ⑥ 탄창 멈치
⑦ 리시버 ⑧ 노리쇠 전진기 ⑨ 개머리판 ⑩ 장전손잡이

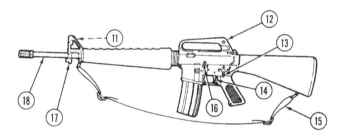

M16A1 소총 왼쪽 면 (public domain)
⑪ 가늠쇠 ⑫ 운반손잡이 ⑬ 조정간(실렉터레버) ⑭ 방아쇠 ⑮ 멜빵 ⑯ 노리쇠 멈치 ⑰ 대검꽂이
⑱ 총열 앞부분

기본을 충실히 하지 않아 벌어진 문제

결국 여러 차례의 시도에도 군납이 좌절되자 아말라이트 사는
AR-15의 권리를 콜트 사에 매각했다. 총기의 명가인 콜트는 AR-15
의 가능성을 충분히 인지하고 즉각 로비에 착수했다. 그 결과 1961년
경량의 기지 방어용 소화기를 원했던 공군이 AR-15에 관심을 보였
고, 먼저 1,000정을 베트남군에 공여하여 성능을 시험했다. 결과는
고무적이었고 1963년 미 국방부는 M16이라는 군 제식명칭을 부여

하여 이를 도입했다.

미 공군이 먼저 M16을 도입하자 M14에 전전긍긍하던 육군도 관심을 보였다. M16은 이미 배치 이전부터 AK-47을 능가하는 획기적인 소총이라는 소문까지 공공연히 떠돌았다. 그런데 막상 M16을 들고 밀림으로 뛰어들자 예기치 못한 문제가 발생했다. 교전 중 송탄 불능이 자주 발생했던 것이다. 이로 인해 미 의회에서 조사까지 벌였는데, 구조적인 문제점도 있었지만 어이없게도 총기 소제를 하지 않은 것이 주된 원인이었다.

무슨 이유에서인지 M16이 처음 보급되었을 때 청소가 필요가 없는 총으로 알려져 병사들이 소제를 게을리한 것이다. 결국 이런 문제점을 조치함과 더불어 송탄 불능 시 즉시 대처할 노리쇠 전진장치를 부착하는 등 여러 부분을 개선한 M16A1이 1967년부터 보급되었다. 이런 과정을 거쳐 M16은 최고의 총으로 명성을 드높이기 시작했다.

한 시대를 장식한 소총

그런데 M16을 미군이 주력 소총으로 채택하자 나토에서 문제가 벌어졌다. 2차대전 후 거의 우격다짐으로 7.62×51mm 탄을 나토의 표준탄으로 만든 미국 스스로 이러한 정책을 어겼기 때문이다. 결국 미국이 다시 우겨 .223 레밍턴탄을 개량한 5.56×45mm 탄을 또 다른 규격의 나토탄으로 제정하게 되었고 이후 우리나라의 K2처럼 서방에서 개발된 수많은 자동소총에서 이를 사용하고 있다.

M16은 본격 등장과 동시에 전쟁에서 사용하여 현재까지도 AK-47과 대비가 많이 되는 자동소총이고, 어느덧 냉전시기에 동서 양진영을 대표하는 아이콘이 되었다. 대체로 대구경탄을 사용하

는 AK-47이 화력에서 우위를 보이지만 M16은 1950년대 설계된 화기라고 생각하기 어려울 만큼 인체공학적으로 설계된 개머리판 덕분에 반동 제어와 탄착군 형성에 유리한 것으로 평가받고 있다.

원래 긴급 대체용으로 한시적으로 사용할 요량으로 채택되었지만 M16은 이후에도 무한한 변신을 거듭하며 일선에서 계속 사용 중이다. 21세기 들어 미군이 주력 소총으로 사용하고 있는 M4 카빈도 M16의 파생형이다. 이처럼 한 시대를 풍미했고 앞으로도 계속하여 상당기간 생명력을 이어갈 것으로 보이는 M16은 총기 역사에서 중요한 한 페이지를 장식한 명품 소총이라 할 수 있다.

5.56x45mm 나토탄 (FMJ) 실제 크기   M16 30발 탄창

구경	5.56mm
탄약	5.56×45mm 나토탄 (K100)
급탄	20/30발 탄창
작동방식	가스작동식, 회전노리쇠
전장	986mm
중량	2.89kg
발사속도	분당 800발
총구속도	975m/s
유효사거리	460m

05
MACHINE GUN

GUN

기관총

내가 큰 어른이다
M2 중기관총

M2 중기관총 (M2E2-QCB) (public domain)

전시나 냉전 시대에 비해 상대적으로 많이 줄어들었지만 지금도 무기의 발전 속도는 대단하다. 예를 들어 순항미사일 같은 정밀 타격용 무기들만 해도 10년의 간격을 두고 발생한 걸프전과 이라크 전쟁을 비교할 때 정확도에서 엄청난 차이를 보여주었다. 이처럼 그어떤 상업제품 못지않게, 아니 능가할 정도로 무기의 발전 속도가 빠른 이유는 간단하다. 좋은 무기를 가진 쪽이 전쟁에서 이길 수 있는 가능성이 높기 때문이다.

100년을 버틴 기관총

만일 교전 중인 양측 부대원들의 능력이 대등하다면 무기의 우열이 승패의 결정적 요소라 해도 과언이 아니다. 따라서 무기 또한 소비자에게 선택되기 위해 치열한 성능 경쟁을 벌인다. 사용 목적을 배제하고 본다면 무기 또한 엄연한 상품이기 때문이다. 당연히 좋은 품질의 무기는 계속하여 생산하고 성능이 뒤진 무기는 자연스럽게 도태하기 마련이다. 그래서 탄생한 지 오래된 무기가 최신 무기에 비해 성능이 떨어지는 것은 당연한 법칙이라 볼 수 있다.

그런데 이토록 살벌한 경쟁에서 무려 100년 가까이 사용되고 있는 스테디셀러 무기가 있다. 흔히 '캘리버 50'이라 불리는 M2 중기관총이 바로 그 주인공인데, 사실 일반 상품에서조차 이런 경우는 극히 드물다. M2 중기관총이 처음 세상에 선보였을 때에는 미사일이라는 단어가 세상에 존재하지도 않았다. 하지만 미사일이 머리위를 날아다니는 지금도 M2는 일선에서 사용 중이다.

M2는 1918년 전투기용 기관총으로 처음 설계되었다. 1차대전 당시 전투기에 장착했던 기관총은 비커스Vickers나 MG 08 슈판다우

Spandau같이 8mm 이하 구경의 소총탄을 사용한 것들이었다. 이들은 연사력이 좋았지만 파괴력이 부족하여 공대공 전투로 적기를 격추하려면 많은 탄을 명중시켜야 했다. 하지만 기동력이 뛰어나고 속도가 빠른 적기에 계속하여 탄을 맞추는 것도 그리 쉬운 일이 아니었다. 따라서 적은 수의 명중탄만으로도 치명적인 타격을 줄 수 있는 새로운 기관총이 요구되었다.

군이 개발을 의뢰한 존 M. 브라우닝John M. Browning은 '자동화기의 아버지'라 불린 총기 역사상 최고의 장인 중 하나지만 군 당국의 요구 사항에 많은 고민을 했다. 파괴력을 늘리려면 탄과 이를 발사할 수 있는 기관총의 크기를 크게 해야 하는데 이것은 쉬운 일이 아니었다. 사격 시 충격을 충분히 흡수할 수 있을 정도로 튼튼하며 정확도가 높아야 하고 또한 비행기에 장착할 수 있을 만큼 무게도 적당해야 했다.

우여곡절 끝에 탄생한 무기

바로 이때 독일군이 전쟁 말기에 대물저격용으로 사용한 마우저 1918 탕크게베어Mauser 1918 T-Gewehr 소총은 좋은 힌트를 주었다. 브라우닝은 당시 존재하던 전차나 장갑차량을 관통할 수 있을 정도로 강력하지만 보병들이 휴대할 수 있었던 (사실 18킬로그램으로 너무 무겁고 사격 시 반동이 심하여 사수들이 부상당하는 경우가 많아 일선에서 그리 반기지는 않았지만) 탕크게베어 소총의 13.2mm 구경 탄환을 기존 M1917 기관총에 장착하는 시도를 했다.

하지만 이를 그대로 사용하는데 예기치 못한 문제점이 많이 드러났고 제작은 난항을 겪었다. 바로 그때 미군 병기국에서 12.7mm

B-25 경폭격기의 기수에 장착된 4연장 M2 기관총 ⓒ①①◎ Ssaco at en.wikipedia.org

구경의 새로운 탄환을 개발했는데 브라우닝 개발팀은 이를 이용하여 실험을 재개했고, 마침내 1921년 새로운 수랭식 중기관총을 만들어 냈다. 그것이 바로 M1921이었는데 곧바로 미군 당국에서 채택했다.

최초 M1921은 전투기용으로 개발되어 보병이 휴대할 수 있을 만큼 가벼운 장비는 아니었다. 이는 M1921에만 해당되는 사항이 아니라 1차대전 당시 전선의 주역으로 등장한 기관총들 대부분은 상당히 무거워서 3~4명 이상의 병사가 운용했고, 엄밀히 말해 진지의 거치대에 장착하여 사용하는 방어용 무기에 가까웠다. 하지만 1차대전을 거치며 기계화·차량화부대가 속속 등장하면서 육군도 무거운 중화기를 손쉽게 탑재하여 사용할 수 있는 길이 열렸다. M1921은 바로 이러한 새로운 형식의 부대에 적합한 무기였다.

그런데 M1921을 일선에서 운용해 본 결과, 물에 의한 냉각방식

네이비 실(Navy SEAL) 대원이 사용 중인 M2 (U.S. Navy)

은 무게만 늘릴 뿐임을 알게 되었다. 공기만으로 충분히 냉각시킬 수 있음이 입증되자 총열 부분을 약간 개량하여 공랭식으로 개량이 이루어졌는데, 1933년 이렇게 탄생한 것이 바로 M2다. 공랭식 M2는 일선에서 대단한 호평을 받았고 기존의 M1921은 빠른 속도로 M2로 개량되었다. 이후 항공기는 물론 전차와 장갑차를 비롯한 모든 기동장비와 군함에도 표준 중화기로 탑재되었다.

100년을 이어온 성능

M2의 외형적 특징 중 하나가 굵은 총신^{Heavy Barrel}이다. 이는 공랭식으로 개조하면서 방열 효과를 높이기 위해 생겨난 특유의 구조인데, 이 때문에 'M2HB'라고 불리게 되었다. 브라우닝이 만든 총기답게 노리쇠를 반동으로 후퇴전진 시키는 쇼트리코일^{Short recoil} 방식으로 작동하고 12.7×99mm 전용탄을 사용한다. 최대 유효사거

리는 1,830미터이고 분당 최대 600발을 발사할 수 있는데, 91미터 거리에 있는 22.2밀리미터 두께 장갑판을 관통하는 파괴력을 보유했다.

M2는 총열이 몸통에 회전식으로 결합되어 있어서 교환할 때 시간이 많이 걸리고 게이지를 이용하여 두격(노리쇠와 총열의 삽입부 사이)을 매번 조정해야 하는 번거로움이 따랐다. 두격을 조정하지 않으면 사격이 중단되거나 경우에 따라서는 폭발사고가 발생하기도 한다. 따라서 사격 시 총열을 자주 교환해야 하는 M2에게 이는 커다란 약점이라 할 수 있다. 이러한 단점을 개량하여 총열교환을 탈착식으로 할 수 있는 모델이 M2QCB인데 현재 M2를 개량한 국산 K6 중기관총도 이러한 형태다.

M2는 2차대전 때부터 본격적으로 맹활약했는데, 미군이 있는 곳에는 반드시 M2가 함께했다고 해도 과언이 아니다. 6·25전쟁, 베트남 전쟁은 물론 현재까지도 당당히 실전에서 사용되며 끈질긴 생명력을 자랑하고 있다. 더불어 미국으로부터 군사적 지원이나 원조를 받은 수많은 나라에서 표준 화기로 사용했고 현재도 사용하고 있다.

원래 기관총은 강력한 화력으로 일정 지역을 제압하는 용도로 사용하는 화기다. 특히 M2는 적 장비 격파를 목적으로 탄생했다 보니 정확도보다는 파괴력에 중점을 둔 기관총이라 할 수 있다. 그럼에도 M2는 정확도가 상당하여 대인저격용으로 사용되기도 했다. 1967년 베트남 전쟁에서 미 해병대의 저격수 카를로스 해스콕 Carlos Hathcock은 광학조준경을 장착한 M2를 사용하여 2,250미터 거리에 있는 적을 저격하는 경이적인 기록을 세웠는데, 이는 이후 35년간 최장 저격기록으로 남았다.

모두 물럿거라

M2는 일반 보병들이 휴대하여 사용하기에 불가능할 정도로 무겁고 총열 교환을 자주 해야 한다는 약점이 있으나, 더 이상 개선할 필요가 없다는 이야기가 나올 정도로 처음부터 잘 만든 기관총이다. 최신 무기의 습득에 남다른 욕심이 있는 미군 당국도 무게를 줄이는 등 개량형 개발을 시도했지만 모두 실패했고, 이를 완전히 대체할 새로운 중기관총 프로젝트(OCSW)를 추진했으나 지지부진한 것으로 알려져 있다. 따라서 M2 중기관총은 앞으로도 상당기간 현역에서 활동할 것으로 예상된다.

멀쩡한 휴대전화를 실증이 난다는 이유만으로 버리고 나온 지 얼마 되지 않은 제품이 단종 되는 경우가 허다한 요즘 시대에, 그것도 최신식이 판치는 무기의 세계에서 M2의 생명력은 실로 대단하다. 복엽기가 하늘을 날아다니는 시절에 등장한 기관총을 100년 가까이 된 지금까지 최일선에서 사용하고 있다는 사실은 놀라움을 넘어 경이의 대상이라 할 것이다. 만일 M2가 생명체였다면 최신 무기라고 뽐내는 놈들 앞에 가서 이렇게 외쳤을 것 같다. "물럿거라! 내가 큰 어른이다."

구경	12.7mm
탄약	12.7×99mm 나토탄 (.50 BMG)
급탄	탄띠 급탄식
작동방식	반동 이용식, 쇼트리코일
전장	1,650mm
중량	38kg (삼각대 사용 시 58kg)
발사속도	분당 550발
총구속도	930m/s
유효사거리	2,000m

.50 BMG탄 (FMJ) 실제 크기

M2 중기관총 탄띠

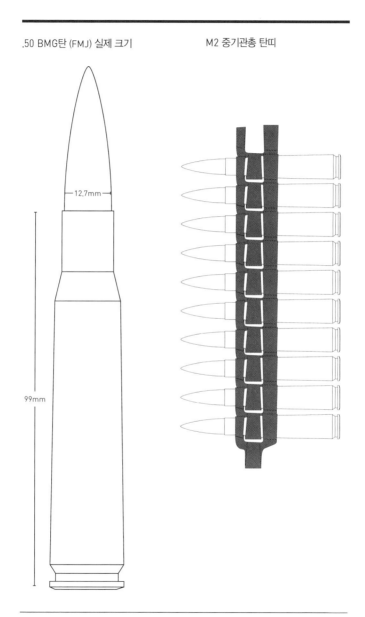

12.7mm

99mm

히틀러의 전기톱
MG 42

2차대전 당시 독일군의 MG 42는 '히틀러의 전기톱'이라는 소리를 들을 만큼 인상적인 무기였다.

1998년 개봉한 〈라이언 일병 구하기Saving Private Ryan〉의 시작 장면은 그야말로 충격적이었다. 이전까지 대개의 전쟁 영화에서는 총포에 사람이 피격하면 그냥 비명 한번 지르고 쓰러져 전사하는 것으로 묘사하고는 했다. 이 때문에 전쟁을 실제로 경험하지 않은 이들은 총이나 대포에 맞아도 사람이 깔끔하게 다치거나 죽는 것으로 오인하고 은연중 전쟁의 무서움을 망각했다.

하지만 실제로 전쟁은 이 영화의 첫 장면에서 묘사한 것보다 훨씬 잔인하다. 이처럼 실제에 가깝도록 묘사한 충격적인 영화 장면은 1944년 6월에 있었던 노르망디 상륙작전 당시 연합군이 가장 크게 피해를 입은 오마하Omaha 해변 전투를 배경으로 하고 있다.

물론 독일이 여러 무기를 사용하여 연합군의 상륙을 저지하고 있었지만 영화처럼 실제로 해변에 상륙한 미군에게 가장 많은 피해를 안겨준 것은 벙커 속에서 쉴 새 없이 난사하던 독일군의 기관총이었다. 바로 MG 42Maschinengewehr 42였는데, 2차대전 내내 독일과 마주한 상대에게 가장 두려움을 안긴 존재였다.

지난 전쟁의 기억

기관총이 최고의 살상무기로 악명을 날린 때는 1차대전이라고 할 수 있다. 특히 최초의 중重기관총이라 할 수 있는 맥심Maxim 기관총은 동맹국이건 연합국이건 상관없이 최전선에서 거점 방어를 위한 화력지원용 병기로 널리 사용되면서 참호전의 꽃으로 그 명성을 길이 남겼다. 상대편 참호를 향하여 달려드는 병사들이 기관총 세례를 받고 죽어나가는 것이 전선의 일상이었다.

그런데 당시까지만 해도 맥심 기관총은 별도로 편제된 기관총 중대에서 운용하던 중화기였다. 기관총 자체 무게만도 30킬로그램 가까이 나가는 데다가 부속장비로 인하여 대개 4~6인이 팀을 이루어야 사용할 수 있었기 때문이다. 즉 신속한 이동과 배치가 쉽지 않아 최일선 부대와 동시에 작전을 펼치는 데 제약이 많았고, 따라서 중대 이하의 제대에서 보유하는 것은 구조적으로 어려웠다.

이런 이유로 당시 중기관총은 주로 참호에 고정하여 사용하는 방어용 무기였는데, 이것은 참호전에서 공격자가 불리할 수밖에 없다는 의미이기도 했다. 오늘날 돌격소총처럼 연사력과 화력이 좋은 무기를 공격하는 보병들이 휴대할 수 없었으므로 당시에는 당연히 기관총을 난사하는 방어자가 훨씬 유리했다. 때문에 종전 후 승전국들이 베르사유 조약으로 독일의 군비를 제한할 때 중기관총의 보유를 금지한 것은 너무나 당연했다.

비록 조약으로 말미암아 독일은 탄띠 급탄식 중기관총의 개발과 보유는 금지당했지만 탄창식 경기관총의 개발은 가능했다. 독일은

차량에 탑재된 MG 42 ⓒⓕⓞⓞ Bundesarchiv / Micheljack

이러한 맹점을 파고들어 탄창식 기관총의 개발과 더불어 중립국 스위스의 총기회사를 인수하여 현지에서 유사시 탄띠식으로도 개량이 가능한 기관총 개발에 나서게 되었고, 독일의 재무장 선언 전인 1934년 이를 비밀리에 제식화하는 데 성공했다.

새로운 기관총의 탄생

이렇게 탄생한 기관총이 MG 34인데 겉모양이나 무게로만 보았을 때는 맥심과 같은 중기관총과는 거리가 멀었고, 사수와 부사수 정도의 적은 인원으로 쉽게 이동 및 설치할 수 있어 일선 소부대에서 사용이 가능했다. 그러면서도 기존의 기관단총이나 경기관총이 흉내 낼 수 없는 강력한 화력과 연사력을 자랑했다. 하지만 실전에 투입하자 예기치 못한 불편한 점들이 일선에서 보고되었다.

　MG 34는 공랭식이었으므로 총열을 자주 교환해 주어야 했는데 구조가 불편한 탓에 야전에서 어려움을 겪는 경우가 많았다. 더불어 먼지나 진흙 등의 가혹한 환경에서 쉽게 오작동을 일으키곤 했다. 거기에 복잡한 생산공정으로 인하여 단가가 높아 대량 보급하기에도 부적합했다. 곧 요하네스 그로스푸스 사Johannes Grossfuss AG 주도로 MG 34의 이러한 문제점을 개선하는 사업에 착수했다.

이때 독일군 당국은 신형 중기관총의 개발 방향을 정했는데 이것은 이후 SAW(분대지원용 자동화기)와 같이 현대의 다목적기관총에도 적용하는 규칙이 되었다. 첫째, 경기관총처럼 휴대하기 편하면서 중기관총만큼의 화력을 갖추어야 한다. 둘째, 생산단가를 최대한 낮추고 대량생산에 적합해야 한다. 셋째, 보수 및 총열 교환이 편리하고 악조건에서도 쉽게 사용 가능해야 한다.

이러한 목표를 세워두고 새로운 기관총을 개발 중이던 1939년 9월 독일이 폴란드를 점령하면서 폴란드 엔지니어인 에드바르트 슈테케Edward Stecke가 개발하여 기관총의 구조를 단순화하고 연사속도를 증대시킬 수 있는 '롤러로킹 방식Roller Locking System' 기술을 확보하게 되었다. 독일은 이를 적용함으로써 화력을 강화하는 데 성공했다. 이처럼 독일의 최신예 기관총은 스위스나 폴란드처럼 외국의 기술을 적용시켜 탄생하게 된 것이었다.

다목적기관총의 효시

사격으로 가열된 총열을 30초 이내에 신속히 교환할 수 있고, 프레스 공법을 도입하여 저렴한 가격에 대량생산이 가능한 신형 기관총이 1942년 선보였다. 이처럼 우여곡절 끝에 역사상 최고의 기관총으로 인정받는 MG 42가 탄생했는데 기존의 7.92×57mm 마우저

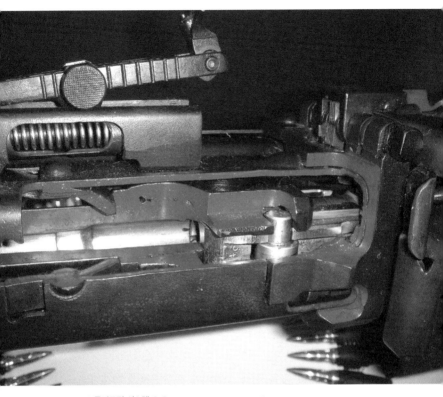

MG 42 롤러로킹 시스템 ©① Quickload at en.wikipedia.org

탄을 사용하며 탄창·탄띠 겸용으로 범용성을 높였다.

쇼트리코일 방식에 롤러 잠금장치가 결합되면서 발사속도가 높아져 보병이 휴대하는 화기로는 경이적인 분당 최대 1,500발을 발사할 수 있었다. 현재 주력 기관총인 M60이나 M249의 발사속도가 분당 1,000발 이하인 점을 고려한다면 그야말로 놀라운 수준이라 할 수 있다. 이처럼 어마어마한 발사속도로 말미암아 특유의 소음이 발생했는데, 연합군 장병들은 이를 빗대어 MG 42를 '히틀러의 전기톱Hitler's buzzsaw'으로도 불렀다.

MG 42의 가장 큰 장점이 분대급에서 사용할 수 있을 정도로 휴대가 편리하다는 점인데, 이 때문에 기관총이 방어용뿐만 아니라 공격용 무기로도 사용할 수 있었다. 전쟁 중반에 등장한 MG 42는 항상 병력 부족에 시달리던 독일군이 이와 맞먹는 분대지원화기나 소대지원화기가 없었던 다수의 적을 압도하는 원동력이 되었다. 그러면서도 진지에 구축된 MG 42는 방어용 무기로 최고의 성가를 자랑했다. 한마디로 오늘날 다목적기관총의 효시였다.

비록 상대적으로 늦은 전쟁 중반기에 등장했지만 현재까지도 최고의 기관총으로 평가받을 만큼 그 명성을 날리는 데 많은 시간이 필요하지 않았고 총 40여 만 정이 생산되어 종전까지 최일선에서 독일군 함께했다. 현재 독일 연방군 및 여러 나라에서 사용하는 MG3 기관총은 MG 42를 7.62mm 나토탄을 쏘도록 개량한 것이다. 한마디로 MG 42는 세기를 뛰어넘어 계속 사용하는 무기사의 명품이라 할 수 있다.

7.92x57mm탄 (FMJ) 실제 크기

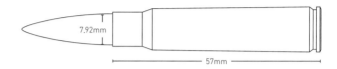

MG42 기관총 탄띠

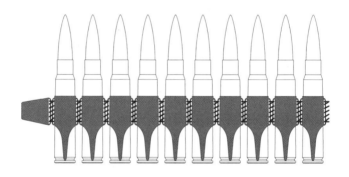

구경	7.92mm
탄약	7.92×57mm
급탄	150발 박스 탄통 외
작동방식	쇼트리코일, 롤러로킹 방식
전장	1,219mm
중량	11.5kg
발사속도	분당 900~1500발
총구속도	755m/s
유효사거리	1,000m

Maxim gun

맥심 기관총 영국 포병박물관(Royal Artillery Museum) 소장. (public domain)

1914년 9월, 프랑스가 마른^{Marne} 전투를 승리로 이끌며 독일의 맹공을 간신히 막아낸 후 전선 곳곳에는 상대를 견제하기 위한 참호가 깊게 파였다. 이때까지만 해도 대치 상황은 잠시고 전쟁 초기의 치열한 기동전이 곧바로 재현될 것으로 예상했다. 하지만 여기저기에 파인 참호들은 서로 연결되어 하나의 거대한 방어진지로 변했고 어느 틈엔가 1차대전 당시 서부전선을 대표하는 상징물이 되었다.

이때부터 전쟁의 대부분은 양측이 만들어 놓은 참호선 사이에서 벌어졌다. 장장 4년 동안 수백만의 양측 병사들이 이곳에서 사상당했다. 전투에 많은 무기가 동원되었는데, 그중에서도 기관총은 최고의 살인기계였다. 그런데 공교롭게도 독일군과 연합국 모두 같은 기관총을 사용했다. 바로 모든 기관총의 아버지라 할 수 있는 '맥심 기관총^{Maxim Gun}'이었다.

작은 생각에서 출발한 총기사의 이정표

사실 맥심 기관총은 1차대전 당시 등장한 신무기는 아니었다. 이를 만들어낸 하이럼 S. 맥심^{Hiram S. Maxim}이 1883년에 특허를 출원한 것을 생각한다면 상당히 오래전부터 있었던 무기라 할 수 있다. 미국 태생으로 영국으로 귀화한 발명가 맥심은 사격 시에 발생하는 반동을 이용하면 탄환을 자동으로 재장전할 수 있을 것이라 생각했다. 그리고 이런 작은 아이디어는 총기 역사에 획기적인 이정표를 세웠다.

당시 대부분의 총은 수동으로 재장전하는 형태였으므로 연사속도가 느릴 수밖에 없었다. 이것은 전투에 많은 인원이 필요할 수밖에 없음을 의미했다. 계속 방아쇠를 당겨 쏘는 반자동총이나 개틀

1차대전 당시 영국군이 사용한 비커스 기관총, 1916년 7월. (public domain)

링건^{Gatling Gun}처럼 일부 연사가 가능한 총도 있었지만, 이들은 수동식이었고 사용이 불편했다. 연구 끝에 맥심은 새로운 개념의 총을 만들어 내는 데 성공했고 이를 그의 이름을 따서 '맥심 기관총'이라 부르게 되었다.

발사에서 장전에 이르는 모든 과정이 자동화되었으므로 사수는 오로지 목표물만 바라보고 사격만 하면 되었다. 이 때문에 맥심 기관총을 현대식 자동화기 또는 기관총의 효시로 보는데, 이전의 개틀링건 방식과 달리 탄띠 급탄식을 채택하여 분당 최대 650발의 발사속도를 가졌다. 이는 숙련된 50명의 사수가 발사하는 소총의 화력과 맞먹는 것으로, 그만큼 당시에는 상상하기 힘든 경이적인 수준이었다.

1차대전 당시 독일군 기관총 진지. 독일군이 사용한 MG 08 슈판다우 기관총이 보인다. (public domain)

무서운 화력

처음에는 맥심 기관총을 개인이나 식민지 정부 등에서 시험 삼아 구입했고 1888년 11월, 영국의 식민지였던 시에라리온 Sierra Leone 에서 원주민 탄압에 처음 사용했다. 그럼에도 정작 군 당국에서는 이 혁신적인 화기에 대해 그리 관심을 두지 않아 맥심은 판매를 위해 직접 유럽 각국을 돌며 시범을 보여야 했다. 시범을 본 많은 이들은 빠른 발사 속도에 경악하며 관심을 표명하고 속속 구매의사를 보였지만 정작 주문량이 그리 많지는 않았다.

그 이유는 1889년 최초로 도입했지만 대량 채용을 거부했던 영국군의 생각에서 충분히 알 수 있다. 오늘날의 기관총과 비교할 수 없을 만큼 무거운 맥심 기관총을 제대로 운용하려면 적어도 5~6명의 인원이 필요했고 수랭식 시스템을 채용했음에도 종종 과열로 문제가 발생했다. 따라서 강력한 화력은 인정하지만 일선에서 보병이 사용하기에는 곤란한 무기로 판단한 것이다.

하지만 그러한 와중에도 맥심 기관총의 위력을 여실히 보여준 사례가 속속 등장했다. 1893년 짐바브웨Zimbabwe에서 원주민의 항거가 벌어졌는데 4정의 맥심 기관총을 보유한 50여 명의 경비대가 무려 4,000여 명의 원주민의 공격을 막아내었다. 이는 한마디로 학살이었고 1차대전의 비극을 예고하는 전주곡이었다. 1905년 러일전쟁 당시에는 러시아군 맥심 기관총 1정에 일본군 1개 대대가 도륙당하기도 했다.

피아 모두가 채택한 기관총

같은 시기에 맥심 기관총의 효용성을 깨달은 여러 나라가 라이선스 제작에 들어갔는데 그중 가장 앞장선 나라가 독일이었다. MG 08 슈판다우Spandau라 명명된 독일형 맥심 기관총은 높낮이 조절이 가능한 썰매 모양의 거치대를 장착하는 등 일부 개조가 이루어졌지만 기본적인 사양은 동일했다. 그 결과 1914년 1차대전 발발 당시에 독일은 맥심 기관총 최대 보유국으로 총 10만 정을 장비하고 있었다.

또 하나의 군사대국인 러시아군도 같은 방식으로 맥심 기관총을 라이선스 생산했다. 러시아용은 별도의 제식 소총탄을 사용할 수 있도록 약실을 개조하고 이런 저런 사양 변경으로 가장 무거운 맥심 기관총으로 불렸는데 이것이 PM M1905 기관총이다. 1차대전 당시에는 이를 좀 더 개량한 PM M1910이 대량 사용되었는데 이후 6·25전쟁 당시에 북한군에 공급되어 우리와 악연이 있다.

맥심의 모국인 영국도 애용했지만 1차대전 직전에 보병대대당 2

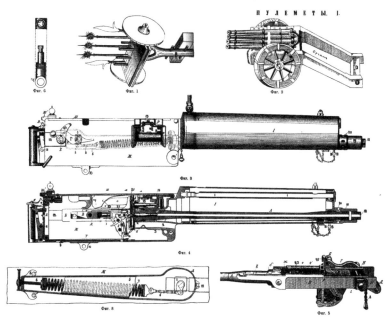

맥심 기관총 도면 (public domain)

정만 배치했던 점을 고려한다면 경쟁국에 비해 홀대를 받았다고 할
수도 있다. 영국군이 제식화한 모델은 맥심 기관총의 가장 큰 단점
인 무게를 반 정도로 대폭 줄인 비커스^Vickers^ 기관총이었다. 현대식
기관총과 비교한다면 이것 또한 무거운 수준이었지만 그래도 여타
국가의 맥심 기관총과 비교한다면 훨씬 다루기 용이했다.

죽음의 경쟁

1914년 인류는 지금까지 경험해 보지 못한 지옥을 현실에 만들어냈
다. 1차대전 당시 서부전선에서의 희생이 그토록 컸던 것은 무기의

발달에 비해 전쟁을 지휘하는 이들의 생각이 너무 고루했기 때문이다. 한마디로 나폴레옹 시대의 공격 제일 사고에서 벗어나지 못했다. 돌격 명령을 받고 적진을 향해 뛰쳐나간 병사들이 상대편 참호에서 날아오는 총탄에 속수무책 당하는 것이 전선의 일상이 되어버렸다.

오늘날 같으면 기갑장비를 이용하여 참호선을 돌파하는 작전을 펼치겠지만 당시에는 포격 후 보병이 돌격하는 방식 외에 마땅히 구사할 전술이 없었다. 그렇지만 아무리 포탄의 비를 퍼부어도 상대를 완전히 제거하지 못했고, 살아남은 방어자들은 포연을 헤치고 돌격하는 공격자가 사거리 안으로 들어오기를 기다렸다. 그리고 이름이 조금씩 다를 뿐인 맥심 기관총에 의해서 무명의 병사들은 하염없이 숨져갔다.

참호를 파고 전선이 고착하자 맥심 기관총의 위력이 여지없이 드러났다. 너무 무거워 공격 시에는 재빠르게 옮겨 다니며 지원할 수 없었지만 진지를 구축하고 방어에 나섰을 때는 다가오는 적을 향해 무자비하게 총알을 퍼부어대는 데 적격이었던 것이다. 당연히 엄청난 사상자가 발생했다. 이렇게 참호전과 더불어 맥심 기관총은 1차대전의 학살을 뜻하는 대명사로 바뀌어 갔다. 바로 '죽음의 경쟁'이었다.

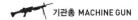

.303 브리티시탄 (FMJ) 실제 크기

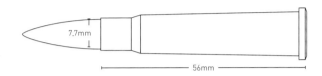

7.7mm

56mm

맥심 기관총 탄띠

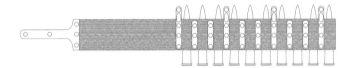

구경	7.7mm
탄약	7.7×56mm R (.303 브리티시탄)
급탄	150발 박스 탄통 외
작동방식	리코일 방식
전장	1,079mm
중량	27.2kg
발사속도	500발/분
총구속도	744m/s
유효사거리	2,000m

악명의 대명사

Mle 1915
Chauchat 경기관총

Mle 1915 쇼샤 경기관총 ⓒⓘⓞ Janmad at en.wikipedia.org

자기가 만든 상품이 사용해본 사람들로부터 불평불만의 대상이 되기를 원하는 이들은 없다. 또한 소비자에게 그런 대상으로 낙인 찍힌 제품은 더 이상 존재하기도 어렵다. 그것은 무기라 해서 예외가 아니다. 특히 실전에 사용하는 무기의 품질은 전쟁의 승패와 크게 관련이 있으므로, 품질이 좋지 않은 무기는 즉시 퇴출해야 한다. 전쟁은 하나 뿐인 목숨을 걸고 벌이는 극단적인 행위이기 때문이다.

교전 중에 툭하면 고장을 일으키는 일이 다반사인 무기를 들고 싸울 수 있는 군인은 많지 않다. 원래 목적대로 사용할 수 없는 무기는 이미 무기가 아니라 무거운 짐일 뿐이다. 그런데도 불구하고 많이 만들어지고, 싫다는데도 사용하기를 강요당한다면 일선 병사들에게는 그야말로 곤혹스러운 일일 것이다. 그런데 그런 무기가 실제로 있었다.

바로 Mle 1915 쇼샤Mle 1915 Chauchat 경기관총이다. 이 총에 관한 글을 읽어보면 예외 없이 비난과 혹평 일색이다. 한마디로 사용해본 모든 이가 치를 떨 만큼 성능이 극악했고 경우에 따라서는 도저히 어떻게 해 볼 수가 없어 그냥 버리는 행위까지 비일비재했다. 그런데도 징그러울 정도로 오래 사용되었다.

새롭게 요구된 공랭식 경기관총

19세기 말이 되자 전통의 육군 강국인 프랑스는 장차전에서 기관총이 중요한 무기가 될 것임을 확신하고 도입을 서둘렀다. 독일·영국·러시아 등 당시 주변의 군사대국들이 맥심 기관총이나 그 변형 제품을 채택한 데 반하여, 독자적인 무기 개발에 커다란 자부심을 가지고 있던 프랑스는 Mle 1897, Mle 1900처럼 자국산 호치키스

쇼샤는 한 사람이 충분히 휴대할 수 있을 정도로 경량화하는 데 성공했으나 성능은 기대 이하였다. 사진은 1918년 독일 점령하에 있다 해방된 한 프랑스 마을에서 미군 병사들을 환영하는 마을 주민의 모습. 왼쪽에 있는 병사는 어깨에 쇼샤 경기관총을 메고 있다. (public domain)

Hotchkiss 기관총을 주력으로 채택했다.

전자가 수랭식인 데 반하여 프랑스의 기관총은 공랭식이어서 야전에서 사용이 보다 편리했다. 하지만 이들 초기의 기관총은 냉각 방식과 상관없이 대개 중량이 20킬로그램이 넘는 무거운 장비여서 이동과 배치가 만만치 않았다. 또한 사격에 들어가려면 충격을 흡수할 수 있는 단단한 거치대를 사용해야 했다. 이 때문에 1차대전 당시에 기관총은 진지에 고정하여 사용하는 방어용 무기였다.

그렇다 보니 공격에 들어갔을 때 보병을 따라다니며 근접 지원 사격을 할 수 있는 새로운 형태의 기관총이 절실했다. 바로 휴대와 사용이 간편한 경기관총이었다. 프랑스군은 조병창 시설을 이용하여 1903년부터 직접 개발에 나섰다. 이때 개발을 주도한 것은 프랑스 육군의 루이 쇼샤Louis Chauchat 중령이었다.

이론상으로는 뛰어난 스펙

미국의 존 브라우닝이 1906년 완성한 레밍턴 모델 8형 반자동 소총에 적용된 롱리코일 방식과 여기에 가스작동식을 추가했다. 프랑스군의 기존 제식 탄환인 8×50mm 레벨Lebel탄을 사용했는데, 1908년 초도 모델이 완성되었다. 새롭게 탄생한 경기관총은 유효사거리가 약 200미터로 그다지 길다고 볼 수는 없고, 분당 200발 수준인 발사 속도도 기관총으로는 빠른 수준은 아니었다.

하지만 가장 원초적인 문제는 해결을 했다. 무게가 기관총으로는 상당히 가벼운 약 9.1킬로그램이라서 각개 병사가 휴대하여 이동할 수 있었던 것이다. 20발들이 탄창을 이용하여 부사수의 도움 없이도 사격을 할 수도 있었고, 숙달된 사수라면 돌격하면서 난사

벨기에군 기관총 사수의 모습, 1918년. 쇼샤 경기관총은 상황에 따라 조수의 도움 없이 사수 혼자 사격이 가능했다. (public domain)

도 가능했다. 그러나 작전에 투입되려면 탄약통을 휴대하는 별도의 병사가 필요했으므로 통상 3~4명이 한 조를 이루어 전투를 펼쳤다.

이 경기관총의 본격적인 양산은 1차대전이 발발한 이듬해인 1915년부터 시작되었다. 이때 군 당국이 붙인 정식 명칭은 Fusil-Mitrailleur Mle 1915 CSRG라는 긴 이름인데, 이를 줄여서 Mle 1915 또는 M1915 CSRG라고 했다. 하지만 개발자의 이름을 따서 흔히 '쇼샤'라고 불리는데, 이렇게 개발자의 이름을 따서 부르는 것은 프랑스 무기 체계에서는 보기 드문 일이다. 전쟁이 급박하게 돌아가자 대량생산 된 쇼샤는 전선에 즉각 공급되어 분대지원 화기로 활약했다.

다 좋은데 나쁜 것은 성능

개발 당시부터 쇼샤는 당시 기관총들의 보편적인 생산방식인 절삭가공을 최대한 배제하고 총 몸통 등의 상당 부분을 철판프레스 가공으로 생산할 수 있도록 설계되었다. 따라서 재료 낭비가 적고 생산성이 탁월하여 저렴한 가격에 대량생산이 가능했다. 이 때문에 1922년까지 약 26만 정이 생산되었는데, 이로써 쇼샤는 1차대전에서 가장 많이 생산된 자동화기라는 타이틀을 가지게 되었다.

이처럼 많이 만들어지다 보니 프랑스군뿐 아니라 미국·벨기에·이탈리아·루마니아·러시아·세르비아 등 많은 연합국에 공급되었고 독일군도 종종 노획한 쇼샤를 사용했다. 특히 미국은 레벨탄보다 강력한 자국의 7.62×63mm 스프링필드탄에 맞게 개조한 모델을 일부 사용하기도 했다.

지금까지 말한 것만 본다면 쇼샤가 흠잡을 곳 없는 훌륭한 경기관총으로 보일 것이다. 하지만 가장 중요한 한 가지가 빠졌는데, 바로 성능이 나빴다는 점이다. 기계적 결함이 너무 많아 일선에서 쇼샤를 신뢰하지 않았다. 총의 첫 번째 선택 기준이 성능인데, 웃기는 사실이지만 쇼샤는 이것만 빼고 괜찮았던 것이다. 한마디로 표현하자면 악명의 대명사였다.

악명의 대명사

쇼샤는 연사를 위해 도입한 롱리코일 방식으로 인해 사격 시에 진동이 컸는데, 덕분에 명중률은 기대 이하였다. 잔탄 확인을 위해 탄창에 낸 구멍과 공기로 냉각하기 위해 총열 보호망에 뚫은 통풍구로 많은 이물질이 흡입되어 사격이 멈추는 일이 비일비재했다. 특히 1차대전의 상징인 참호전에서 이러한 결함은 최악이었다. 미국의 7.62mm 탄에 맞게끔 개조된 쇼샤는 사격 시 부품이 파손되거나 폭발하는 경우까지 생기고는 했다.

또한 경량을 추구하여 쇠를 너무 적게 쓰다 보니 연사 시에 쉽게 과열되어 작동이 멈추었고, 이때 마음이 급한 사수들이 손이나 도구를 이용하여 총을 두들기면 총이 휘어버리는 황당한 일까지 벌어질 만큼 내구성이 약했다. 전선에서 병사들이 총기를 버리는 경우도 부지기수였다. 하지만 프랑스군 수뇌부는 일선의 고민을 해결하기보다 어쩔 수 없이 무기를 훼손한 병사를 군법에 회부하는 작태를 연출하며 쇼샤의 사용을 강제했다.

사실 하루속히 퇴출되어야 할 기대 이하의 성능이었으면서도 단지 가볍고 대량생산이 가능하다는 이유만으로 쇼샤가 종전 이후에도 계속 생산된 사실을 반추하면, 한때 유럽을 정복한 나폴레옹 군대의 전통을 보유한 프랑스가 1차대전 때 왜 그토록 고전했는지 알 수 있을 것 같다. 전시에 쓸모없는 무기를 많이 생산하는 것은 하등의 도움도 되지 않는 자원 낭비일 뿐이다. 역사상 최악의 총기로 유명한 쇼샤가 바로 그 증거다.

Mle 1915 쇼샤 경기관총 20발 탄창

구경	8mm
탄약	8×50mm 레벨
급탄	20발 탄창
작동방식	롱리코일, 가스작동
전장	1,143mm
중량	9.07kg
발사속도	분당 250발
총구속도	630m/s
유효사거리	200m

람보가 사용한 바로 그
M60 다목적기관총

M60 기관총 (U.S. Navy)

2차대전 당시, 독일군이 사용하던 MG 42 기관총에 대해서 가장 강렬한 인상을 받은 이는 바로 피해자인 연합군 병사들이었다. 특히 M1919나 BAR처럼 나름대로 훌륭한 지원화기를 보유했다고 자신만만하던 미군이 경험한 MG 42의 뜨거운 맛은 한마디로 지옥이었다. 너무나 심한 고통을 안겨준 적의 무기에 그만큼 관심을 가지게 된 것은 어쩌면 당연했다. 다른 말로 표현하자면 그것은 부러움이었다.

미군은 즉각 MG 42의 복제에 나섰다. 평시라면 자존심 때문이라도 자력 개발에 나섰겠지만 이보다 강력한 다목적기관총을 당장 만들 수 없다는 현실을 인정해야 했다. 핵심은 7.92×57mm 마우저탄 대신에 기존 미군의 제식탄인 7.62×63mm 스프링필드탄을 사용할 수 있도록 개조하는 것이었다. 하지만 중간에 개발 주체를 변경하면서까지 진행한 프로젝트는 6개월 만에 실패로 막을 내렸다.

미터법으로 표시된 치수를 인치법으로 변환하는 데 실수하여 그랬다고 하지만 이는 핑계에 지나지 않는다. 결국은 기술력이 부족하여 실패한 것이다. 그러나 이때 터득한 많은 기술과 전후 패전국으로부터 노획한 여러 정보는 새로운 기관총을 개발하는 데 많은 도움이 되었다. 그렇게 탄생한 기관총이 현재 국군도 대량으로 사용하고 있는 M60 다목적기관총M60 General Purpose Machine Gun이다.

본받을 대상

당초 군 당국의 요구는 '미군 규격에 맞는 MG 42'였다. 하지만 목표를 쉽게 이룰 수는 없었다. 우선 MG 42가 일선의 보병들과 함께 이동하며 작전을 펼칠 수 있다는 점이 함부로 흉내 내기 힘든 부

마치 소총처럼 M60을 들고 서서 쏘는 모습 (public domain)

분이었다. 사실 경기관총을 제외한 대부분의 기관총은 주로 거점에 거치해 놓고 사용하는 방어용 장비였다.

하지만 최전선에서 종종 사수들이 들고 공격에 나서는 MG 42는 그러한 편견을 단번에 깨버렸다. 물론 소총처럼 쉽게 휴대할 수 있는 화기는 아니지만 이전 기관총들에 비한다면 이는 대단한 발전이었다. 2차대전 당시까지 미군이 사용하던 M1919로는 그렇게 작전을 펼칠 수가 없어 보병들의 공격 시에는 BAR가 그 역할을 대신했다. 하지만 MG 42와 BAR는 비교가 불가능했다.

거기에다가 MG 42는 싸고 대량으로 만들 수 있으면서 성능도 좋았다. 그런 점에서 MG 42는 대단한 히트작이었다. 나중에 개발에 나선 M60은 적어도 MG 42가 가진 장점 정도는 가지고 있어야 했다. 당연히 MG 42는 벤치마킹 대상이었다. 전쟁은 체면치레로 하는 행위가 아니므로 적이나 경쟁상대의 좋은 무기를 복제하는 것은 창피한 일이 아니다.

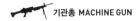

독일의 기술을 발판 삼아 탄생하다

더불어 팔시름예거^{Fallschirmjäger}가 사용하던 FG42 자동소총도 새로운
기관총 개발에 많은 영향을 주었다. FG42는 단가가 비싸고 구조
가 복잡했으며 성능도 만족스러운 편이 아니어서 생산량이 5,000
정 밖에 되지 않은 소총이었다. 그런데 여기에 사용된 가스작동식
과 소염기를 이용한 반동과 화염 축소 기술은 상당히 유용했다. 이
렇게 제작에 들어간 초도 모델이 T−44였는데 조작이 불편하고 잔
고장이 많아 실패로 막을 내렸다.

가장 큰 문제는 탄띠를 장전하는 방식이었는데 리시버 덮개를
상부로 변경한 T−161 모델을 개발하면서 이러한 문제점을 해결했
다. T−161을 실험한 미군 당국은 성능에 대만족했고 1957년 M60
이라는 제식명을 부여했다. 성능은 거의 비슷했지만 크기는 모방대
상이던 MG 42보다 약간 작아서 휴대가 더욱 편리했다. 굳이 차이
라고 한다면 연사속도였는데 MG 42의 절반에도 미치지 못했다.

사실 MG 42의 연사속도가 경이적일 정도로 빨라서 그렇지
M60의 분당 500~600발도 실전에서는 그다지 부족한 수준이 아
니다. 연사속도가 빠를수록 탄 소비가 많아지는데 경우에 따라서는
과소비로 이어져 보급에 좋지 않은 영향을 주는 경우도 있다. 물론
기관총이 일정 지역을 제압하는 것이 목적이므로 원래 탄 소비가
많은 무기지만 그렇다고 무조건 난사하는 것도 올바른 사격 방법은
아니다.

전환기의 모습

M60은 7.62×51mm 나토탄을 사용하는데 급탄은 100발이 장착된 탄띠에 의해 이루어진다. 특별한 경우가 아니면 접이식 양각대를 부착하여 사용하는 것이 일반적이며 정확도도 높다. 종종 진지 같은 고정 거점에서는 삼각대에 거치하여 마치 중기관총처럼 운용할 수도 있고 차량·기갑장비·헬리콥터 등에 장착되어 사용되기도 한다. 하지만 원래 탄생 목적처럼 최 일선의 소부대에서 화력지원 용도로 가장 많이 사용한다.

대개 사수·부사수·탄약 운반수 등 3인 1조로 운용되지만 종종 탄띠를 장착한 사수가 마치 돌격소총처럼 사격할 수도 있다. 영화 '람보'와 같은 액션물에서처럼 체격이 좋은 미군 병사들이 교전 중에 M60을 마치 소총처럼 사용하는 경우도 많았다. 이처럼 휴대가 편리하여 미군은 1960년대 들어 이를 분대지원화기로 대량 공급했고 대신 오랫동안 활약하던 BAR는 일선에서 급속히 물러나게 되었다.

당시는 미군 당국이 6·25전쟁의 경험에 힘입어 보병들의 제식화기를 신속히 교체하기 시작하던 시점이었다. 2차대전을 승리로 이끈 미군은 6·25전쟁에서도 M1과 BAR로 무장하고 있었는데, 이런 무장은 인해전술로 몰려드는 중공군에게는 역부족이었다. 반자동과 부족한 장탄량을 가진 자동소총으로, 떼거리로 달려드는 중공군을 신속히 제압하기는 상당히 곤혹스러웠다.

장점과 단점

이때의 경험을 교훈 삼아 미군은 새롭게 제식화한 M14 자동소총

M60의 단점은 쉽게 과열되는 총신이다. 사격 중 수시로 총열을 바꿔 주어야 했는데 교환이 쉽지 않아 교전 중 애를 먹는 경우가 많았다. (public domain)

으로 무장한 보병과 이들을 지원하는 M60을 조합하여 소부대를 구성했다. 모두 7.62mm 탄을 사용했기 때문에 보급도 문제가 없었고 비축해둔 탄도 충분했다. 하지만 무기의 진정한 성능은 실전을 통해서만 정확히 알 수 있는 법이다. M60은 생각보다 빨리 전쟁에 사용되었는데, 바로 베트남 전쟁에서였다.

M60은 고정된 거치 사격에서도 기관총 고유의 기능을 완수했지만 병사들이 들고 뛰어 다니면서도 공격에 사용할 수도 있었다. 특히 교전거리가 짧고 은폐물이 많은 밀림에서 상당한 위력을 발휘한다는 사실이 밝혀지면서 육군뿐만 아니라 해병대와 한국군 등 동맹국 군대에게도 신속히 보급되었다. 그런데 하나둘 문제점이 들어나기 시작했는데 가장 큰 문제는 총열이었다.

총신 과열을 막기 위해서 분당 200발 사격 시에는 2분마다 총신을 바꾸어야 했고 더구나 교환 시간도 길어 일선에서 불만이 터져 나왔다. 하지만 5.56mm 나토탄을 사용하는 M16의 등장은 M60의 생존에 커다란 위협 요소가 되었다. M16 돌격소총으로 인해 M14가 급속히 퇴출되었고 이로 인해 탄 보급에 문제가 생겨 버린 것이었다. 바로 이때 M16과 같은 탄을 사용하는 M249(FN 미니미)가 등장했다.

경량의 분대지원용화기가 속속 등장하자 M60도 순식간 무거운 장비가 되어 버렸다. 거기에다가 M60의 단점을 개량한 M240의 등장도 M60의 퇴출을 가속화했다. 우리나라도 마찬가지인데 현재 K3가 분대지원화기 역할을 담당하고 있다. 하지만 최근 들어 일선에서 5.56mm 탄의 위력이 부족하다며 7.62mm 탄을 사용하는 기관총에 대한 요구가 늘어나는 추세여서 앞으로의 전망이 어떨지 기대가 된다.

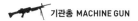

7.62x51mm 나토탄 (FMJ) 실제 크기

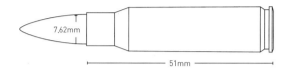

7.62mm

51mm

M60 다목적기관총 탄띠

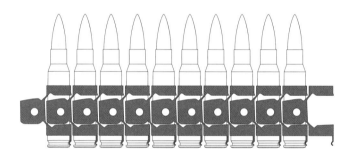

구경	7.62mm
탄약	7.62×51mm 나토탄
급탄	100/200발, 탄띠 급탄식
작동방식	가스작동식, 오픈볼트
전장	1,077mm
중량	10.4kg
발사속도	분당 550발
총구속도	853m/s
유효사거리	1,100m

남들에 의해 명성을 얻은

RPD

2차대전 당시 독일군이 난사해대는 MG 42는 소련군에게 분노의 대상이었지만 한편으로는 경탄의 대상이기도 했다. 많은 소련 병사가 MG 42가 난사하는 총탄에 사상당하면서 엄청난 피해를 입었지만, 한편으로는 그와 같은 좋은 무기를 사용하는 독일군을 부러워했다. 최전선에서 좋은 무기는 자신의 생명을 담보하는 수단이었기 때문이다.

물론 소련군도 DP 경기관총과 PM M1910 중기관총 같은 다양한 종류의 기관총을 보유하고 있었지만 MG 42처럼 휴대가 편리하면서도 강력한 화력을 함께 보유한 기관총은 없었다. 이론상으로 DP와 PM M1910을 같이 사용하면 독일군에 못지않은 위력을 보일 수 있지만 제식무기가 이러 저리 나뉘는 것은 부대 운용을 불편하게 만들뿐더러 작전을 펼치는 데도 그리 좋지 않았다.

전쟁이 격화할수록 소부대간 교전에서 독일군보다 화력의 열세가 계속되자 일선으로부터 편리하고도 강력한 새로운 기관총에 대한 요구가 계속 이어졌다. 이에 소련군 당국은 여러 총기 설계국에 새로운 경기관총의 개발을 지시했고 1944년 DP 경기관총을 개발했던 바실리 데그탸료프Vasily Degtyaryov의 개발안을 전격 채택하여 생산에 들어갔다. 그것이 바로 RPD, 즉 데그탸료프 경기관총Ruchnoy Pulemyot Degtyaryova이다.

전후 시대를 연 기관총

RPD는 이후 SKS 소총과 AK-47에도 채용된 7.62×39mm 탄을 처음으로 사용한 총기다. 따라서 7.62×54mm 탄을 사용하던 이전 기관총들에 비해 반동 제어가 용이하여 총기의 중량을 획기적으로

RPD는 드럼 탄창이 아니라 드럼 모양의 컨테이너에 탄띠를 수납하여 사용한다.

감소할 수 있었다. 정작 RPD가 보급되기 시작했을 때 2차대전은 막을 내렸지만, 종전 후 소련군은 모신-나강을 대신한 SKS 반자동소총과 RPD로 보병을 무장시키기로 결정하고 대량생산에 착수했다.

2차대전에서의 호된 경험으로 소련은 각종 중화기의 개발 못지않게 일선 보병의 화력 보강 또한 상당히 중요한 문제임을 뼈저리게 느꼈다. 이전 세기에 개발한 모신-나강이나 1차대전 직후 만든 기관총으로 다시 전쟁을 벌인다면 승패를 장담하기 힘들었다. 따라서 이전보다 휴대가 간편하면서 화력이 훨씬 강한 SKS와 소부대

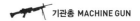

화력지원용 RPD의 조합은 상당히 훌륭한 결정이었다.

이렇게 데뷔 시기는 조금 늦어 2차대전에 사용되지는 못했지만 RPD는 1950년대부터 소련군의 주력 경기관총 자리를 꿰차게 되었다. 양각대를 표준장비로 장착했기 때문에 엎드리거나 진지에 거치하고 사용하기 편리했고, 부착된 멜빵을 이용하면 이동 중에도 사격이 가능했다. 이처럼 RPD는 항상 일선 보병과 함께 작전을 펼칠 수 있도록 최적화된 경기관총이었다.

베트남 전쟁에서 얻은 명성

소련군이 처음부터 그렇게 의도한 것은 아니지만 RPD는 이른바 SAW(분대지원화기^{Squad Automatic Weapon})의 개념을 정립하는 데 커다란 역할을 했다. 베트남 전쟁에서 이를 노획하여 사용해본 미군은 8킬로그램도 되지 않는 경량임에도 화력이 뛰어난 RPD에 감탄했다. 분대원들과 함께 활동하며 가까이서 화력을 지원하는 데 안성맞춤이었던 것이다. 특히 소총과 같은 탄을 사용한다는 점은 상당히 매력적이었다.

베트남 전쟁에서 미군의 기관총은 7.62mm 탄을 사용했지만 소총은 5.56mm 탄을 사용하여 보급에 문제가 생기기 시작했다. 이 때문에 소총과 같은 탄을 사용하는 RPD는 FN 미니미나 M249처럼 다양한 종류의 SAW가 등장하도록 만든 촉매제가 되었다. 하지만 이는 전혀 새로운 것이 아니라 원래 있어왔던 방식이었다. 미군도 5.56mm 탄이 나오기 전에는 소총과 기관총에 같은 탄을 사용했다.

RPD는 동구권에 대량 공여되었는데 중국에서 '56식 경기관총',

이집트군 RPD 사수. 이처럼 RPD는 개발국에서는 더 이상 사용하지 않지만 제3국에 다량 공여되어 주력 화기로 이용되고 있다. (public domain)

북한에서 '62식 경기관총'이라는 이름으로 라이선스 생산되어 일부는 아직도 제식무기로 사용 중이다. 특히 중국제 56식은 베트남 전쟁에서 베트민과 베트콩Vietcong이 대량으로 사용하면서 RPD의 명성을 널리 알리는 계기가 되었다. RPD는 특히 가벼워서 신체가 작은 동양인들도 무난하게 사용할 수 있었고, 환경이 열악한 밀림에서도 무난히 작동했다.

도약에 실패하다

RPD는 가스압 작동방식이며, 데그탸료프의 이전 작품으로 가혹한 조건에서 사용 및 유지보수가 편리했던 DP의 장점을 따서 만들었

다. RPD는 사용이 편리하여 여러 나라에서 대호평을 받았지만 정작 개발국인 소련에서는 일선부대에서 선호하는 무기가 아니었다. 이는 성능보다는 운용 방식과 생산 문제로 인한 것이었다.

우선 RPD의 특이한 급탄 방식에 원인이 있었다. 드럼 탄창을 사용하는 것으로 오해하지만 사실 RPD는 100발씩 장착된 금속 탄띠를 드럼 모양으로 제작된 전용 컨테이너에 수납하여 사용하는 탄띠 급탄식이다. 이 방식은 휴대를 간편하게 만들었지만 준비 시간이 많이 필요하고 유사시에 함께 작전을 펼치는 보병들에게 공급된 탄약을 즉석에서 사용할 수 없다는 단점이 있었다. 이 때문에 소련군에서는 1950년대 후반까지 DP를 RPD와 함께 사용하면서 실탄 공통화의 의미가 반감되었다. 더불어 제작비가 비싸고 제작시간이 많이 걸리는 절삭가공 방식 또한 보급을 저해했다.

그런데 바로 이때 RPD의 운명을 가르는 사건이 벌어졌다. 바로 불세출의 슈퍼스타 AK-47의 등장이었다. AK-47은 소련이 2차대전 후 SKS와 RPD로 보병을 무장시키려던 야심만만한 계획을 시작한 지 얼마 되지도 않아 포기하도록 만들어 버렸다. SKS는 불과 2년 만에 제식 무기 명단에서 사라졌고, AK-47로 무장시킨 보병은 이전의 어떠한 보병들보다 강력한 위력을 발휘할 수 있었다.

개발국에서 버림받은 운명

AK-47의 제식화는 AK-47보다 강력한 화력을 투사할 수 있는 새로운 기관총을 필요로 하게 만들었다. 사실 성능만 놓고 본다면 RPD가 AK-47보다 그다지 강하다고 볼 수 없는 형편이었기 때문에 군이 RPD를 보유하면서 소부대의 화기를 이러 저러 나눌 필요가 없었다. 생각보다 결론은 쉽게 나왔다. AK-47을 기관총으로 개량하면 되는 것이었다. 그렇게 하면 적어도 AK-47 이상의 성능을 낼 수 있기 때문이다.

이렇게 탄생한 경기관총이 RPK다. RPK는 프레스 가공으로 생산성이 월등히 좋았고 유사시 AK 탄창을 그대로 사용할 수 있을 만큼 호환성이 좋았다. 더불어 AK-47과 사용방법이 똑같아 누구나 쉽게 사용할 수 있는 데다가 유효사거리도 더 길었다. 결국 RPD는 도태할 수밖에 없었고 제식화한 지 얼마 되지 않아 소련군 보유 화기 목록에서 내려오게 되었다. SKS와 같은 운명이었다.

다른 무기류에 비해 총은 상대적으로 장수가 가능한 무기지만 RPD처럼 경우에 따라서는 빨리 도태할 수도 있다. 이후 많은 물량이 해외에 공여되었고 더불어 외국에서 생산된 RPD들이 세계 곳곳에서 벌어진 지역 분쟁에서 많이 사용되었고 지금도 사용 중이다. 덕분에 정작 개발국인 소련과 이를 계승한 현재의 러시아 연방에서는 어느덧 기억에서 사라진 구닥다리 무기지만, 그 명성은 아직도 세계적이라 할 수 있다.

7.62x39mm탄 M43 (FMJ) 실제 크기

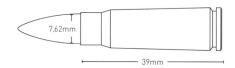

RPD 탄띠

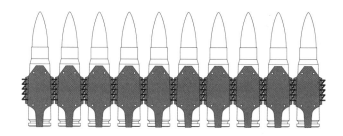

구경	7.62mm
탄약	7.62×39mm M43
급탄	100발 벨트급탄
작동방식	가스작동식
전장	1,037mm
중량	7.4kg
발사속도	분당 750발
총구속도	735m/s
유효사거리	1,000m

경기관총의 아버지

ZB vz.26

ZB vz.26

칼이나 활처럼 누구나 쉽게 만들 수 있는 것은 아니지만, 사실 총은 전투기나 전차처럼 몇몇 군사 강국만 독점해서 만들어 내는 그러한 종류의 무기는 아니다. 웬만한 나라라면 그럭저럭 쓸 만한 총을 만들 수는 있는데 경우에 따라서는 군사 강국보다 좋은 총을 만들어 낸 경우도 흔하다. 이스라엘도 그중 한 나라인데 특이한 안보환경 때문에 국력에 비해 군사력과 무기 산업의 역량이 예외적으로 큰 경우다.

이에 반하여 유럽의 소국인 체코슬로바키아(현재의 체코와 슬로바키아), 벨기에 등은 군사력이 약소하지만 총기 역사에 길이 남을 명품을 개발해낸 국가들이다. 특히 전통적으로 기계 공업이 발달한 체코슬로바키아는 뛰어난 여러 종류의 총을 개발하여 자국군을 무장시켰으며 많은 수가 해외에 수출되어 명성을 드높였다. 이렇게 체코슬로바키아에서 제작한 총을 사용한 국가들에는 의외로 군사 강국들도 있었다.

그중에서도 가장 대표적인 것으로 ZB vz.26(이하 ZB-26) 경기관총을 들 수 있다. 비록 탄생지인 체코슬로바키아를 위해서 제대로 사용된 적이 없는 비운의 기관총이지만 수많은 전쟁에서 주역으로 맹활약했고, 이후 탄생한 후속 경기관총들의 벤치마킹 대상이 된 희대의 걸작이다. 한마디로 '경기관총의 아버지'라 할 수도 있을 만큼 ZB-26은 뛰어난 기관총이었다.

약소국에서 만든 기관총

1차대전을 통해 얼마나 무서운 무기인지 입증했지만, 기관총은 휴대가 불편하여 주로 방어전에만 사용되었다. 쇼샤같이 보다 가볍

중국 국민당군이 ZB vz.26를 사용하는 모습 (public domain)

고 운반하기 쉬운 공랭식 경기관총이 탄생했으나 성능은 상당히 미흡했다. 종전 후 체코슬로바키아의 브르노 무기제조회사^{Zbrojovka Brno} 소속 엔지니어인 바츨라프 홀레크^{Václav Holek}는 휴대가 편리하면서도 성능이 뛰어난 새로운 경기관총 개발에 나섰다.

그는 성공적인 자동소총 BAR를 참조하여 개발에 나섰지만 완성품은 차원이 전혀 달랐다. 탄창을 위쪽에 삽입하여 신속한 교환과 원활한 급탄이 가능했다. 별도의 도구 없이 총열을 신속히 교환할 수 있어 연사가 가능했는데 이를 이후 등장한 대부분의 기관총이 따라했다. 이렇게 해서 1926년 신뢰성과 기능이 대폭 향상된 새로운 경기관총이 탄생했고 체코슬로바키아군이 정식 채택하며 ZB-26이라는 이름을 붙였다.

비록 실전을 거치지 않았지만 좋은 무기는 진가를 발휘하는 법이어서 곧바로 해외에도 수출되었는데 처음에는 리투아니아, 루마니아, 스웨덴 같은 유럽의 소국들이 이를 앞다퉈 구입했다. 이후 볼리비아, 페루, 에콰도르 같은 남미와 중국에도 수출되었는데 특히

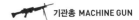

20세기 들어 내전을 비롯한 전쟁이 끊임없이 반복되고 있던 중국은 ZB-26을 3만 정이나 수입한 최대 수입국이었다.

엉뚱하게 사용된 역사

ZB-26은 기계공업이 발달한 체코슬로바키아 무기답게 튼튼하게 제작되어 흙이나 먼지가 많은 야전에서의 신뢰성이 좋아 특히 중국에서 대단한 호평을 받았다. 중국은 이를 무단으로 카피 생산했을 정도였는데 비록 정품에 비해 성능이 미흡했지만 전투에 사용 시 크게 문제가 없었던 것으로 전한다. 중국과의 전쟁 중 일본도 이를 무단 복제하여 사용했다.

중일전쟁 당시에 ZB-26을 노획한 일본군은 중국군이 자신들보다 좋은 성능의 경기관총을 보유하고 있다는 사실에 놀라 이를 바탕으로 새로운 경기관총 개발에 나섰다. 이렇게 해서 1935년 탄생한 것이 기존 6.5×50mm 탄을 사용하는 96식 경기관총이었고 이를 보다 강력한 7.7×58mm 탄을 사용할 수 있도록 개량한 것이 99식 경기관총이었다. 이처럼 ZB-26은 무허가로 중국과 일본에서 생산되어 양측의 주력 병기로 사용되었다.

하지만 ZB-26을 효과적으로 이용했던 국가는 아이러니컬하게도 체코슬로바키아를 침략한 나치 독일이었다. 독일은 MG26(t)이라는 독일군 제식명을 부여하고 ZB-26을 대량 사용했다. 독일은 다목적기관총의 효시로 인정받는 MG 34 같은 뛰어난 기관총을 보유했지만 전쟁 중 항상 물량이 부족한 상태였다. 이때 점령지 체코슬로바키아의 고성능 ZB-26은 좋은 대안이 되었다. 체코슬로바키아 입장에서는 대단히 통탄스러운 일이다.

ZB vz.26 사격 훈련 중인 체코슬로바키아군. 하지만 조국을 방위하는 데 이용하지는 못했다. (public domain)

아픈 역사

이는 체코슬로바키아의 아픈 과거사와 맥을 같이 한다. 체코슬로바키아는 상당히 짧은 기간만 존재한 국가였다. 1차대전 후 오스트리아-헝가리 제국이 해체되면서 슬라브계의 체코인^{Czech}과 슬로바키아인^{Slovakia}이 주축이 되어 1919년에 독립한 것이 이 나라의 시작이다. 1938년 이후에는 나치 독일의 지배와 간섭을 받았고 1945년 다시 독립했으나 1993년 체코와 슬로바키아로 각각 분리되어 탄생 74년 만에 국가가 완전 해체되었다.

농업지대가 대부분인 슬로바키아와 달리 체코 지역은 전부터 기계 공업이 발달하여 오스트리아-헝가리 제국의 가장 중요한 산업거점이었다. 20세기 후반 동서냉전 시기에도 서유럽 못지않은 생활수준을 영위했다. 따라서 1919년 독립 당시부터 체코 지역이 체코슬로바키아의 중심이 된 것은 당연했다. 체코슬로바키아는 신생국이었지만 이러한 산업기반을 바탕으로 훌륭한 여러 무기를 자체 생산했다.

어렵게 세운 국가를 자신들의 힘으로 지키겠다는 약소국의 결연한 의지가 반영된 결과였다. 하지만 아무리 무기가 좋아도 외적의 침략을 막기에 체코슬로바키아는 작은 나라였다. 자신들의 의사와 상

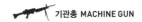

관없이 강대국들에 의해 주데텐란트Sudetenland가 1938년 독일에 강제
할양되었고 나머지 땅도 나치 독일에 의해 순차적으로 점령되었다.
때문에 체코슬로바키아가 만든 무기는 정작 자국의 안위를 위해서는
사용되지 못했다.

침략자가 강탈하다

오히려 그들을 침략한 외세나 주변국들에 의해 체코슬로바키아
산 무기가 더 많이 사용되어 명성을 떨쳤는데 대표적인 사례가 LT
vz.38(이하 LT-38) 전차다. 베르사유 조약에 의해 무기 개발에 제한
을 받았던 독일은 정작 2차대전을 일으켰을 때 그다지 쓸 만한 전
차를 보유하지 못했다. 이때 점령지 체코슬로바키아에서 생산한
LT-38은 독일군으로부터 호평을 받아 Pz 38(t)라는 이름을 부여받
고 2차대전 내내 대단한 활약을 펼쳤다.

이미 뛰어난 성능이 널리 알려진 ZB-26도 그러한 운명이었다.
더구나 옛 오스트리아-헝가리 제국의 일원이었던 관계로 체코슬로
바키아의 무기도 독일권의 공통 탄환이라 할 수 있는 7.92×57mm
마우저탄을 사용했으므로 탄 보급에 아무런 제약이 없었다. 사실 재
군비 선언 이후 급팽창한 독일군은 만성적인 무기 부족 상태에 고민
이 많았으므로, 성능 좋고 보급에도 문제가 없는 ZB-26을 마다할
이유가 없었다.

초창기에는 독일 국방군Wehrmacht에 비해 무기 보급 순서가 뒤진
무장친위대Waffen SS에 대량 보급되었다. 객관적 성능으로는 MG 34
나 이후 등장한 MG 42보다 뒤처지지만, 보다 쉽게 휴대하여 편리
하게 사용할 수 있는 ZB-26 경기관총은 속도를 중시하는 독일군

의 새로운 전술 사상과도 부합하여 전쟁 내내 요긴하게 사용되었다. 한편 체코슬로바키아는 억울하게도 종전 직전까지 독일군에게 최고의 무기 공급자로 남았다.

영국에서 꽃을 피우다

하지만 ZB-26가 진정으로 꽃을 피운 곳은 영국이었다. 1930년 중반 영국군이 신형 경기관총 도입 사업을 시작했을 때 ZB-26을 눈여겨 본 체코슬로바키아 주재 영국 무관이 이를 강력 추천하면서 후보 기종이 되었다. 심사 결과 당당히 채택되어 영국군용 .303 브리티시탄을 사용할 수 있도록 개량되었고, 1935년부터 라이선스 생산되었는데 그것이 바로 유명한 브렌^{Bren} 경기관총이다.

원 생산지인 브르노 무기제조회사와 라이선스 생산한 영국의 엔필드^{Enfield} 조병창의 머리글자를 따서 명명한 것인데 2차대전 내내 영국군과 영연방군의 주력 지원화기로 맹활약했다. 그렇다 보니 세부 사양이 조금 다르기는 하지만 독일군과 영국군이 같은 무기를 들고 싸우는 경우가 비일비재했다. 마치 1차대전 당시 각기 다른 종류의 맥심 기관총을 가지고 싸우던 모습과 비슷했다.

6·25전쟁에서도 같은 경기관총을 보유한 영연방군과 중공군이 교전을 벌이는 경우가 흔했다. 당대에도 그렇고 후대에도 모두가 앞다퉈 사용했을 만큼 ZB-26은 뛰어난 성능의 경기관총이었다. 이후 브렌은 7.62mm 나토탄을 사용할 수 있는 개량형이 등장하여 포클랜드 전쟁^{Falklands War}과 1991년 걸프전(페르시아 만 전쟁)까지 무려 60여 년간 현역에서 맹활약했다. 무기 역사의 청출어람靑出於藍이라 칭하여도 결코 손색이 없다.

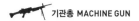

7.92x57mm탄 (FMJ) 실제 크기

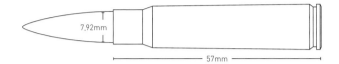

7.92mm

57mm

ZB vz.26 기관총 20발 탄창

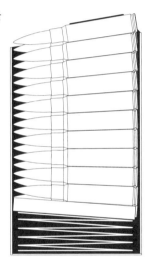

구경	7.92mm
탄약	7.92×57mm 마우저
급탄	20발 탄창
작동방식	가스작동식
전장	1,150mm
중량	10.5kg
발사속도	분당 500발
총구속도	744m/s
유효사거리	1,000m

M1919
Browning

미국은 1차대전 당시에 엄청난 규모의 원정군을 유럽에 파견했지만, 당시 열강이었던 독일·프랑스·영국·러시아 등과 비교한다면 미 육군은 한 수 아래 수준이었다. 미국은 거대한 바다에 의해 다른 대륙과 떨어져 있고 주변에 강력한 적대 세력이 존재하지 않기 때문에 굳이 거대한 육군을 보유할 필요가 없는 나라다. 이러한 이유 때문에 미 육군이 보유한 장비의 질적 수준도 그다지 뛰어나지는 않았다.

미국이 본격 참전한 1918년은 전쟁 말기여서 적국인 독일이나 연합국은 이미 산전수전을 다 겪은 상황이었다. 하지만 미군은 모든 것이 생소했고 당연히 많은 시행착오와 어려움을 겪어야만 했다. 영국이나 프랑스가 조언을 해주었지만 그것만으로 부족한 경험을 쉽게 만회하기는 어려웠다. 특히 전선의 대세가 되어버린 기관총에 대해 미군 당국이 느낀 충격은 그야말로 대단했다.

직접 겪은 기관총은 한마디로 공포였다. 총을 제외하고 역사를 논할 수 없는 나라가 바로 미국이고 더구나 맥심 기관총을 만든 이도 미국인이었다. 하지만 유럽 전장에서는 영국이나 프랑스가 지원해준 기관총에 의지해야 했다. 이런 경험을 발판으로 미국은 새로운 기관총 개발에 나섰고 얼마 지나지 않아 뛰어난 기관총을 데뷔시킬 수 있었다. 바로 M1919 브라우닝 기관총M1919 Browning Machine Gun이다.

늦은 출발

물론 미국이 기관총에 대해 전혀 몰랐던 것은 아니다. 기관총이 유럽 전쟁에서 맹활약하고 있다는 소식을 들었기 때문에 참전과 별개

미 해군 PBY 카탈리나 정찰기에 장착된 M1919 (United States Library of Congress)

로 도입을 신중히 고려했다. 다행히 군 당국의 요구 훨씬 이전에 미국의 총기 개발자나 제작사들이 기관총 개발에 나섰다. 이런 인물 중에는 맥심 기관총을 만든 하이럼 맥심과 전설적인 총기 엔지니어인 존 M. 브라우닝도 있었다.

브라우닝은 이미 1900년에 리코일 방식에 관한 특허를 출원했고, 이듬해에는 이를 이용한 수랭식 자동화기를 시험 삼아 제작한 적이 있었다. 하지만 중기관총의 필요성에 대해 군부가 전혀 관심을 보이지 않아서 생산은 이루어지지 않았다. 그러던 중 1차대전이 발발하고 기관총의 필요성이 대두하자, 군부는 부랴부랴 1917년에 브라우닝이 제안한 모델을 채택했다. 이것이 유명한 브라우닝 M1917 기관총이다.

M1917은 맥심의 라이선스라는 오해를 받을 정도로 겉모양이 유사하지만 작동방식은 전혀 다르다. M1917은 맥심보다 가벼우면서 정확도도 높고 내구성도 좋아 가히 당대 최고의 중기관총이라 할 만했다. 하지만 양산이 늦어 1차대전 종전 두 달 전에야 소수 물량이 전선에 공급되어 커다란 전과를 올리지는 못했고, 그때까지 미군은 다른 나라의 기관총을 사용하는 굴욕을 겪었다.

무게를 줄여라

비록 데뷔전에서 제대로 사용되지 못했지만 M1917은 미 육군의 주력 중기관총으로 급속히 자리 잡아 이후 2차대전, 6·25전쟁은 물론 베트남 전쟁 때까지도 꾸준하게 애용되었다. 하지만 M1917도 당시 중기관총 공통의 문제였던 무거운 무게에서 결코 자유롭지 못했다. 맥심에 비해서는 가벼운 편이었지만 냉각수·총열·받침대·탄약을 포함한 무게가 47킬로그램에 달했다.

초기의 중기관총은 엄청난 화력의 중요성을 뚜렷이 각인시켰지만 무게로 말미암아 주로 고정된 진지에 거치하고 사용하는 극히 제한적 무기이기도 했다. 결국 기관총을 보다 효과적으로 사용하려면 무게를 줄이는 것이 급선무였는데 그러한 방법의 일환으로 공랭식 기관총이 나타났다. 이러한 시대의 흐름을 간파한 브라우닝은 군 당국의 요구가 있기 전에 독자적으로 공랭식 기관총 개발에 착수했다.

그는 새로운 기관총을 개발하는 대신 이미 기계적인 성능이 입증된 M1917을 공랭식으로 개량하기로 했다. 마침 M1917의 수랭식 냉각장치를 제거하여 무게를 줄인 경량화 모델이 있었는데 이는 전투기에 탑재되어 공기에 의해 냉각하는 방식을 취하고 있었다. 그는 이를 좀 더 손을 봐서 1919년에 우선 차량 탑재용 공랭식 기관총을 선보였다. 실험 결과에 대단히 만족한 미군 당국은 M1919라는 이름을 부여하고 제식화했다.

미국을 대표한 기관총

쇼트리코일 방식으로 작동하는 M1919는 250발 금속 탄띠에 장착한 7.62×63mm 스프링필드탄을 사용하고, 이후 시대의 흐름에 발맞추어 나토탄을 사용하는 개량형도 등장했다. 양산에 들어간 M1919는 1920년대부터 군에 보급되었는데 일선의 요구를 즉시 반영하여 성능을 개선하여 나갔다. 이러한 과정을 거쳐 본격 양산에 들어간 모델이 완성형이라 불리는 M1919A4다.

M1919A4는 분당 60발씩 30분 동안 사격하여도 총신이 과열되

6·25전쟁 당시 미군 진지에 거치한 M1919 기관총 (public domain)

지 않을 만큼 상당히 안정적인 기관총이었다. 그래서 '죽어도 고장 나지 않는 기관총'이라는 말까지 들었을 정도인데 이것이 M1919 의 가장 큰 장점이기도 하다. M1919는 2차대전이 발발하자 미국 의 여러 총기 생산업체가 참여하여 1945년까지 60만 정 넘게 양산 되어 미군이 가는 곳이면 어디든지 함께하며 화력지원을 담당했다.

이후 6·25전쟁과 베트남 전쟁에도 사용되면서 M60 다목적기 관총이 등장하기 전까지 미군의 주력 기관총으로 맹활약했다. 더불 어 수많은 나라에 공여되었는데 우리나라도 1949년 주한미군 철수 시에 약간 수량의 M1919를 인수했고, 6·25전쟁을 거치면서 상당 량을 지원받아 육군의 주력 경기관총으로 활용했다. 정확한 수량은 확인되지 않지만 1990년대까지 예비군용으로 보관하고 있었을 만 큼 우리나라는 M1919를 애용한 나라다.

전선의 마당쇠

M1919는 부속장비를 포함해도 20킬로그램이 되지 않는다. 성능은 오히려 더 좋아졌는데 무게가 M1917의 절반도 되지 않았으니 당연히 일선에서 호평을 받았다. 하지만 본격적인 다목적기관총인 MG 34나 MG 42에 비해서는 상당히 무거운 편이어서 주로 차량이나 기갑장비에 탑재하여 사용했다. 사실 M1919를 가지고 있다고 자신만만했던 미군은 독일군이 사용하는 기관총을 보고 경악했다.

독일의 기관총은 보병들이 가는 곳이면 어디든 함께하며 작전을 펼쳤는데 경우에 따라서는 사수 혼자 고성능 기관총을 들고 다니는 경우도 종종 있었다. 독일군을 흉내 내기에는 M1919도 무거운 편이어서 미군은 BAR가 비슷한 역할을 담당했다. 전쟁 말기에 양각대 방식으로 교체하고 성능을 개선하여 무게를 줄인 M1919A6이 등장했지만 이 역시 보병과 함께 작전을 펼치기는 역부족이었다.

M1919는 투박한 외형은 그다지 매력적이지 않고 발사속도가 느린 편에 속했지만 튼튼하고 고장이 없어 장시간 사격할 수 있었다. 사실 치열한 교전 상황에서 무기에게 이것보다 우선시되는 조건은 없으므로 M1919는 가장 기본에 충실한 무기라 할 수 있다. 한마디로 얍삽하지 않지만 자기 본분에 충실한 마당쇠와 같은 무기라고 할 수 있겠다. 사실 실제로 그러한 역할을 담당했다.

M1919 기관총 탄띠

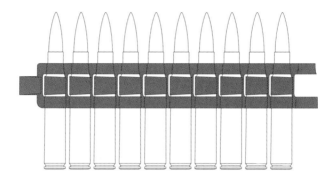

구경	7.62mm
탄약	7.62×63mm (.30–06 스프링필드탄) / 7.62×51mm 나토탄
급탄	250발 벨트급탄
작동방식	쇼트리코일
전장	964mm
중량	14kg
발사속도	분당 500발
총구속도	853.6m/s
유효사거리	1,000m

또 다른 AK-47

RPK

RPK 경기관총 (public domain)

2차대전이 끝난 1945년에 제식화한 RPD는 상당히 좋은 기관총이었다. 소련군 당국은 여기에 SKS를 결합한다면 소련군 보병부대는 가히 천하무적이라 생각했는데, 이는 결코 틀린 전망이 아니었다. 독일을 격멸한 후 이제 소련의 주적으로 떠오른 나라가 미국이었는데 당시까지 미군은 M1과 BAR를 사용 중이었다. 특히 BAR는 RPD에 비한다면 한마디로 구시대의 유물이었다.

그런데 이런 좋은 전망을 더욱 기분 좋게 깨버린 엄청난 물건이 불과 2년 후에 등장했다. 바로 '최고의 자동소총'이라는 명성을 아직도 지니고 있는 AK-47이었다. 소련 당국이 털끝만큼의 미련도 갖지 않고 SKS를 전광석화같이 제식무기 명단에서 제외했을 만큼 AK-47은 보병이 휴대하는 소총의 개념을 일시에 바꾸어버렸다.

그렇다 보니 RPD도 AK-47과 함께 작전을 펼치기에 어정쩡한 물건이 되어 버렸다. RPD가 AK-47보다 약하지 않았지만 바로 옆에서 화력지원을 해주는 무기로서는 뭔가 부족했던 것이다. 더불어 복잡한 구조와 탄띠 수납 컨테이너는 단순함을 추구하는 소련군 무기 사상과 어울리지 않았다. 적어도 AK-47와 어울리는 새로운 경기관총이 필요하게 되었고 그런 요구에 따라 새로운 기관총이 등장했다. 바로 RPK, 즉 칼라시니코프 경기관총[Ruchnoy Pulemyot Kalashnikova]이다.

새로운 소총에 걸 맞는 새로운 기관총

SKS를 도태시킨 사례에서 알 수 있듯이 당시 소련 당국의 의사 결정은 대단히 신속했다. RPD 조기 퇴역을 전제로 곧바로 새로운 경기관총의 개발에 착수한 것이다. 그런데 총기 제작자들에게 이는 상당히 골치 아픈 문제였다. RPD의 성능이 나쁘지 않은데, 이보다 좋은 경기관총을 당장 만들어 내라고 명령만 내리면 해결되는 것은 아니었다.

사실 M1911 권총이나 M2 중기관총, AK-47에서 알 수 있듯이 총이라는 물건은 처음에 잘 만들면 오랫동안 현역에서 활약할 수 있는 무기다. 그것은 성능이 뛰어난 새로운 총을 만드는 것이 힘들다는 의미이기도 하며, 한편으로 AK-47이 얼마나 뛰어난 소총이었는지 알려주는 증거라 할 수 있다. 그렇게 의도한 것은 아니었지만 결과적으로 AK-47로 인하여 SKS와 RPD라는 좋은 총들이 제대로 이름도 알리지 못하고 사라져 간 것이다.

당국의 명령을 받은 이들 중에는 AK-47의 아버지 미하일 칼라시니코프도 있었다. 그는 여러 종류의 시제 경기관총을 만들었는데 모두 실패로 돌아가자, 고심을 거듭한 끝에 생각을 단순화했다. AK-47을 경기관총으로 개조하는 것도 좋겠다고 생각하고 작업에 착수한 것이다. 최소한 AK-47 만큼의 성능은 발휘할 수 있을 것이라는 판단에서였다.

탄생과 동시에 채택

그는 먼저 총열을 굵고 길게 만들어 파괴력과 사거리를 대폭 늘렸다. 따라서 AK-47의 사거리 밖에 있는 목표물에 대한 효과적인 제압이 가능하면서 지원화기로서 갖추어야 할 기본적 성능을 확보했다. 더불어 사격의 정확성과 편이성을 높이기 위해서 양각대를 도입하고 조준기와 개머리판도 개량했다. 때문에 겉으로 드러난 새로운 기관총의 모습은 영락없는 AK-47이고 사용법도 차이가 없었다.

드럼 탄창을 장착한 RPK (Ministerstwo Obrony Narodowej)

전용 탄띠 수납 컨테이너를 사용하던 RPD와 달리 40발들이 전용 탄창이나 드럼 탄창을 사용하고 경우에 따라서는 기존 AK-47용 탄창을 사용할 수 있어 야전에서의 편의성을 도모했다. 가장 획기적인 점은 무게를 5킬로그램 내외로 대폭 줄인 점이었는데, 이는 AK-47보다 약간 무거운 수준으로 RPD의 70퍼센트 정도밖에 되지 않았다. 사실 가벼움은 유사 이래 모든 화기가 꿈꾸던 궁극적인 목표였다.

이렇게 우여곡절 끝에 탄생한 새로운 기관총에 대만족한 소련군 당국은 1961년에 RPK를 즉시 제식화하고 예정대로 RPD를 즉시 도태시켜 해외에 대량 공여하거나 수출하여 버렸다. 소련군의 이러한 빠른 행보는 서방측을 긴장시켰다. 특히 미군 같은 경우는 베트남 전쟁을 기점으로 소총과 기관총의 제식탄환이 나뉘어 버리는 상황을 맞게 되면서 새로운 분대지원화기의 필요성이 제기되던 시점이었다.

이라크 정부군의 RPK 경기관총 사격훈련 장면 (public domain)

AK-47의 동반자

이에 반하여 RPK는 분대나 소대 정도의 소부대 운영 측면에서 본다면 대단히 효율적이었다. 별도 교육이 필요 없을 만큼 사용법마저 소총과 동일한 경기관총은 탄의 보급뿐만 아니라 총기의 유지보수 및 전투에서 상당한 이점을 제공했다. 이에 비하여 서방측은 같은 총탄을 사용하더라도 소부대 내 소총과 지원화기가 상이하기 때문에 유지보수 및 교육과 관련해서 별도의 체계를 유지해야 했다.

이렇게 야심만만하게 도입한 RPK는 소련을 비롯한 동구권에 급속도로 보급되어 실전에도 대량 사용되었다. 더불어 서방의 5.56mm 탄에 대응하여 소련이 1970년대에 5.45×39mm 탄을 이용하는 AK-74를 제작하자 이에 발맞추어 RPK-74도 함께 만들었을 만큼, AK 소총과 떼어놓고 생각하기 힘든 지원화기가 되었다.

또 하나의 냉전시대 상징물이었다.

RPK는 소련에서 1978년까지 생산되었고 특히 RPK-74는 현재도 생산이 이루어지는 것으로 알려져 있지만 AK-47처럼 얼마나 많이 만들어졌는지 정확한 자료가 없다. 적어도 AK-47을 생산했던 나라라면 충분히 이를 복제할 수 있었고 냉전 당시에는 이런 행위가 그다지 문제가 될 만한 짓도 아니었다. RPD의 도태 이유 중 하나가 구조가 복잡하다는 것이었는데, 그에 비한다면 단순한 RPK는 쉽게 제작할 수 있었다.

RPK를 들고 있는 몽골군 병사 (public domain)

장점 속에 담긴 문제점

하지만 분명히 단점도 존재했는데 소련은 RPK에 만족하다 보니 이를 간과했고 결국 후속 지원화기 개발 시기를 놓치고 말았다. 아이러니하게도 RPK는 장점이 단점까지 함께 내포하고 있는 경우였다. AK-47과의 완벽한 호환성은 장점이었지만 처음부터 경기관총으로 설계 되었던 총이 아니었기 때문에 좋은 소총 이상의 성능을 기대하기 곤란했던 것이다.

특히 이 점은 FN 미니미를 비롯한 동급의 서방 경기관총과 비교하면 차이를 극명하게 알 수 있다. 경우에 따라서는 다목적기관총 역할까지 담당할 수 있는 서방의 분대지원화기에 비한다면 RPK는 확실히 역량이 부족했다. 예를 들어 분해하지 않고는 총열을 교환할 수 없는 구조 등은 지속 사격을 불가능하게 만들었다. 즉 편리함이 더 이상의 효과를 기대할 수 없도록 만든 벽이었던 것이다.

엄밀히 말하면 다른 모양의 AK-47 개량형이라 하여도 굳이 틀린 설명은 아니고 비록 이 때문에 지금은 그저 그런 경기관총 정도로 취급받는 경향이 커졌다. 하지만 원래부터 단점이 없는 총이 없듯이 적어도 오랫동안 뛰어난 경기관총의 위치를 차지하고 있었던 RPK의 위상은 오래도록 회자될 것이라 생각된다. 비록 흠을 잡았지만 RPK는 한 시대를 풍미한 뛰어난 경기관총임에 틀림없다.

RPK 75발 드럼 탄창

구경	7.62mm / 5.45mm (RPK–74)
탄약	7.62×39mm M43 / 5.45×39mm (RPK–74)
급탄	20/30/40발 탄창, 75발 드럼 탄창
작동방식	가스작동식, 회전노리쇠, 클로즈드볼트
전장	820mm / 1,060mm (RPK–74)
중량	5.1kg / 4.7kg (RPK–74)
발사속도	분당 600발
총구속도	745m/s , 960m/s (RPK–74)
유효사거리	1,000m

시대를 개척한 경기관총

Minimi

FN 미니미 (public domain)

베트남 전쟁에서 많은 문제점을 노출한 M14 전투소총의 대안으로 선택된 M16 자동소총은 이후 총기 역사에 새로운 장을 개척했지만 더불어 우려했던 문제점을 노출시켰다. 야전에서 보병들이 사용하는 총탄이 이리저리 나뉘게 되었다는 점이었다. 맥아더가 애당초 M1 개런드 소총이 .276구경으로 설계된 점을 들어 채택을 거부했던 비화에서도 알 수 있듯이 군 당국은 탄을 하나로 통일하는 정책을 유지한다.

가장 큰 이유는 보급체계의 단순화와 효율성을 극대화하기 위해서다. 예를 들어 2차대전 당시에 표준으로 사용하던 M1 소총, BAR, M1919 기관총 모두가 7.62mm 구경 스프링필드탄을 사용했다. 전후 나토 체계가 성립되면서 미국의 주도로 스프링필드탄을 약간 단축한 7.62×51mm 나토탄을 표준으로 정할 만큼 탄 규격 통일에 관한 미국의 의지는 확고했고 그것은 올바른 정책이었다.

그런데 5.56×45mm 탄을 채택한 M16이 등장하자 7.62mm 나토탄은 M60에만 사용하게 되었고, 일선에서는 탄 보급과 관련한 불평을 제기했다. 결론적으로 5.56mm 탄을 사용하는 새로운 기관총이 요구되었던 것이다. M16으로 재미를 본 콜트를 비롯한 수많은 총기 제작사가 경쟁에 참여했는데, 여기서 채택된 기관총은 벨기에 FN의 미니미$^{FN\ Minimi}$였다.

새롭게 등장한 총탄

나토 표준탄의 등장은 미국을 비롯한 서방의 총기 제작사들에게 하나의 지침이 되어버렸다. 2차대전 당시 최고의 명성을 날린 MG 42 다목적기관총이 전후 새 규격에 맞춰 MG3으로 다시 탄생한 것

스코프를 장착한 FN 미니미 단축형 파라(Minimi Para) ⓒⓘ⊕ⓞdavric at en.wikipedia.org

처럼 기존에 사용하던 총들은 개조되어야 했다. 더불어 새로운 총들은 처음부터 나토 표준탄에 맞춰 제작되어야 했고 당연히 이런 정책을 앞장서서 주도한 미국도 이를 충실히 이행했다.

베트남 전쟁 초기에 사용한 M14, M60 모두가 7.62mm 나토탄을 사용했다. 그런데 정작 다른 규격의 탄을 도입하는데 미국이 앞장서게 되자 총기 제작사들은 당황하지 않을 수 없었다. 만일 다른 국가에서 그랬다면 이러한 행보가 거의 불가능했겠지만, 결국 미국이 마음을 바꾸다 보니 5.56×45mm 탄 또한 새로운 규격의 나토탄이 되었다. 당연히 이에 맞는 총기의 개발도 이루어졌다.

이미 FN FAL 전투소총이나 FN MAG 다목적기관총을 개발하여 명성을 날리던 FN은 5.56mm 탄이 대세가 될 것임을 확신하고 일찍부터 이를 기반으로 하는 새로운 개념의 기관총 개발에 착수했다. 2차대전 이후 자동소총이 대세가 되면서 BAR 같은 지원화기는 더 이상 필요 없는 것으로 여겼지만 FN은 그렇게 생각하지 않았다. 그들은 경기관총이 계속 필요할 것이라 생각했고 그렇다 보니 경쟁 사들보다 앞서 갈 수 있었다.

조건 제시

M60처럼 자동소총과 더불어 서방의 표준 화기로 등장한 다목적기 관총들은 사실 중기관총에 가까웠다. 한 세대 이전의 중기관총에 비해 상당히 가벼워져서 들고 다니면서 사격을 가할 수도 있었지만 극히 예외적인 경우였다. 본체뿐만 아니라 총탄과 부속장비를 합하 면 대개 20킬로그램 가까이 나갔는데 이는 분대의 기동력을 저하 시키는 요소였다. 그렇다 보니 일선에서는 이미 퇴역한 BAR를 휴 대하고 다니는 경우까지 있었다.

특히 M16을 사용하면서 보병들의 전투 및 기동 환경이 비약적 으로 개선되자 M60은 더욱 더 무거운 장비로 인식이 되었다. 더불 어 앞서 언급한 것처럼 탄 규격이 상이한 것도 상당히 불편한 요인 으로 작용했다. 바로 이러한 문제점을 꿰뚫고 있던 FN은 5.56mm 나토탄을 공통으로 사용하는 자동소총과 기관총의 조합이 새로운 대세가 될 것임을 확신하고 개념연구와 동시에 개발을 병행했다.

바로 이때 미군 당국은 무게는 10킬로그램 이하이며 5만 발을 쏘아도 문제가 없는 탄띠 급탄식 경기관총의 구체적인 요구조건을 제기했다. 쉽게 말해 일선 보병들과 함께 기동하며 작전을 펼치는 개념이었는데 흔히 이를 분대지원화기(SAW)라 한다. 하지만 이는 새로운 생각이 아니라 원래 이전부터 존재하던 개념을 보다 구체화한 것에 불과했다. 한마디로 가벼운 경기관총이고 그렇게 탄생한 것이 FN 미니미다.

미군이 자존심을 꺾고 도입한 기관총

FN 미니미는 1974년 경쟁에 가장 늦게 참여한 후보였지만 치밀한 테스트 결과 당당하게 채택되었다. 사실 미군 제식장비로 외국산 장비가 선정되는 경우는 상당히 이례적이라 할 수 있는데, 특히 유구한 역사와 전통을 자랑하는 총기 분야는 더욱 그러하다. 한마디로 미국의 자존심이 걸린 문제였다. 하지만 FN 미니미는 200발 탄띠를 포함해서 9.5킬로그램을 넘지 않도록 요구했던 군 당국의 조건에 유일하게 근접했던 기종이었다.

더불어 내구성에서도 탁월한 성적을 내었다. 1980년 XM249이라는 임시 이름을 부여받은 FN 미니미는 미군이 참전할 수 있는 다양한 기후·풍토 환경을 고려한 여러 시험에서 기준을 훨씬 상회하는 결과를 선보였다. 이에 만족한 미군은 1982년 정식으로 기본 제식화기로 선정하며 M249라 명명했다. M249는 부가장비의 부착이 가능한 레일 등이 부착되고 무게가 조금 증가하는 등의 일부 차이가 있지만 기본적으로 FN 미니미라 해도 무방하다.

전통적으로 SAW로 취급하는 무기의 공통점은 소총과 호환성이 크며 뛰어난 연사력을 바탕으로 강력한 화력을 제공한다는 점이다. 따라서 소총과 같은 종류의 탄을 사용하는 것이 기본 철칙인데 새롭게 등장한 5.56mm 탄은 소총의 역사도 새롭게 썼지만 화력지원용 무기의 역사 또한 크게 바꾸었다. 미군이 오랫동안 SAW 역할로 사용한 BAR와 무게는 비슷하지만 효과에서 FN 미니미가 더욱 강

미 해병대원이 사격 중인 M249 (public domain)

력하다는 것으로 모든 것이 설명된다.

환경이 바뀌어도 변하지 않는 역할

총에 대한 자부심만큼 결코 뒤지 않은 미국도 M249라는 이름으로 군말 없이 채택했을 만큼 FN 미니미는 탁월하다. 여러 나라에 수출되어 실전에도 사용되다 보니 정작 개발국인 벨기에보다 해외에서 더욱 명성을 얻었다. 현재 국군이 사용하고 일부 국가에 수출되기도 한 K3 기관총도 FN 미니미의 영향을 상당히 많이 받았을 만큼 이후 등장한 여러 종류의 유사 기관총 개발에 많은 영향을 주었다.

아무리 돌격소총이 등장하고 전투 환경이 바뀌었어도 보병 바로 옆에서 화력을 투사하는 무기가 필요하다는 점은 불변이었다. 2차대전에서 다목적기관총이 그런 역할을 담당했고 이후에도 그럴 것으로 예측되었지만 보다 경량이고 사용하기 편리한 기관총에 대한 일선의 요구는 시간이 흐를수록 계속되었다. 사실 1차대전 당시 사용한 중기관총을 생각한다면 이후 등장한 기관총들은 상당히 경량이라 할 만했다.

그러나 앉으면 눕고 싶은 것이 어쩔 수 없는 본능인지라 보다 가볍고 편리한 기관총에 대한 욕구는 끝이지 않고 이어져 왔다. FN 미니미는 그러한 변함없는 욕구와 새로운 구경의 총탄의 등장이라는 시대 흐름을 정확히 읽고 탄생한 걸작 기관총이다. 하지만 전장의 상황이 제각각이듯 FN 미니미는 모두를 만족시키지는 못했는데 특히 어쩔 수 없는 파괴력의 부족은 불평의 대상이 되기도 했다.

사실 이것은 총탄의 문제이지 총의 문제는 아니다. 이 때문에 7.62mm 탄을 사용하는 파생형 FN 미니미도 등장했다. 당연히 파괴력과 유효사거리는 늘어났지만 무게를 포함하여 FN 미니미가 가지고 있던 다른 장점을 감소시킬 수밖에 없었다. 결국 가벼우면서도 강력한 두 마리 토끼를 잡는다는 것이 현재 총의 구조와 원리상 실현되기 어려운 명제가 아닌가 생각된다. FN 미니미의 앞날이 어떻게 될지 궁금해진다.

미니미 기관총 탄띠

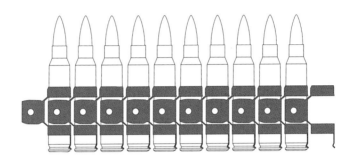

구경	5.56mm
탄약	5.56×45mm 나토탄
급탄	M27 200발 탄띠/STANAG 30발 탄창
작동방식	가스작동식, 회전노리쇠, 오픈볼트
전장	1,040mm
중량	7.1kg
발사속도	분당 725발
총구속도	866m/s
유효사거리	800m

모국에서 대접받지 못한

Lewis Gun

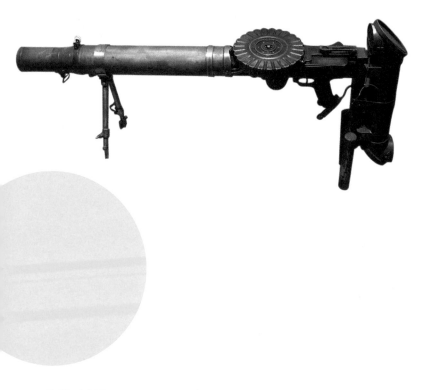

루이스 경기관총

그 위력은 전부터 알려져 있었지만 기관총이 얼마나 무섭고 뛰어난 무기인지 여실히 입증된 1차대전은 기관총의 백가쟁명 시대였다. 1차대전의 상징으로 피아 구분 없이 마구 사용한 맥심 기관총 이외에도 많은 종류의 기관총이 전선에 투입되었다. '세계대전'이라는 타이틀이 붙을 만큼 거대한 전쟁이었기 때문에 다양한 종류의 기관총이 등장한 것은 당연한 일이었다.

그런데 재미있게도 맥심 기관총을 비롯하여 미국에서, 혹은 미국인이 개발했음에도 정작 원산지인 미국에서 처음 사용되지 않고 외국군에 의해서 먼저 유명세를 떨친 경우가 많았다. 미국이 전쟁 말기에 참전해서 그런 부분도 일부 있지만 그보다는 미군 당국이 채택을 거부한 경우가 많았다. 그렇다 보니 미군이 대서양을 건너가서 교전에 임했을 때 정작 좋은 기관총이 없어 영국이나 프랑스에서 빌려야 하는 일이 벌어졌다.

어처구니없지만 그중에는 미국인이 개발한 것도 있었다. 그러한 사례 중 대표적인 것이 루이스 경기관총Lewis Gun이다. 초창기 경기관총 중에서 가장 뛰어난 것으로 평가받은 걸물이었지만 영국이 먼저 도입하여 사용했고, 개발 과정에 미 육군 병기국이 간접적으로 관여했음에도 미 육군은 끝까지 이를 공식 채택하지 않았던 이해하기 힘든 역사를 지니고 있다.

다르게 개발해야 했던 이유

사병들은 일선에서 직접 사용하면서 그 능력을 깨닫게 된 경우가 많았지만 적어도 총기 전문가라면 맥심이 만든 기관총이 대단한 걸작이고 그 위력이 어떨 것이라는 것은 충분히 알고 있었다. 따라

루이스 경기관총으로 사격 훈련을 하고 있는 미 해병대. 1차대전 기간 중 소수 물량이 미군에게 대여되었지만 정작 개발국인 미국은 정식 채용하지 않았다. (public domain)

서 많은 나라가 앞다퉈 라이선스를 받아 맥심 기관총을 생산했고, 각국의 조병창과 총기 엔지니어들은 이와 맞먹는 위력을 지닌 기관총을 만들려 노력했다.

하지만 상업적으로 성공하려면 맥심 기관총의 특허권을 침해하지 않아야 했다. 핵심은 맥심 기관총이 채택하고 있는 반동식 사격 메커니즘·탄띠 급탄식과 구별되는 다른 기술을 확보하는 것이었다. 이렇게 틈을 노려 개발에 착수한 인물 중에는 총기 발명가인 새뮤얼 매클린^{Samuel Maclean}도 있었다.

그가 택한 가스작동식은 맥심 기관총이 사용하고 있는 반동식보다 기술적으로 앞서 있을 뿐만 아니라 튼튼하고 유지보수도 편리하여 야전에서 신뢰성이 좋았다. 또한 내부에 스프링 장치가 없이 노리쇠와 연동된 캠을 돌려 탄이 이송되는 독특한 방식을 채택한 쟁반 모양의 대용량 드럼 탄창은 오히려 맥심 기관총의 탄띠 방식보

416

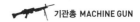

다 탄약 보유와 장전 과정이 간편했다.

개량을 통해 새롭게 탄생하다

하지만 정작 매클린의 기관총은 당국의 관심을 끌지 못했다. 그런데 미 육군 병기국 소속 아이작 루이스Isaac Lewis 중령은 새로운 경기관총의 작동방식과 탄창 구조에 대단한 흥미를 느끼고 매클린의 특허권을 인수하여 개량에 나섰다. 1911년 이런 우여곡절을 통해 새롭게 탄생한 신형 경기관총은 분당 500발을 발사할 수 있었는데 유효사거리가 800미터 정도였고 새로 총구에 장착한 양각대로 정확도를 높였다.

맥심 기관총이나 M1917 기관총처럼 초창기 중기관총 대부분은 수랭식 냉각방식을 사용했는데 이것은 무게를 증가시킨 주범 중 하나였다. 매클린의 기관총도 마찬가지였다. 루이스는 매클린의 기관총을 커버를 덮어 총구에서 발생하는 가스의 흐름에 의해 찬 공기가 내부에서 순환하는 공랭식으로 개량했다. 실제로 냉각효율은 그다지 크지 않았고 전투기용 무기로 장착되면서 오히려 커버가 제거되기도 했지만, 덕분에 새로운 기관총은 전체 무게를 13킬로그램 수준으로 경감할 수 있었다. 사실 이는 오늘날 다목적기관총보다도 무거운 편이지만 맥심 기관총에 비한다면 상당히 휴대하기 편리한 수준이었다. 더구나 제작 단가도 저렴하고 사용 인원도 적었다. 루이스는 새로운 기관총에 자랑스럽게 자신의 이름을 붙이고 시제품을 그가 근무하던 미 병기국에 제출했지만 제식화하지는 못했다.

영국 공군 정찰기에 장착된 루이스 경기관총 (public domain)

걸작을 알아본 이들

표면적으로 루이스 경기관총이 미 육군이 정한 규정을 만족시키지 못한 것이 이유였지만, 이후 1차대전에서의 활약상을 고려한다면 이는 합당한 이유로 보기는 힘들다. 오히려 당시 아이작 루이스와 그의 상관이던 미 육군 병기감 윌리엄 크로저^{William Crozier} 장군의 관계가 나빴기 때문에 채택되지 못한 것으로 알려진다. 무슨 이유로 사이가 나빴는지는 모르겠지만 루이스가 장군을 만나 여러 차례 설득했음에도, 끝내 크로저는 그가 만든 기관총 채택을 거부했다. 실망한 루이스는 군을 나와 벨기에로 건너가 총기회사를 설립하고 자체 제작에 나섰다. 만일 이 내용이 사실이라면 크로저는 하나의 정책 부서를 이끌 만한 그릇이 못되는 인물이라 할 수 있다. 아무리 사이가 나빠도 군이 사용할 무기를 선정하는 데 사심이 개입하면 곤란하다. 1차대전 당시 미군이 참전 초기에 당장 사용할 제대로 된 기관총이 없어 고생한 사례를 본다면 그의 잘못이 얼마나 컸는지 알

418

수 있다.

반면 벨기에군과 영국군은 루이스 경기관총의 성능을 한 눈에 알아보고 각각 라이선스 생산에 나섰다. 영국의 BSA(버밍엄 소화기 회사Birmingham Small Arms Company)는 루이스 경기관총을 .303 브리티시탄에 맞추어 개량했다. 비싼 맥심 기관총으로는 일선의 수요를 맞추기 어려워 고민이 컸던 영국군에게 루이스 경기관총은 좋은 대안이 되었다. 덕분에 천직이었던 군을 떠나 대서양을 건너와 새로운 도전을 한 루이스는 상업적으로 성공할 수 있었다.

고국에서 끝까지 외면받은 신세

1914년, 1차대전이 발발하고 방어용 무기로써 기관총의 중요성은 커졌다. 더불어 보병과 함께 움직이며 공격에 나설 수 있는 경기관총의 필요성도 급속히 요구되었다. 루이스 경기관총은 이에 적합한

추진식 항공기 F.E.2d 조종석 앞에 장착한 루이스 경기관총 (public domain)

기관총으로 1917년에 이르러서는 영국군 전방 보병대대가 46정을 보유하게 되었다. 당시 기관총이라면 당연히 따라다니던 무거운 삼각대 대신 양각대를 달고 전선에서 편리하게 사용하다 보니 최초의 분대지원화기로도 명성을 날렸다.

물론 단점도 있었다. 아무래도 탄띠 급탄식 기관총이었던 맥심에 비해 연사능력이 떨어질 수밖에 없었고 수랭식보다 총신의 과열을 잘 막아주지 못했다. 하지만 다른 기관총들과 비교할 수 없을 만큼 간편한 휴대 능력과 신뢰성이 그러한 단점을 대신했다. 특히 고속으로 움직이는 항공기나 차량에 거치했을 경우 공랭식도 충분히 효과적이었다.

영국군은 루이스 경기관총을 전투기나 전차, 장갑차의 표준 화기로 사용하기도 했다. 때문에 '최초로 전투기에 장착된 기관총'이라는 타이틀을 얻었다. 그렇다 보니 적에게도 명성이 퍼져 노획 대상 최우선 무기에 해당할 정도였다. 그런데 미 해병대와 해군에서만 소량을 사용했고 정작 고향과도 같은 미 육군은 끝까지 루이스 경기관총을 사용하지 않았다. M1917 중기관총에 대한 신뢰가 컸기 때문인지는 모르겠으나, 정작 1차대전 종전까지 어려움을 겪은 모습을 반추하면 쉽게 이해하기 힘든 일이다.

.303 브리티시탄 (FMJ) 실제 크기

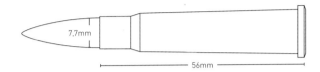

루이스 경기관총 드럼 탄창

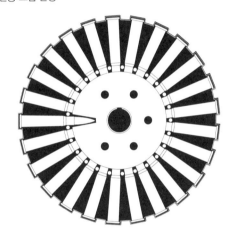

구경	7.7mm
탄약	7.7×56mm R (.303 브리티시탄)
급탄	47발/97발 드럼 탄창
작동방식	가스작동식
전장	1,280mm
중량	13kg
발사속도	분당 500발
총구속도	740m/s
유효사거리	800m

북극곰의 자존심

PK

PK (public domain)

러시아 제국 이래로 소련을 거쳐 현재의 러시아 연방에 이르기까지 그들이 운용하는 군, 특히 육군은 가히 대단한 수준이다. 국토가 무지막지할 정도로 크기 때문에 상비군의 규모도 다른 나라에 비해 필연적으로 커야 했다. 이처럼 국력은 차치하고라도 군의 외형적 규모가 일단 크다 보니 군사대국의 입지를 공고히 할 수 있었다. 그런데 이처럼 거대한 북극곰의 군대가 위협적인 존재로 각인된 것은 2차대전 중반 이후부터다.

사실 그 이전에 러시아 또는 소련의 군대는 허우대만 큰 무기력한 군대라는 이미지가 강했다. 20세기 초기에 있었던 러일전쟁, 1차대전, 겨울전쟁 등에서 보여준 패배가 그런 편견을 더욱 부채질했는데 사실 이는 거대한 군대를 효과적으로 조련하고 다루지 못한 위정자나 군 지휘부의 무능 때문에 벌어진 결과였다. 결론적으로 사상 최대의 전쟁이던 2차대전을 승리로 이끌었다는 사실이 그들이 결코 무능하지 않았다는 증거다.

사상 초유의 그리고 최악의 거대한 전쟁을 치르면서 그들은 불에 달구어 메질한 강철처럼 단단해져 갔으며, 더불어 최고 수준의 무기를 엄청나게 생산해냈고, 특히 보병들이 보유한 기본 제식화기는 2차대전 당시 최고 수준이었다. 그런데 기관총 분야만큼은 의외로 그다지 강하지 못했다. 하지만 오래 지나지 않아 PK 기관총처럼 훌륭한 다목적기관총을 만들어 보유하게 되었다.

승자에게 부족했던 것

위에서 러시아·소련의 기관총이 강하지 않았다고 표현했지만 그렇다고 형편없다는 의미는 물론 아니다. 1차대전 발발 이전에 맥심

폴란드군이 사용 중인 PK 기관총. 냉전 시기에 동구권에 상당량이 보급되었다. (public domain)

기관총을 라이선스 생산하여 자국 여건에 맞게 개량한 M1910을 보유한 것처럼, 여타 열강과 비교하여 기관총의 도입과 보유가 늦은 것은 아니었다. 2차대전 당시에도 경기관총인 DP와 중기관총인 DShk, DS−39, SG−43 같은 다양한 기관총을 제작하여 사용했다.

M1910은 2차대전이 발발했을 때 구시대의 유물로 취급받았지만 그래도 방어전에서 유효 적절히 사용할 수 있었고 1930년대 본격 제식화한 여타 기관총도 충분히 제 몫을 해주었다. 단지 결과만 놓고 본다면 이런 무기를 앞세워 소련이 전쟁에서 승리했으므로 그들의 선택이 잘못된 것이라 단정할 수는 없다. 하지만 소련이 최종 승리를 얻기 위해서 바친 대가는 너무 컸다. 승전국임에도 2차대전 당시 가장 많은 2,000만의 전사자가 발생한 사실이 모든 것을 설명

해 준다.

전쟁은 상대적이어서 내가 아무리 좋은 무기를 가지고 있다하더라도 남이 더 좋은 무기를 가지고 있다면 이야기는 달라진다. 당시소련과 건곤일척의 대결을 벌인 독일은 MG 34와 MG 42 같은 다목적기관총을 사용하고 있었다. 특히 MG 42는 앞으로 기관총이나가야 할 방향을 선도할 획기적인 물건이었다. 보병들의 제식화기에서 소련군은 유독 기관총 부분에서 질적 열세였다.

다시 한 번 오판하다

소련은 이런 격차를 양으로 보완했지만 다목적기관총을 소부대의화력으로 삼고 작전을 펼치는 독일군의 전술에 번번이 당하고 말았다. 앞에 소개한 것처럼 소련도 보유하고 있는 기관총이 많았지만정작 독일군과 같은 고속 기동전을 펼치기에 마땅한 기관총은 없었다. 일단 DP 같은 경기관총으로 이 역할을 담당하려 했지만 능력이 부족했고 PPSh-41 같은 기관단총을 떼거리로 동원하여 보았지만 사거리나 파괴력 면에서 부족한 면이 많았다.

결국 서방처럼 MG 42를 모델로 한 새로운 기관총을 만드는 것외에는 대안이 없었다. M60이나 FN MAG에 비한다면 소련의 다목적기관총 개발은 상당히 늦게 시작되었는데 이유는 AK-47의 등장 때문이었다. 자신만만하게 채택한 SKS 반자동소총을 불과 2년만에 용도 폐기했을 만큼 AK-47의 성능은 뛰어 났다. 여기에 더불어 분대지원화기로 같은 총탄을 사용하는 RPK 기관총도 만족할 만한 수준이었다.

즉 AK-47과 RPK의 조합이면 굳이 다목적기관총이 필요하지는 않을 것이라 판단한 것이다. 따라서 보병들은 새로운 조합으로 무장을 하고 7.62×54mm 탄을 사용하는 기존의 중기관총들은 기갑차량, 대공화기, 진지 거치용으로 계속 사용하도록 교통정리를 한 것이다. 아무리 냉전이 격화되어 군비 증강이 필요했어도 기존에 생산되어 보유 중인 엄청난 양의 중기관총과 탄환을 고려한다면 이러한 판단이 잘못된 것은 아니다.

다시 떠오른 악몽

2차대전 직후 곧바로 벌어진 6·25전쟁에서는 이런 방식을 적용하지 못했지만 이후 중동전쟁, 베트남 전쟁에서 다목적기관총의 부재는 많은 문제점을 노출했다. 보병간의 교전에서는 소련 방식이 뛰어났지만 바로 뒤에서 함께 따라다니며 화력을 퍼부어대는 M60이나 FN MAG의 위력에 밀리는 경우가 많았다. 2차대전 당시 MG 42에 속절없이 쓰러져 갔던 악몽이 다시 떠오르기 시작한 것이었다.

화력에 맞서려면 SG-43 같은 중기관총을 사용해야 하는데 이는 너무 무거워 기동력이 떨어졌다. 결국 소련은 그동안 묵혀놓았던 다목적기관총에 대해 다시 생각하기 시작했다. 이번 기회에 새로운 기관총을 만들면서 중구난방으로 갈라져 보급이나 유지보수에 문제가 많은 기존 중기관총을 모두 대체하기로 결정했다. 잠시 주춤하는 사이에 서방과의 기술 격차는 그만큼 벌어진 상태여서 다급할 수밖에 없었다.

1950년대 중반 소련군 당국은 총기 설계국에게 새로운 다목적기관총의 개발을 지시했는데 필요조건이 다음과 같았다. 기존의

시리아군 병사의 PK 기관총 사용 모습 (public domain)

7.62×54mm 탄을 사용할 것, 삼각대 같은 거치대는 물론 기관총과 일체화된 양각대로 사용할 수 있을 것, 일선 보병들이 충분히 휴대하고 다니기 편리할 것 등이었다. 이러한 개발 경합에 끝까지 나선 것은 그리고리 니키틴^{Grigory Nikitin}과 유리 소콜로프^{Yuri Sokolov}가 만든 시제품과 AK-47의 제작자인 칼라시니코프의 작품이었다.

다시 한 번 칼라시니코프

1956년 7월, 니키틴의 기관총이 먼저 개발되었는데 빠른 총신 교환이 가능한 공랭식의 기관총이었다. 반면 경쟁 상대인 칼라시니코프는 이후 RPK가 되는 새로운 분대지원화기를 개발하고 있어서 다목적기관총에 관심이 덜한 편이었다. 그러나 AK-47에 무한한 신뢰를 보내던 군 당국의 강력한 요청에 뒤늦게 개발에 나섰는데, 시간이 부족하자 AK-47 작동방식을 바탕으로 기관총을 설계했다.

당국은 무게가 10킬로그램 이하이기를 바랐는데 칼라시니코프는 AK-47의 가스압 구동 회전노리쇠 방식과 손잡이를 그대로 사용했고 RPK 제작에도 사용한 프레스 방식을 최대한 적용하면서 문제를 해결했다. 그리고 탄띠에서 탄을 신속히 뽑아내기 위해 노리쇠 뭉치 위에 발톱을 달았는데 이러한 방식은 서방측에서는 낯선 기법이었지만 소련에서 흔히 사용하던 방식이었다. 한마디로 총기 제작의 천재답게 칼라시니코프는 기존 기술을 최대한 접목하여 새로운 다목적기관총을 신속히 만들어 내는 데 성공했던 것이다. 결국 니키틴의 모델보다 늦게 개발되었음에도 1961년 경합에서 당당히 선정되어 '칼라시니코프 기관총Pulemyot Kalashnikova', 약자로 PK라는 이름을 얻고 1965년부터 일선부대에 공급되었다.

이로써 소련군 소부대의 제식화기는 칼라시니코프가 만든 AK-47 소총, RPK 분대지원화기, PK 다목적기관총으로 구성되었다. 반면 상당히 양호한 수준이었음에도 경쟁에서 탈락한 니키틴의 설계는 이후 12.7mm 구경의 NSV 중기관총으로 재탄생했다.

PK의 특징을 한마디로 정의한다면 칼라시니코프가 만든 총답게 싸고 질 좋은 것으로 요약할 수 있다. 개발을 의뢰하고도 너무나 바쁜 칼라시니코프의 사정을 알고 반신반의했던 소련군 당국이 흡족해할 만큼 당초 기대보다 좋은 성능을 발휘했다. 늦었지만 이렇게 일산천리로 개발되어 제식화된 PK 기관총은 기존에 사용하던 여러 종류의 중기관총을 급속히 대체하며 서방의 FN MAG, MG3, M60 기관총의 대항마로 자리 잡았다.

차량 등에 거치하여 사용하기도 하지만 보병들이 손쉽게 휴대할 수 있을 정도로 경량화에 성공한 무기다 보니 여타 소련제 무기처럼 냉전 기간 중 100만 정 이상 생산되어 전 세계에 대량 공급되었고 중국을 비롯한 여러 나라에서 만들어지고 있다. 그렇다 보니 어느덧 세계 곳곳에서 벌어진 국지전이나 분쟁에 반드시 등장하는 무기가 되었다. 현재 이를 대체하는 개발 사업이 없는 것으로 보아 앞으로도 오랫동안 현역에서 활약하리라 예상한다.

PK 기관총 탄띠

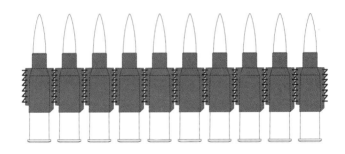

구경	7.62mm
탄약	7.62×54mm R
급탄	100/200/250발 탄띠
작동방식	가스작동식, 회전노리쇠
전장	1,178mm
중량	8.99kg
총구속도	825m/s
유효사거리	1,000m

미군의 자존심을 무너뜨린

MAG

FN MAG (public domain)

미국은 FN MAG을 개량하여 M240이란 이름으로 제식화했다. (public domain)

M60은 미국이 상당히 심혈을 기울여 만든 다목적기관총이었다. 미군 당국은 M14 전투소총과 M60 기관총으로 무장한 소부대는 가히 천하무적일 것이라고 상상했다. 하지만 이러한 상상이 미국만의 착각이었음은 그리 오래 지나지 않아 밝혀졌다. 2차대전 후 발발한 수많은 전쟁과 충돌에 미국이 빠짐없이 개입하다 보니 미국제 무기의 실전 투입은 쉽게 이루어졌고, 덕분에 성능에 대한 평가도 빨리 나왔다.

베트남 전쟁을 치르면서 자신 만만하게 도입한 M60에 대한 불만이 여기저기서 터져 나왔다. 그중 가장 큰 단점이 다른 다목적기관총에 비해 빨리 과열되는 총열이었다. 과열을 막기 위해서 분당 200발 사격 시에는 2분마다 총열을 바꾸어야 했는데, 교환 시간마저 길어 교전 중에 불편한 점이 한두 가지가 아니었다. 이 때문에 1980년대까지 개량에 개량을 거듭했지만 난제를 완전히 해결하지 못했다.

FN MAG의 영국군 버전인 L7A2 (public domain)

미군의 장점이라면 일선의 소리에 귀를 기울인다는 점이다. 일선에서 개선 요구가 빗발치자 미군은 결국 M60을 대체할 새로운 기관총 도입을 결정했는데 바로 이때 벨기에의 FN이 개발한 FN MAG58(이하 FN MAG)이 눈에 들어왔다. 이미 미국은 이를 바탕으로 1977년에 새로운 다목적기관총을 제작하여 일부 분야에서 사용하고 있었다. 그것이 바로 현재 미군의 표준 다목적기관총인 M240이다.

이미 얻은 명성

이처럼 세계 최강의 군사강국으로 총기의 역사를 선도해온 미국이 자존심을 꺾고 도입했을 만큼 FN MAG은 상당히 뛰어난 기관총이었다. 서방의 대표적 기관총인 M60, MG3과 동시대에 제작된 FN MAG은 이미 수많은 나라에서 사용하면서 높은 명성을 얻고 있었다.

오랜 전통을 가진 FN은 2차대전 이전에 미국의 M1918 BAR를 라이선스 생산하여 벨기에군에 공급했고 독일 점령 기간에는 MG 42를 하청 생산했기 때문에 기관총에 대한 다양한 기술력을 확보

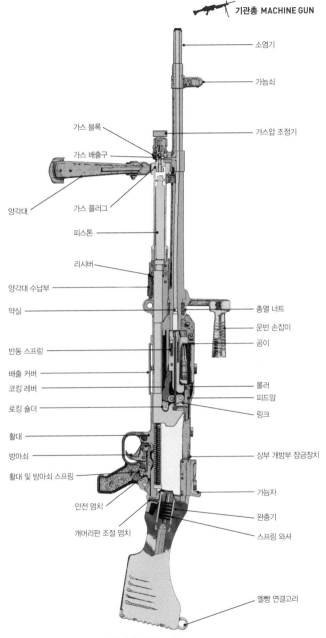

소염기

가늠쇠

가스압 조정기

가스 블록

가스 배출구

가스 플러그

양각대

피스톤

리시버

양각대 수납부

약실

총열 너트

운반 손잡이

공이

반동 스프링

배출 커버

코킹 레버

롤러

로킹 숄더

피드암

링크

활대

방아쇠

상부 개방부 잠금장치

활대 및 방아쇠 스프링

가늠자

완충기

안전 멈치

스프링 와셔

개머리판 조절 멈치

멜빵 연결고리

FN MAG 다목적기관총의 도해 (public domain)

433

한 상태였다. 이를 바탕으로 종전 후인 1958년 FN MAG을 선보였는데 BAR로부터는 노리쇠 구조를, MG 42로부터는 급탄 방식을, M2 중기관총에서 총신 교환 방식을 각각 따왔다.

더구나 전후 총기 생산방식의 대세가 된 철판프레스 가공방식을 적용하여 공정도 적었고 가격도 상대적으로 저렴했다. 이렇게 탄생한 FN MAG은 벨기에군의 주력 기관총으로 채택된 것을 필두로 하여 주변 나토 회원국에 급속히 보급되었다. 특히 영국과 영연방국에서의 채택은 FN MAG의 명성을 급속히 확대시켜 주었고 중남미와 아시아의 여러 국가가 앞다퉈 구매했다.

마지못한 도입

FN MAG의 명성은 널리 알려져 있었고 특히 총열이 붉게 달아올라도 사격이 가능할 만큼 내구성도 좋다고 소문이 자자했다. 결정적으로 석면장갑 같은 별도의 장비 없이 교환 핸들로 간단하게 총신의 교체가 가능하고 시간도 빨랐다. 적성국 장비도 아니고 더 좋은 미국산 대체재도 있지 않았으므로 미국이 도입을 마다할 필요가 없었던 것이다.

굳이 흠을 잡으려면 M60보다 약간 무거운 무게였다. 그렇다보니 FN MAG을 처음에는 헬리콥터나 차량의 거치대에 장착하여 사용하는 중기관총으로 인식하고 대부분 그렇게 사용했다. 사실 1977년 미군 당국이 FN MAG을 도입했을 당시에 대체 대상은 M60이 아니라 기존에 전차의 동축기관총으로 사용되던 M73/M219 기관총이었다. 따라서 FN MAG을 바탕으로 탄생한 M240도 처음에는 보병에 지급되지 않았다.

이때까지만 해도 미군 당국은 M60에 대한 미련이 많이 남아 있어서 전면 대체까지는 생각하지 않았다. 기존 물량과 부품을 고려한다면 당연히 개량 사업을 통해 성능을 업그레이드하는 것이 장기적으로 보았을 때 훨씬 유리했기 때문이다. 흔히 미군을 값비싼 최신식 무기로만 무장한 사치스런 군대로 여기는 경우가 많지만 사실 전혀 그렇지 않다. 엄청난 수를 차지하는 기관총 같은 무기의 대체는 그만큼 신중을 기할 수밖에 없다.

현장에서 호평을 얻은 차선책

따라서 M60은 1980년대 중반까지 개량이 이루어졌고 실제로 막판에 해병대용 다목적기관총 자리를 놓고 M60E와 M240G가 치열한 경합을 벌이기도 했다. 하지만 처음 언급한 바와 같이 일선에서 전투를 직접 벌이는 보병들의 M60에 대한 불평이 커지고 미군 당국도 이를 개량하는 데 실패하자, 차량이나 헬리콥터 거치용으로 사용하고 있던 M240을 보병용으로 개량하는 시도에 나섰다.

이미 M60과 M240을 비교해본 결과 M240이 신뢰성과 내구성에서 우위를 보이고 있다는 점은 여실히 확인된 상태여서 제식화에 그다지 문제는 없었다. 최초 도입 당시 M240은 이동장비에 장착한 거치식 무기였지만 그렇다고 M2 중기관총처럼 보병들이 들고 다니며 사용하지 못할 만큼 엄청나게 무거웠던 수준도 아니었다. 따라서 일부 개량만 가하면 보병용으로 즉시 활용이 가능했다.

그 결과 1980년대 중반부터 보병들이 일부 일선에서 사용하기 시작했고 1990년대에 들어 보병용 모델인 M240B가 미 육군용으로, M240G가 미 해병대용으로 제작되어 본격 공급되었다. 이와 동시에 기존에 분대지원화기로 사용했던 M60은 일선부대에서 점차 도태되면서 제식화기 명단에서 내려오게 되었다. 이후 1988년 소말리아 내전과 1991년 걸프전에서 본격 사용되면서 예상대로 좋은 평가를 얻었다.

바뀐 세상

1990년대 들어 벌어진 냉전 종식은 미국의 무기 체계에도 엄청난 영향을 주었다. 필연적으로 개시된 군비 감축으로 말미암아 무턱대고 미국산 무기를 먼저 도입 대상으로 고려하기 힘든 시절이 되어버린 것이다. 따라서 미군도 예전과 달리 성능이 좋고 가격이 저렴하다면 외국산 무기를 제식화하는 데 마다하지 않는 분위기가 되었다. 거기에 가장 부합하는 사례가 바로 FN MAG 즉, M240 기관총이다.

그리고 M240이 보여준 신뢰성은 이후 같은 FN에서 만든 M249가 미군의 공식 분대지원화기(SAW)로 채택되도록 만든 결정적 이유가 되기도 했다. FN은 19세기 말에 설립된 유구한 역사를 가진 무기회사지만 세계적으로 명성을 얻은 것은 2차대전 이후부터다. 그중에서도 총에 관한 미국의 자존심까지 무너뜨린 FN MAG은 그야말로 FN의 명성을 한 단계 높인 걸작이라 할 수 있다.

그런데 역사적으로 볼 때 미국은 맥심 기관총이나 루이스 기관총처럼 뛰어난 기관총을 만들었으면서도 정작 자신들은 제대로 사용하지 못한 전례가 있다. 하지만 자신이 만든 것도 있지만 성능이 미흡하여 결국 M240처럼 남이 만든 것을 사용하는 반대되는 예도 있다. 그런 점을 생각한다면 미군은 기관총을 제식화하는 데 상당히 우여곡절도 많고 사연도 많은 군대가 아닌가 생각한다.

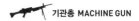

7.62x51mm 나토탄 (FMJ) 실제 크기

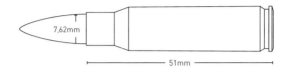

7.62mm

51mm

FN MAG 기관총 탄띠

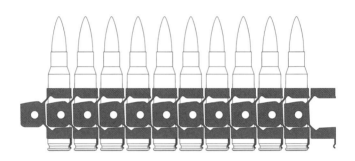

구경	7.62mm
탄약	7.62×51mm 나토탄
급탄	탄띠 급탄식
작동방식	가스작동식, 오픈볼트
전장	1,231mm
중량	12.5kg
발사속도	분당 850발
총구속도	905m/s
유효사거리	1,000m

작은 대포

M134
Minigun

단지 첫인상이나 이름만으로 진정한 능력을 오판하는 경우는 인간들이 범하는 흔한 실수라 할 수 있다. 무기에도 이런 경우가 많고 경우에 따라서는 일부러 오판을 유도하기 위해 엉뚱하게 작명을 하기도 한다. 예를 들어 'Tank(전차)'는 물탱크로 위장하며 개발하고 배치했던 과정에서 유래된 이름이다. 반면 그런 의도는 아니었지만 이름으로 인해 그 위력을 제대로 잘못 생각하는 무기도 있다. 바로 M134 미니건Minigun이다.

구경이 작으면 총, 반대로 크면 포라고 단순하게 구분하기도 하지만 총과 포를 구분하는 방법은 아직도 격렬하게 논쟁 중일만큼 명확하지 않다. 그렇다 보니 'Gun'은 한국말로 총 또는 포로 해석이 된다. 그런데 문구를 해석하다보면 총을 의미하는 경우가 대부분이고 특별히 포를 'Cannon'이나 'Ordnance'로 표기하는 경우가 많기 때문에 관념적으로 '건Gun'을 총으로 인식하고는 한다.

따라서 무기 체계에 대한 잘 알지 못하는 사람들에게 '미니건'이라고 말하면 그냥 '작은 총' 또는 '권총'이라고 생각한다. 미니건을 접하지 못한 현역 군인들조차 이렇게 생각하는 경우가 왕왕 있을 정도다. 하지만 어감과 달리 M134 미니건은 현존하는 가장 강력한 총이다. 구경으로 판단하자면 분명히 총이지만 능력으로 보자면 작은 대포로 해석하는 것이 맞을 정도다.

괴물 벌컨의 등장

미사일 등장 이전에 기관포(중기관총)는 공중전을 위한 전투기의 유일한 무장이었고 현재도 빼놓을 수 없는 고정무장이다. 전통적으로 공대공 전투는 목표물이 지나갈 공간에 기관포를 난사하여 탄막을

헬리콥터에 장착하여 지상 공격용으로 사용하는 모습 (public domain)

치는 것이 가장 좋은 방법이었다. 따라서 빠르게 난사할 수 있지만 한방만 제대로 맞아도 상대에게 심대한 타격을 줄 수 있는 기관포가 전투기에게 필요했다. 하지만 빠른 속도와 파괴력이 강한 대구경은 함께 하기 힘든 난제였다.

　대구경일수록 파괴력이 크지만 난사하기 힘들고 포구속도도 감소하며 포신 수명도 짧아지기 때문이다. 특히 전투기에 탑재하기 위해서 크기도 제한해야 했다. 결국 연사와 파괴력이 적당히 균형을 이루고 크기도 적당한 기관포를 사용했는데, 미국은 구경 20mm 이하의 기관포를 주로 사용했다. 그런데 2차대전 후 고속 비행이 가능한 제트기가 주력이 되자 다른 형태의 무기가 필요하게

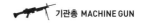

되었다.

예전보다 더 빠른 발사속도를 가진 새로운 화기가 필요하게 된 것이다. 미국은 1950년부터 제너럴일렉트릭(이하 GE) 주도로 전투기 탑재용 신형 화기 개발을 착수했는데, 발사속도를 무작정 늘리기에 한계가 있다는 난제에 봉착했다. 개발팀은 다수의 총구를 회전시켜 교대로 사용했던 개틀링건Gatling Gun을 응용하여 난제 해결에 성공했다. 그렇게 탄생한 괴물이 바로 M61 벌컨M61 Vulcan이다.

벌컨은 총열마다 노리쇠가 별도로 장착되어 총열이 회전하면서 지정된 위치에 오면 총알이 발사되는 방식이다. 따라서 총신이 6개라고 한 번에 모든 총알이 발사되는 것이 아니라 한 총신에서 총알을 발사하는 동안 나머지 5개의 총신은 냉각할 수 있는 시간이 생겨 총열 교환이 거의 필요 없다는 것이 장점이다.

새로운 전쟁과 새로운 무기

이후 벌컨은 미제 전투기의 고정무장으로 급속히 제식화되었고 방공포를 비롯한 지상용 화기로도 사용되었다. 하지만 뛰어난 성능 못지않게 발사를 위한 부가장비 등으로 인하여 상당히 무거운 무기였다. 제트기 시대의 도래와 더불어 전술작전기의 동체가 커지면서 벌컨을 그나마 전투기에 탑재할 수 있었던 것이다. 그렇다 보니 작은 전투기나 지상 이동장비에 탑재하는 데에도 애로가 많았다.

바로 그때 베트남 전쟁이 발발했고 헬리콥터가 새로운 전쟁 수단으로 급속히 대두되었다. 전선이 애매모호하고 이동로가 극히 제한된 베트남에서 헬리콥터를 이용해 병력을 신속 전개하여 적의 거점을 타격하고 즉시 철수하는 형태의 전혀 새로운 전쟁 기법이 도입된 것이다. 그런데 헬리콥터를 병력 수송용 또는 기관총을 장착하여 방어용 및 화력지원용으로 사용하기에는 아쉬움이 남았다.

GE는 M61을 소형화하는 데 착수했다. 벌컨에서 사용하는 20mm 탄 대신 당시 총기의 표준이라 할 수 있는 7.62×51mm 나토탄을 사용하면 경량화한 벌컨을 만들 수 있을 것으로 판단한 것이다. 그 정도면 헬리콥터 등에 충분히 장착할 수 있을 것이고, 벌컨보다 약할지 모르지만 엄청난 연사력을 그대로 구현한다면 기관총과 비교할 수 없을 만큼 강력한 화력을 발휘할 수 있을 것이라 판단했다.

무서운 악마

'미니건'으로 명명된 소형 벌컨은 미 공군을 시작으로 1963년부터 납품이 개시되었다. 지상 공격기인 AC-47에 최초로 장착되어 무시무시한 위력을 선보였고 그 소문은 전군에 곧바로 퍼져 나갔다. 분당 최대 4,000발을 난사하는 엄청난 연사능력은 공격당하는 입장에서는 그야말로 공포 그 자체였다. 트럭 같은 장비가 순식간에 화염에 휩싸여 터져나가곤 했는데, 이는 같은 구경의 탄을 사용하는 기관총으로는 흉내 낼 수 없는 수준이었다.

단순히 생각한다면 M60 기관총 6정을 한 곳에 집중하여 사격하는 것과 같다고 볼 수 있지만 위력과 효과는 그 이상이었다. M134의 인기는 하늘을 찔렀고 곧바로 미 육군에서도 이를 채용하여 헬리콥터에 장착하기 시작했다. AH-1 같은 공격헬리콥터는 물론 UH-1, OH-58 같은 다양한 종류의 헬리콥터에 탑재한 미니건은

연안 경계용 보트에 탑재한 미니건 (public domain)

밀림 속에 적들이 숨어 있을 만한 곳이라면 무지막지한 총탄의 불 벼락을 날렸다.

　밀림은 교전 중에 좋은 방어막이 되어 주었다. 이론적으로 기관 총이나 자동소총의 화력은 나무를 관통하여 숨어 있는 상대를 공격 할 수는 있었지만 그것이 말처럼 쉬운 일은 아니었다. 반면에 미니 건으로부터 보호는 불가능에 가까웠다. 재미를 본 육군은 미니건을 트럭이나 지프 같은 기동차량에 장착하여 보병을 근접에서 지원하 는 수단으로 사용했다. 그야말로 하늘이건 땅이건 가리지 않고 종 횡무진 돌아다니며 불을 토해내는 무서운 악마였다.

너무 과한 성능

하지만 모든 총기가 그렇듯이 미니건 또한 장점만 있을 수는 없었다. 처음 언급한 것처럼 작은 대포를 표방했지만 결국 기관총의 한계를 벗어나지는 못했던 것이다. 12.7mm 탄을 사용하는 M2 중기관총보다 화력이 약하여 장갑차량이나 엄폐물을 완벽히 제압할 수 없었다. 한마디로 밀집된 대규모 보병부대나 밀림처럼 대략적인 목표지점을 난사하는 용도 외에는 사용하기 힘들었다. 대인공격용으로만 사용하기에는 너무 사치스러운 무기였다.

미니건의 특징이라 할 수 있는 무지막지한 발사 능력은 사실 치명적인 단점이기도 했다. 불과 5분이면 보병 1개 대대가 사용할 수 있는 어마어마한 분량의 기관총탄을 소비해버리니 지상군이 사용하기에 적합하지 않았던 것이다. 헬리콥터 같은 경우는 작전을 마치고 기지로 귀대하여 즉시 보급이 가능하지만, 전선을 옮겨 다니는 지상군에게 이 정도의 탄 보급은 보통 일이 아니었다. 탄 보급이 이루어지지 않은 미니건은 그냥 무거운 쇳덩어리에 불과했다.

더불어 전기 동력을 이용한 발사 시스템도 문제여서, 탄이 있다 하더라도 전기가 소모되거나 동력 계통이 고장 나면 사용할 수 없었다. 소말리아 내전 당시 반군 지역에 블랙호크Black Hawk 헬리콥터가 추락하면서 동력 계통이 고장 났는데, 이 때문에 몰려오는 적들을 보면서도 미니건을 사용하지 못하는 경우까지 발생했을 정도다. 대인저지용으로 특화된 무기가 정작 가장 중요한 순간에 사용할 수 없는 어처구니없는 일이 벌어진 것이다.

M134에 고무된 GE가 보병부대가 휴대하고 다닐 정도로 축소한 XM214 마이크로건Microgun을 개발했지만 군 당국에서 채용을 거

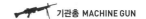

부한 이유도 이런 단점 때문이다. 그렇다 보니 현재 미니건은 헬리콥터의 지상 제압용도 외에 요새화된 참호나 특수부대의 지원화기 등 극히 제한적인 임무에만 투입되는 신세다. 아무리 좋은 무기라도 성능이 필요 이상으로 과하면 많이 사용되기 어렵다는 점을 M134 미니건이 보여주고 있다.

M134 미니건 탄띠

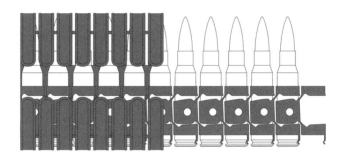

구경	7.62mm
탄약	7.62×51mm 나토탄
급탄	벨트급탄
작동방식	전기 동력식
전장	801.6mm
중량	25kg
발사속도	분당 4,000발
총구속도	853m/s
유효사거리	1,000m

한국국방안보포럼(KODEF)은 21세기 국방정론을 발전시키고 국가안보에 대한 미래 전략적 대안들을 제시하기 위해 뜻있는 군·정치·언론·법조·경제·문화 마니아 집단이 만든 사단법인입니다. 온·오프라인을 통해 국방정책을 논의하고, 국방정책에 관한 조사·연구·자문·지원 활동을 하고 있으며, 국방 관련 단체 및 기관과 공조하여 국방교육자료를 개발하고 안보의식을 고양하는 사업을 하고 있습니다. http://www.kodef.net

KODEF 안보총서 59

GUN

전쟁의 패러다임을 바꾼 총기 53선

문고판 초판 1쇄 발행 | 2019년 7월 19일
문고판 초판 2쇄 발행 | 2023년 4월 10일

지은이 | 남도현
펴낸이 | 김세영

펴낸곳 | 도서출판 플래닛미디어
주소 | 04044 서울시 마포구 양화로6길 9-14 102호
전화 | 02-3143-3366
팩스 | 02-3143-3360
블로그 | http://blog.naver.com/planetmedia7
이메일 | webmaster@planetmedia.co.kr
출판등록 | 2005년 9월 12일 제 313-2005-00197호

ISBN 979-11-87822-33-2 03550